ESTIMAÇÃO DE INDICADORES DE QUALIDADE DA ENERGIA ELÉTRICA

Blucher

NELSON KAGAN

ERNESTO JOÃO ROBBA

HERNÁN PRIETO SCHMIDT

ESTIMAÇÃO DE INDICADORES DE QUALIDADE DA ENERGIA ELÉTRICA

Estimação de indicadores de qualidade da energia elétrica
© 2009 Nelson Kagan
Ernesto João Robba
Hernán Prieto Schmidt
7ª reimpressão - 2020
Editora Edgard Blücher Ltda.

Blucher

Rua Pedroso Alvarenga, 1245, 4º andar
04531-934 - São Paulo - SP - Brasil
Tel.: 55 11 3078-5366
contato@blucher.com.br
www.blucher.com.br

FICHA CATALOGRÁFICA

Kagan, Nelson
Estimação de indicadores de qualidade da energia elétrica / Nelson Kagan, Ernesto João Robba, Hernán Prieto Schmidt. - São Paulo: Blucher, 2009.

Bibliografia
ISBN 978-85-212-0487-9

1. Energia elétrica - Controle de qualidade
2. Energia elétrica - Falhas I. Robba, Ernesto João.
II. Shimidt, Hernán Prieto. III. Título.

09-00716 CDD-621.319

Índices para catálogo sistemático:
1. Distúrbios: Energia elétrica: Engenharia 621.319
2. Energia elétrica: Distúrbios: Engenharia 621.319

Prefácio

Por muitos anos, o **enerq** – Centro de Estudos em Regulação e Qualidade de Energia Elétrica, nosso grupo de pesquisa pertencente ao Departamento de Engenharia de Energia e Automação Elétricas da Escola Politécnica da Universidade de São Paulo, vem trabalhando em assuntos relacionados à Qualidade da Energia Elétrica, em seus vários aspectos. Trabalhamos em muitos estudos, colaborando para a consolidação do arcabouço regulatório necessário à mudança estrutural que se promoveu no setor elétrico nos últimos 10 anos. Apoiamos também os diversos agentes em muitos projetos, desenvolvendo e pesquisando assuntos relacionados à qualidade de serviço e à qualidade do produto. Em 2004, fundamos o Centro Tecnológico de Qualidade de Energia Elétrica, um equipado laboratório apto a, dentre outras atividades, emular os principais distúrbios encontrados em sistemas elétricos reais, de forma a realizar testes em equipamentos sensíveis e avaliar o seu grau de imunidade face aos fenômenos registrados no campo.

A realidade atual, evidenciada pela recente publicação do PRODIST – Procedimentos de Distribuição de Energia Elétrica no Sistema Elétrico Nacional, caminha para oferecer aos órgãos reguladores um maior controle sobre as Concessionárias de Energia Elétrica, o que exigirá melhor gerenciamento dos indicadores ligados aos diversos fenômenos estudados no âmbito da qualidade de energia elétrica. Assim, muitos processos deverão ser introduzidos nas Concessionárias, viabilizando o monitoramento destes indicadores de qualidade de energia elétrica.

Os medidores de qualidade do produto energia elétrica, que perfazem operações e registro de parâmetros relacionados às formas de onda de tensão e corrente, ainda são equipamentos de alto custo.

É neste contexto que os autores se sentiram extremamente motivados em escrever este livro, que se concentra na estimação dos principais indicadores de qualidade de energia. A idéia é que as ferramentas de simulação, junto com informações de medições de grandezas elétricas, possam promover sistemas de análise e monitoramento da qualidade da energia elétrica bem mais capazes e eficientes, levando em conta a reduzida quantidade de informações e os aspectos técnicos e econômicos da medição.

O livro foi escrito sem exigir do leitor, dentro do possível, um conhecimento muito profundo da qualidade da energia elétrica. Entendemos que está adequado para cursos de graduação, pós-graduação e especialização, em que um conhecimento básico de sistemas elétricos de potência será bastante útil.

Neste livro, o foco se ateve a quatro aspectos principais da qualidade da energia elétrica, relacionados com as interrupções no fornecimento, com as variações de tensão de longa e curta duração e com as distorções harmônicas. Acreditamos que estes sejam os fenômenos de qualidade de energia que devam ter o maior interesse pelos profissionais envolvidos, principalmente em função dos impactos técnicos e econômicos afetos a estes distúrbios.

Esperamos que esta obra sirva de embasamento aos engenheiros elétricos, nos métodos de estimação de indicadores de qualidade de energia elétrica, sem a pretensão de esgotar o assunto, que vem sendo efusivamente tratado por pesquisadores e profissionais do mais alto gabarito no país e no exterior.

Os Autores

São Paulo, Janeiro de 2009

Conteúdo

1 Introdução

1.1 CONSIDERAÇÕES INICIAIS

A partir da década de 1990, um novo modelo e uma nova estruturação do setor elétrico foram introduzidos no Brasil. Algumas características resultantes deste modelo, que são afetas à qualidade de energia elétrica, são apresentadas a seguir:

- As empresas de energia elétrica foram desverticalizadas, ou seja, foram separadas as funções de geração, transmissão e distribuição de energia elétrica;
- Muitas empresas foram privatizadas, principalmente as distribuidoras;
- Houve a criação da ANEEL – Agência Nacional de Energia Elétrica e de algumas Agências Reguladoras Estaduais, como foi o caso da CSPE – Comissão de Serviços Públicos de Energia do Estado de São Paulo, que depois passou a ser a ARSESP – Agência Reguladora de Saneamento e Energia do Estado de São Paulo.

Uma função principal das agências reguladoras é a regulamentação e fiscalização dos serviços de energia elétrica, garantindo que os consumidores sejam atendidos com uma tarifa justa e qualidade de energia elétrica adequada.

O que vem a ser um problema de qualidade de energia elétrica? Uma forma simples de se tratar problemas deste tipo, em sintonia com o enfoque deste livro, foi sugerida em [1], e o define como "Qualquer problema manifestado na tensão, corrente ou na freqüência que resulte em falha ou má operação de equipamento do consumidor".

É comum diferenciar três conceitos muito usados que são afetos à qualidade do fornecimento de energia elétrica, quais sejam a qualidade de atendimento, a qualidade de serviço e a qualidade do produto, conforme ilustrado na Figura 1.1.

A ***Qualidade do Atendimento*** se concentra no relacionamento comercial entre empresa e cliente. Para ilustrar alguns tópicos afins com a qualidade do atendimento, podem ser citados os procedimentos para ligação nova de consumidor, para religamento de consumidor, para elaboração de estudos e orçamentos de serviços na rede de distribuição, dentre outros.

Figura 1.1 – Qualidade do Fornecimento de Energia Elétrica

Uma forma de mensurar estes atributos é através do tempo médio para realização de cada uma destas atividades comerciais. Apesar de importante aspecto da qualidade de fornecimento, a qualidade de atendimento não é considerada neste livro.

A ***Qualidade do Serviço*** pode ser basicamente entendida como a continuidade de fornecimento, lidando basicamente com as interrupções no sistema elétrico, provocadas por falhas no sistema (manutenção corretiva) e por atividades de manutenção programada (manutenção preventiva), em função de serviços necessários a serem realizados no sistema. São muitos os indicadores ligados à continuidade, e estes serão propriamente definidos e tratados no capítulo 2 deste livro.

A ***Qualidade do Produto***, que é caracterizada basicamente pela forma de onda de tensão dos componentes de um sistema trifásico, também é chamada de qualidade da tensão. Contempla principalmente os seguintes fenômenos:

- *Variação de freqüência*: a tensão de fornecimento deve operar com freqüência em valor pré-determinado, 60Hz no Brasil.Variações na freqüência, em relação a este valor, são em geral acarretadas por variações da carga do sistema, que podem afetar o balanço entre a potência mecânica e a potência elétrica dos geradores do sistema. Os controles de velocidade dos geradores agem então de forma a estabelecer este balanço e para manter a freqüência o mais constante possível. Variações de freqüência podem impactar no funcionamento de determinados equipamentos, em particular na conexão de alguns tipos de geração distribuída.

- *Variações de tensão de longa duração*: em função da variação contínua da carga do sistema elétrico, a tensão em barras de unidades consumidoras geralmente sofre variação ao longo do dia. Alguns tipos de equipamentos apresentam menor rendimento ou diminuição da vida útil quando operam com tensão aplicada inferior ou superior a determinados valores limites.

- *Variações de tensão de curta duração*: são variações nos níveis de tensão acarretadas principalmente por faltas no sistema elétrico ou por outros tipos de eventos, como é o caso, por exemplo, da partida de grandes motores ligados ao sistema de distribuição. As variações de tensão de curta duração (VTCDs) são caracterizadas principalmente por dois parâmetros, quais sejam a sua magnitude e duração. O efeito maior deste fenômeno leva a mau funcionamento de equipamentos sensíveis, principalmente no caso de afundamentos de tensão. No caso de elevações de tensão, podem ser provocados danos ou mesmo queima do equipamento. Valores de magnitude e de duração das VTCDs medem a sua severidade e devem ser confrontados com o nível de sensibilidade (ou susceptibilidade) dos equipamentos. Determinados tipos de processos industriais podem sofrer sérias conseqüências pela ocorrência de VTCDs, quando o mau funcionamento de equipamentos sensíveis provoca a parada de processos, perda de matéria prima, longo tempo para reinicialização do processo, etc., que em suma podem gerar prejuízos para as empresas produtoras.

- *Distorções harmônicas*: são distorções, em regime permanente, ou semi-permanente, da forma de onda de tensão ou de corrente, geralmente causadas por dispositivos (cargas) não lineares existentes no sistema. Em geral, são composição de formas de onda periódicas com freqüência múltipla inteira da fundamental da rede. A utilização de cargas não lineares provoca o aparecimento de correntes harmônicas, que são injetadas no sistema elétrico. Mesmo assumindo o sistema elétrico linear, teremos quedas de tensão em cada uma das freqüências harmônicas, provocando o aparecimento de distorções na forma de onda de tensão. Correntes harmônicas circulando no sistema de distribuição aumentam as perdas elétricas no sistema, e limitam a capacidade de transporte de demanda, além da possibilidade de ocorrência de ressonâncias harmônicas em determinados pontos do sistema, que podem provocar danos às instalações (sobretensões harmônicas). Distorções harmônicas podem ainda provocar queima de capacitores e fusíveis, sobreaquecimento de transformadores e motores, vibração ou falha de motores, falha ou operação indevida de disjuntores, mau funcionamento de relés de proteção, problemas em controle de equipamentos, interferência telefônica, medições incorretas de energia elétrica, dentre outros efeitos.

- *Desequilíbrios de tensão e corrente*: são fenômenos de longa duração, assim como as variações de tensão de longa duração, e ocorrem em sistemas trifásicos devido a diversos fatores, como o modo de ligação de cargas e a assimetria existente nas redes elétricas. Desequilíbrios ocorrem em corrente e tensão trifásicas, sempre que ocorram diferenças em módulos ou em ângulos entre as componentes de fase. Desequilíbrios de corrente são comumente originados pelas cargas do sistema. Por exemplo, quando são conectados transformadores de distribuição monofásicos em redes trifásicas, obviamente temos cargas desequilibradas para a rede primária, de média tensão. Desequilíbrios de corrente provocam, em função das quedas de tensão na rede, desequilíbrios de tensão. Em redes assimétricas, por exemplo, em linhas de transmissão ou distribuição sem transposição, mesmo quando não há desequilíbrio de corrente, haverá a presença de desequilíbrio de tensão junto a carga. O desequilíbrio de tensão ou corrente é normalmente definido pela relação entre as componentes de seqüência negativa e positiva. Desequilíbrio de tensão é um indicador muito importante de qualidade de energia, pois pode originar diversos impactos sobre as cargas do sistema: em motores elétricos, provoca redução da potência útil, redução do torque mecânico, redução da vida útil e aumento das vibrações. Nas redes, pode provocar interferências em linhas de telecomunicação e aumento das perdas ôhmicas.

- *Flutuações de tensão*: são oscilações provocadas por cargas variáveis: na baixa tensão podem ser provocadas por eletrodomésticos, bombas d'água e elevadores; na média tensão, podem ser provocadas por fornos a arco, máquinas de solda, laminadoras e grandes motores; em sistemas de alta e extra-alta tensão, são originadas apenas em fornos a arco. O principal efeito destas oscilações de tensão são cintilações em sistemas de iluminação (*flicker*), que provocam uma sensação bastante desagradável a pessoas em ambientes iluminados. As freqüências verificadas neste fenômeno são bastante baixas, na ordem de 10Hz, e ocorrem sobre a freqüência da rede.

Ainda existem vários outros fenômenos tratados no âmbito da qualidade da energia elétrica, tais como os (i) ruídos, que são componentes não periódicos na forma de onda, as (ii) inter-harmônicas, que são produzidas por equipamentos que absorvem correntes com freqüência não múltipla da freqüência fundamental e os cortes (*notching*) de tensão, que são produzidos em retificadores trifásicos, na comutação de um diodo ou tiristor para outro, acarretando um curto circuito de baixíssima duração (em torno de 1ms) e uma conseqüente redução da tensão.

A preocupação cada vez mais acentuada por qualidade de energia elétrica, principalmente nos últimos 15 anos, se deve à grande quantidade de equipamentos e processos sensíveis, que são afetados por problemas de qualidade de energia elétrica. Além disso, existe crescimento de cargas não lineares provenientes de novos equipamentos instalados nos consumidores. A busca por sistemas cada vez mais eficientes e processos cada vez mais produtivos demanda equipamentos que se apresentam para o sistema como cargas não lineares.

Problemas causados por qualidade de energia elétrica provocam enormes prejuízos, principalmente aos consumidores industriais e comerciais. Cada um dos fenômenos tratados na qualidade da energia elétrica, sejam classificados como qualidade dos serviços prestados ou qualidade do produto relacionado à forma de onda, provoca efeitos sobre equipamentos e processos dos consumidores.

Com o intuito de equilibrar os custos associados com estes prejuízos, agências reguladoras no mundo inteiro vêm lançando normas e resoluções de forma a regulamentar os indicadores de qualidade de energia elétrica afetos aos pontos de entrega dos consumidores.

Para a qualidade de serviço, a resolução ANEEL 024/2000 [2] estabelece claramente os indicadores correspondentes, os valores limites destes indicadores e como são tratadas as suas transgressões. A resolução ANEEL 505/2001 [3] faz o mesmo papel para as variações de tensão de longa duração, definindo faixas de tensão adequada, precária e crítica para os diferentes níveis de tensão de fornecimento. O PRODIST – Procedimentos de Distribuição [4], da ANEEL, que está em vigência desde 31 de dezembro de 2008, trata da qualidade de energia em seu módulo 8. Quanto à qualidade do produto, este módulo define a metodologia e caracteriza os fenômenos, os parâmetros e os valores de referência relativos às variações de tensão de longa duração e às perturbações na forma de onda de tensão, estabelecendo mecanismos para fixar padrões correspondentes. Quanto à qualidade do serviço, o módulo 8 estabelece a metodologia para a apuração dos indicadores de continuidade e dos tempos de atendimento a ocorrências emergenciais, definindo padrões e responsabilidades.

Com o PRODIST, as concessionárias deverão cada vez mais gerenciar seus indicadores de qualidade de energia, seja do ponto de vista espacial, isto é, ao longo da rede de distribuição e dos pontos de entrega aos consumidores, seja do ponto de vista temporal, isto é, acompanhar a evolução dos indicadores ao longo do tempo.

A monitoração da qualidade da energia elétrica é um assunto bastante amplo. No caso da qualidade de serviço, as concessionárias se baseiam nos registros de ocorrências, cujas informações são provenientes dos telefonemas de consumidores, dos registros da operação, como o SCADA, equipes de manutenção no campo, dentre outros, que são todos direcionados aos Centros de Operação. Estes registros, armazenados em bancos de dados específicos, permitem com que sejam, a posteriori, contabilizados os indicadores relativos às interrupções no fornecimento de energia elétrica, como é o caso da freqüência e duração de interrupções por consumidor, ou por grupo de consumidores. Estes processos são auditados pelo órgão regulador, mas não são necessariamente precisos, pois são afetados por vários fatores, como por exemplo o atraso no início dos telefonemas ao Centro de Operações. O ideal seria a contabilização das interrupções em cada consumidor, sem dependência de processos internos da empresa o que, ainda, não é possível do ponto de vista econômico. No caso da qualidade do produto, a dependência de medidores ao longo do sistema é ainda mais marcante. A grande maioria dos fenômenos apontados nesta introdução já é mensurável, e são definidos indicadores que possibilitam análises globais e pontuais da qualidade da energia elétrica. No entanto, os medidores de qualidade de energia, mesmo somente para a detecção e registro de fenômenos relacionados à forma de onda de tensão, ainda são relativamente caros. Com isso, são instalados em alguns poucos locais da rede. No caso dos sistemas de distribuição, em geral ou quando possível, são instalados nas subestações de distribuição.

Este panorama provê um campo fértil para a estimação dos indicadores de qualidade da energia elétrica, que é o interesse maior deste livro.

Para tanto, diversos métodos foram desenvolvidos, que permitem a avaliação dos indicadores baseada em dados históricos de ocorrências na rede e de medições em certos locais da rede que podem ser estendidas para os demais pontos de interesse da rede. A estimação de indicadores de qualidade de serviço parte de modelos clássicos da área de avaliação da confiabilidade de sistemas elétricos, como os métodos analíticos de cortes mínimos e o método de Monte Carlo, que se baseiam em taxas de falha e tempos médios de restabelecimento, provenientes de dados históricos de ocorrências nas empresas de distribuição. A estimação de indicadores de variação de tensão de longa duração, isto é, em regime permanente, parte de programas convencionais de fluxo de potência, que permitem análise espacial e temporal dos níveis de tensão no sistema de potência. Os indicadores de variações de tensão de curta duração são baseados em modelos estocásticos que se utilizam de programas de curto circuito e de análise da proteção no sistema elétrico. Os indicadores relacionados às distorções harmônicas partem de fluxo de potência harmônico, que é uma extensão dos programas convencionais em regime permanente. Além disso, todos os indicadores podem ter sua estimação refinada a partir de informações provenientes de medidores adequados instalados em locais específicos da rede. Desta forma, locais não monitorados podem ter uma estimativa de indicadores de qualidade baseada em modelos que partem das medições em outros locais da rede, outros dados estatísticos e dados topológicos e elétricos do sistema elétrico.

1.2 ESTRUTURA DO LIVRO

Além deste capítulo introdutório, o livro está estruturado de acordo com os fenômenos de qualidade de energia considerados, com os correspondentes enfoques para estimação dos indicadores relativos à continuidade de fornecimento, variações de tensão de longa duração de regime permanente, variações de tensão de curta duração e distorções harmônicas.

O capítulo 2 trata da qualidade de serviço que considera basicamente os indicadores relativos à continuidade de fornecimento. Apresenta os indicadores mais utilizados, notadamente os definidos pela ANEEL, bem como metodologia para serem fixadas as metas de qualidade de energia, baseadas em comparação de conjuntos de unidades consumidoras similares quanto a atributos impactantes à qualidade do serviço. A estimação dos indicadores de qualidade de energia é inicialmente considerada para as redes radiais, que abrangem a maior parte das redes de distribuição. Exemplos de aplicação mostram como o cálculo é bastante simples, além de apresentar uma análise quantitativa de redes sem chaves de manobra entre circuitos, com chaves de socorro para acionamento manual e com chaves automáticas através de acionamento remoto. O capítulo também fornece uma abordagem para a estimação dos indicadores de qualidade de serviço em redes em malha, utilizando um modelo analítico com o conceito de caminhos e cortes mínimos e outro, mais genérico, utilizando o método de simulação de Monte Carlo.

O capítulo 3 trata dos indicadores de variação de tensão de longa duração, ou seja, da tensão em regime permanente. Os indicadores de regime permanente, definidos pela Resolução 505/2001 da ANEEL, são apresentados. Mesmo as tensões em regime permanente são dificilmente medidas, principalmente quando da necessidade de se considerar cada consumidor individualmente. O capítulo fornece os subsídios para avaliação dos indicadores, a partir de ferramentas de fluxo de potência e de estimação de estados, para as redes radiais e paras as redes em malha. Outro fenômeno de qualidade de energia, fortemente relacionado com as variações de tensão de longa duração, refere-se aos desequilíbrios de tensão. Para a avaliação do indicador correspondente, o capítulo trata de redes radiais em malha, com modelagem trifásica dos componentes da rede e de cargas desequilibradas.

O capítulo 4 trata das variações de tensão de curta duração, ou seja, os afundamentos e elevações de tensão. Previamente à definição dos indicadores correspondentes, são descritas as curvas de sensibilidade de equipamentos sensíveis, a área de vulnerabilidade de um consumidor instalado na rede e os princípios de protocolos de medição. O capítulo mostra como os principais parâmetros relativos às variações de tensão de curta duração, quais sejam, magnitude, duração e freqüência, podem ser estimados, utilizando, respectivamente, algoritmos de cálculo de curto circuito em redes, programas de análise da proteção e métodos estocásticos, que partem de dados de taxas de falta na rede como fonte de informação para a localização e quantidade das ocorrências de curto circuito na rede. Para estimação dos indicadores, são apresentados dois métodos, o primeiro baseado em enumeração dos estados possíveis e o segundo que se utiliza do método de simulação de Monte Carlo. Além disso, o capítulo mostra como medições em locais específicos podem ser utilizadas para a estimação das variações de tensão de curta duração em barras específicas.

O capítulo 5 considera as distorções harmônicas de tensão. São definidos os principais indicadores para a avaliação da qualidade do produto, que basicamente afetam a forma de onda da tensão de fornecimento. O capítulo considera distorções harmônicas em sistemas trifásicos, com modelagem adequada. São dados exemplos de ressonância série e paralela. O capítulo ainda fornece os subsídios para a modelagem dos componentes para o fluxo de potência harmônico, bem como idéia básica de um estimador de distorção harmônica, que se baseia em medições localizadas de distorção de harmônicos de tensão e corrente, para estimar os indicadores correspondentes em outros pontos da rede, não monitorados.

REFERÊNCIAS BIBLIOGRÁFICAS

[1] R. C. Dugan, M. F. McGranaghan, S. Santoso, H. W. Beaty: *Electrical power systems quality*, 2nd edition, McGraw-Hill, 2003.

[2] AGÊNCIA NACIONAL DE ENERGIA ELÉTRICA – ANEEL, Resolução ANEEL Nº 024, de 27 de janeiro de 2000.

[3] AGÊNCIA NACIONAL DE ENERGIA ELÉTRICA – ANEEL, Resolução Nº 505, de 26 de novembro de 2001.

[4] AGÊNCIA NACIONAL DE ENERGIA ELÉTRICA – ANEEL, Procedimentos de distribuição, PRODIST, 2009.

2 Qualidade de Serviço

2.1 A NATUREZA DAS INTERRUPÇÕES DO FORNECIMENTO

As interrupções que ocorrem no fornecimento de energia elétrica podem ser ocasionadas por causas fortuitas, defeitos na rede, ou por atividades de manutenção programada, preventiva ou preditiva. No primeiro caso, a interrupção do fornecimento é ocasionada pela intervenção de dispositivos de proteção que, pela ação da corrente de defeito, são desligados e interrompem o fornecimento a todos os consumidores que lhes estão à jusante. Dentre os dispositivos de proteção, destacam-se os disjuntores e os fusíveis. Os primeiros são instalados na saída do alimentador da SE e contam com recursos que permitem sua abertura instantânea ou temporizada; dispõem ainda de recurso para proceder a até três religamentos. Os fusíveis, geralmente instalados em ramais, interrompem o circuito pela fusão do elo fusível.

Os defeitos que ocorrem na rede são de dois tipos:

- Defeitos permanentes: são aqueles defeitos que exigem a realização de manutenção corretiva para o restabelecimento do fornecimento; por exemplo, a queda de uma árvore sobre a rede elétrica ocasionando a ruptura dos cabos. Este defeito será corrigido após a remoção da árvore e o reparo da rede;
- Defeitos temporários: são aqueles nos quais, por influências externas, ocorreu a abertura de arco entre as fases do alimentador ou entre fases e o neutro. O desligamento com o posterior religamento da rede interrompendo o arco, em geral, é suficiente para o restabelecimento do fornecimento; por exemplo, o roçar dos galhos de uma árvore na rede elétrica, ocasionando a abertura de arco que, pela desenergização da rede, se extingue.

A literatura técnica estima que, em média, 70% das interrupções do fornecimento são ocasionadas por defeitos temporários e somente 30% originam-se de defeitos permanentes. Ora, tal distribuição de falhas diz da necessidade de um dispositivo de proteção que perfaça a função de desligar e religar automaticamente a rede. Tal dispositivo é o religador que, na presença de uma corrente de defeito, desliga o sistema e o religa após tempo bastante curto, da ordem de segundos, porém suficientemente longo para a extinção do defeito. O religador conta com recursos para realizar até quatro ciclos de atuação, ou seja, desliga a rede a jusante até três vezes, de modo que seja possível eliminar o defeito temporário. Tratando-se de defeito permanente, no quarto ciclo há o bloqueio do religador, na posição aberto, interrompendo o fornecimento dos consumidores a jusante até quando a equipe de socorro tenha restabelecido as condições operativas da rede e rearme o religador. Com essas características, conta-se ainda de chaves seccionalizadoras, que são chaves montadas, obrigatoriamente, com um religador a montante e que perfazem uma operação quando a corrente na rede é nula, isto é, após a atuação do religador. Na Figura 2.1, apresenta-se um religador, R, que tem a jusante duas seccionalizadoras, S1 e S2. Para defeitos permanentes no trecho C-D, tem-se a atuação do religador e da seccionalizadora S1, a qual, após três ciclos, abrirá e restarão desenergizados somente os consumidores a jusante desta chave. Poder-se-ia substituir as seccionalizadoras por chaves fusíveis, porém, isso implicaria na fusão do elo fusível no segundo ciclo. No caso de falha na coordenação entre fusível e religador, pode ocorrer a fusão do elo fusível para defeitos temporários.

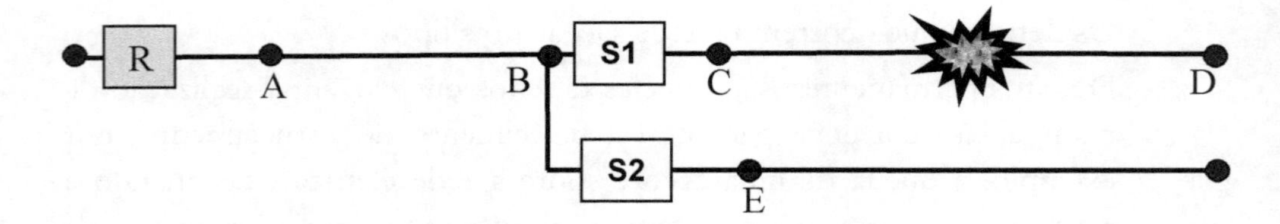

Figura 2.1 – Rede com religador e seccionalizadoras

De modo geral, o procedimento quando da ocorrência de um defeito pode ser resumido nos passos a seguir:

- O dispositivo de proteção atua desligando toda a rede a jusante. No caso em tela, após os religamentos do religador, R, resulta a abertura da chave seccionalizadora S1;
- A central de atendimento, no caso geral, toma ciência do defeito pelos telefonemas dos consumidores que estão com seu fornecimento interrompido e aciona a equipe de manutenção;
- A equipe de manutenção desloca-se para a área de defeito e identifica o dispositivo que atuou, no caso a chave S1. Quando a rede conta com chaves seccionadoras de manobra, normalmente fechadas, CF, e com chaves de socorro, normalmente abertas, CA, Figura 2.2, a equipe de manutenção isola o defeito, abrindo a chave CF e restabelece o fornecimento dos

consumidores a jusante dessa chave, transferindo-os para o circuito de socorro pelo fechamento da chave CA. Nessas condições somente os consumidores ligados no trecho C-D restarão desenergizados. Os demais consumidores desse trecho terão seu fornecimento garantido pelo circuito de socorro;

- Terminado o reparo, a equipe de manutenção restabelece as condições operativas de todo o alimentador.

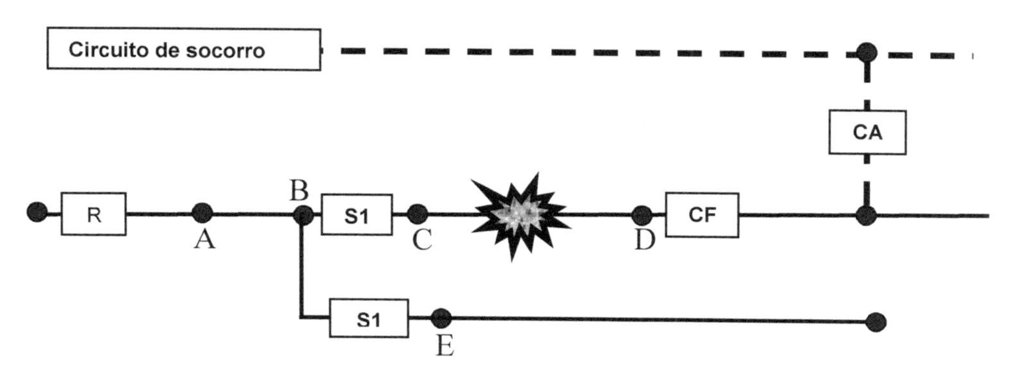

Figura 2.2 – Rede com circuito de socorro

A qualidade de serviço, que diz respeito basicamente à continuidade do fornecimento, é classicamente estabelecida através de conjuntos de indicadores, que serão objeto dos itens subseqüentes. Até os dias de hoje, é prática corrente que a entidade reguladora estabeleça valores máximos para os índices de confiabilidade e a concessionária seja penalizada quando tais limites são excedidos. No passado, em estudos de planejamento, era prática avaliar-se o custo social das interrupções, através do custo da energia não distribuída, END, R$/MWh, que era fixado pela relação entre os valores anuais do produto interno bruto e da energia consumida para gerá-lo. Posteriormente, estabeleceu-se um custo social da END estimando-se grosseiramente o prejuízo ocasionado pela falta da energia. Atualmente há um grande número de estudos que procuram estabelecer o custo da END por tipos de consumidores e suas implicações no planejamento, [4], [5], [6], [7] e [8].

Os índices que interessam à qualidade do serviço são estabelecidos pela agência reguladora, Agência Nacional de Energia Elétrica, ANEEL, através da Resolução ANEEL 024 de 27 de janeiro de 2000 [1]. Essa resolução analisa e dá continuidade aos valores estabelecidos pela portaria 046/78 de 17 de abril de 1978 do Departamento de Águas e Energia Elétrica, DNAEE. Atualmente o ANEEL está lançando através dos Procedimentos de Distribuição de

Energia Elétrica no Sistema Elétrico Nacional – PRODIST, novas normas e exigências [3]. Assim, dentre outras medidas, estabelece os critérios para a definição de conjuntos de consumidores e conceitua, dentre outros, os indicadores:

- DEC, Duração Equivalente de Interrupção por Unidade Consumidora, que representa o intervalo de tempo em que, em média, no período de observação, em cada unidade consumidora do conjunto considerado, ocorreu descontinuidade na distribuição de energia elétrica;
- DIC, Duração de Interrupção Individual por Unidade Consumidora, que representa o intervalo de tempo em que, no período de observação, em uma unidade consumidora ou ponto de conexão, ocorreu descontinuidade na distribuição de energia elétrica;
- DMIC, Duração Máxima de Interrupção Contínua por Unidade Consumidora, que representa o tempo máximo de interrupção contínua da energia elétrica em uma unidade consumidora ou ponto de conexão;
- FEC, Freqüência Equivalente de Interrupção por Unidade Consumidora, que representa o número de interrupções ocorridas, em média, no período de observação, em cada unidade consumidora do conjunto considerado;
- FIC, Freqüência de Interrupção Individual por Unidade Consumidora, que representa o número de interrupções ocorridas, no período de observação, em cada unidade consumidora;

e estabelece valores limites para esses indicadores, que deverão ser obedecidos pelas concessionárias ou permissionárias na exploração da prestação de serviços públicos de energia elétrica.

Estabelece ainda que interrupções menores de três minutos não são consideradas, isto é, consideram-se interrupções tão somente àquelas ocorrências em que o tempo durante o qual o consumidor permaneceu desenergizado excedeu três minutos.

A política embasada na Resolução 024 estabelece que a concessionária que não respeite os limites mínimos seja multada. As novas proposições do PRODIST, já previamente citadas na Resolução, que entrarão em vigor em 2009, propõem compensação ao consumidor sempre que ocorrer desrespeito aos critérios, sendo a compensação feita na forma de crédito na fatura mensal.

Hodiernamente, estão sendo desenvolvidas pesquisas nacionais e internacionais, que visam estabelecer o custo da interrupção para as diferentes categorias de consumidores: industriais, comercias, residenciais, etc., em função do prejuízo que advém para o consumidor pela interrupção do fornecimento [4], [5], [6], [7].

2.2 INDICADORES DA QUALIDADE DE SERVIÇO

2.2.1 Conjunto de unidades consumidoras

Na avaliação da continuidade do fornecimento, dois fatores são definidos a priori, quais sejam o período de observação e o conjunto de consumidores. Evidentemente, o período de observação diz respeito ao tempo durante o qual os fatores estão sendo monitorados. Assim, fala-se em período de observação de um mês, de um trimestre ou de um ano. Por outro lado, qualquer agrupamento de unidades consumidoras, global ou parcial, de uma mesma área de concessão de distribuição, definido pela concessionária ou permissionária e aprovado pela ANEEL, representa o "conjunto de consumidores". Quanto à formação dos conjuntos de consumidores, a ANEEL estabelece, através da Resolução 024, que os conjuntos de unidades consumidoras devam abranger toda a área atendida pela concessionária e que o conjunto definido deverá permitir a identificação geográfica das unidades consumidoras. Para o agrupamento de consumidores num mesmo conjunto as unidades consumidoras devem estar situadas em áreas contíguas. A Figura 2.3 elucida o conceito de conjunto de consumidores.

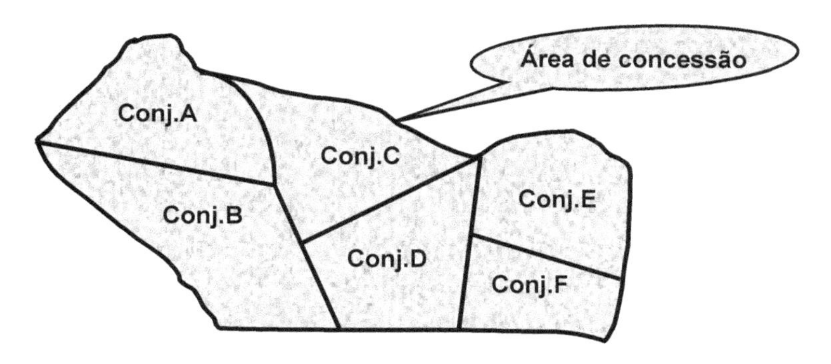

Figura 2.3 – Área de concessão e conjuntos de consumidores

Para estabelecer o padrão dos indicadores de continuidade, são considerados atributos físico-elétricos, tais como:

- a área, em quilômetros quadrados, km^2;
- a extensão da rede primária, em quilômetros, km;
- a média mensal da energia consumida, kWh, nos últimos doze meses;
- o total de unidades consumidoras atendidas;
- a potência instalada, em kVA.

2.2.2 Indicadores DEC e FEC e indicadores correlatos

Neste item, proceder-se-á à análise dos principais indicadores de qualidade, com especial destaque para os indicadores DEC, FEC e os índices correlatos DIC, FIC e DMIC. Serão analisados, ainda, outros tipos de indicadores, tais como a duração média por consumidor e a freqüência média por consumidor que exprimem, respectivamente, o tempo médio de interrupção e a freqüência de interrupção para os consumidores que sofreram interrupção. Analisar-se-á, ainda, a substituição do conjunto de consumidores pelo conjunto de suas potências instaladas. Em tudo quanto se segue, as variáveis utilizadas serão:

- $C_a(i)$ - número de consumidores que tiveram seu fornecimento interrompido quando da contingência "i";
- $P(i)$ - potência instalada não atendida na contingência "i";
- $t(i)$ - duração da interrupção quando da contingência "i";
- C_c - número total de consumidores que compõem o conjunto de consumidores;
- P_C - potência instalada total do conjunto de consumidores;
- N - número total de ocorrências verificadas durante o período de observação;
- T - período de observação.

Destaca-se que o enfoque principal, em tudo quanto se segue, são as interrupções ocasionadas por defeitos na rede. Entretanto, os resultados alcançados são igualmente válidos para as interrupções ocasionadas pela manutenção preventiva. Observa-se, ainda que, na definição dos indicadores, fala-se no tempo que tiveram seu fornecimento interrompido, sem que se especifique a causa da interrupção, que pode ser ocasionada por manutenção corretiva ou preventiva.

O DEC, Duração Equivalente de Interrupção por Unidade Consumidora, para um conjunto de consumidores, observado durante um intervalo de tempo especificado (o ano, por exemplo), é definido pelo tempo médio que o consumidor teve seu fornecimento interrompido durante o período de observação, quer por defeitos na rede, quer por manutenção preventiva. Formalmente resulta:

$$DEC = \frac{\sum_{i=1}^{N} C_a(i) \times t(i)}{C_c} \tag{2.1}$$

Destaca-se que o DEC tem a dimensão de tempo, em geral, a hora ou o minuto, e representa o tempo médio que um consumidor do conjunto permaneceu desenergizado durante o período de observação.

Analogamente, o FEC, Freqüência Equivalente de Interrupção por Unidade Consumidora para um conjunto de consumidores, é definido pelo número médio de interrupções sofridas pelo consumidor, durante o período de observação, por exemplo, o mês ou o ano. Formalmente resulta:

$$FEC = \frac{\sum_{i=1}^{N} C_a(i)}{C_c} \tag{2.2}$$

Observa-se que o FEC é adimensional e representa o número médio de interrupções, por consumidor, que ocorreram durante o intervalo de observação.

Salienta-se que, para a avaliação da qualidade de serviço, esses dois indicadores devem ser considerados em conjunto. De fato, são situações bem diferentes: aquela de um consumidor que sofreu, por ano, 4 interrupções de 4 horas e a de outro que sofreu uma única interrupção de 16 horas. O prejuízo que advém ao consumidor pode ser dividido numa parcela fixa que corresponde à interrupção e numa parcela variável que depende da duração da interrupção [7].

Para a análise da evolução da qualidade da energia, esses indicadores dão informações bastante satisfatórias. Porém, o conjunto de consumidores pode apresentar valores médios satisfatórios ao passo que, para cada consumidor individualmente, a qualidade pode estar péssima.

Exemplo 2.1 Seja o alimentador da Figura 2.4, que supre a um conjunto de consumidores. O tronco do alimentador, trechos 0-1-2-3, conta com 800 consumidores. No ano de observação, foram registradas 3 interrupções com durações de 5, 10 e 12 minutos. O primeiro ramal, trechos 1-4-5-6, que conta com 50 consumidores, sofreu 3 interrupções, devido a contingências internas, de 10, 15 e 35 minutos. Finalmente o segundo ramal, trechos 2-7, que conta com 80 consumidores, sofreu 3 interrupções, devido a contingências internas, de 25,45 e 15 minutos. Considerando-se os conjuntos: conjunto A, ou ramal 1, ramal que se deriva do nó 1, conjunto B, ou ramal 2, ramal que se deriva do nó 2, e o conjunto C constituído pelos dois ramais e pelo tronco. Resultam os indicadores a seguir:

a. Conjunto A: Neste conjunto, além das contingências que ocorrem nele, há que se considerar as que ocorrem no tronco e ocasionam a perda de fornecimento de seus consumidores

$$DEC_{Ramal-1} = \frac{(10+15+35)\times 50 + (5+10+12)\times 50}{50} = 87\,\text{minutos} \qquad FEC_{Ramal-1} = 6$$

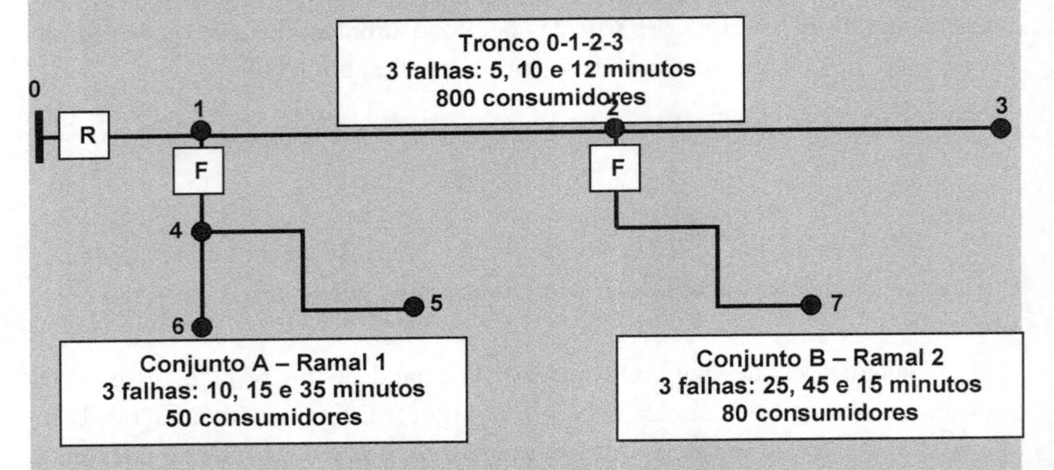

Figura 2.4 – Alimentador para o Exemplo 2.1

b. Conjunto B: As considerações referentes ao ramal anterior se aplicam a este:

$$DEC_{Ramal-1} = \frac{(25+45+15)\times 80 + (5+10+12)\times 80}{80} = 102\,\text{minutos} \qquad FEC_{Ramal-1} = 6$$

c. Conjunto C - Tronco e ramais: o total de consumidores do alimentador é 800 + 50 + 80 = 930 consumidores:

$$DEC_{A\,lim} = \frac{(5+10+12)\times 930}{930} + \frac{(10+15+35)\times 50}{930} + \frac{(25+45+15)\times 80}{930} = 37{,}54\ \text{min}$$

$$FEC_{A\,lim} = \frac{3\times 930 + 3\times 50 + 3\times 80}{930} = 3{,}42$$

Observa-se que a situação dos consumidores dos ramais é bem mais desfavorável quando analisados individualmente. Assim, considerando-se as distorções que podem ocorrer para os diversos consumidores de um conjunto foram definidos os indicadores individuais: DIC e FIC, que representam, respectivamente, o tempo em que o consumidor permaneceu sem fornecimento de energia e o número de vezes que sofreu interrupção do fornecimento durante o período de observação. Formalmente resulta:

$$DIC = \sum_{i=1}^{N} t(i) \qquad\qquad FIC = N \qquad (2.3)$$

Para o alimentador da Figura 2.4, os valores de DIC e FIC para os consumidores dos conjuntos A, B e C, não se considerando interrupções no transformador de distribuição, na rede secundária e no ramal de entrada dos consumidores, são:

a. Consumidores supridos a partir do tronco:

DIC = 5 + 10 + 12 = 27 minutos FIC = 3

b. Consumidores supridos a partir do ramal 1, nós 1-4-5-6:
DIC = 5 + 10 + 12 + 10 + 15 + 35 = 87 minutos FIC = 3 + 3 = 6

c. Consumidores supridos a partir do ramal 2, nós 2-7:
DIC = 5 + 10 + 12 + 15 + 25 + 45 = 112 minutos FIC = 3 + 3 = 6

Define-se, ainda, dentre as interrupções de fornecimento ocorridas durante o período de observação, aquela de duração máxima, "Duração máxima das interrupções por unidade consumidora", DMIC, que, como é óbvio, é dada por:

$$DMIC = Máx\{\ t(i)\} = T_{Máx} \tag{2.4}$$

Para o Exemplo 2.1, o DMIC para os consumidores do tronco é de 12 minutos, e os do primeiro e segundo ramal são 35 e 45 minutos, respectivamente.

Outro modo para se analisar a qualidade de serviço é aplicarem-se os conceitos acima aos conjuntos das potências instaladas dos consumidores ao invés dos conjuntos de consumidores, isto é substitui-se o número de consumidores à sua potência instalada. Assim, resulta para o fator D_k, que representa o tempo médio durante o qual a potência instalada não foi atendida, o valor:

$$D_k = \frac{\sum_{i=1}^{N} P(i) \times t(i)}{P_c} \tag{2.5}$$

Este indicador, que tem a dimensão de tempo, é conhecido em muitas concessionárias pela sigla DEP, Duração Equivalente de Potência. Destaca-se que seu uso visa o gerenciamento do fornecimento da energia, em contraste com a gestão voltada ao consumidor, como é o caso do DEC. Evidentemente com este fator prevê-se enfatizar a qualidade do fornecimento em função da potência instalada, isto é, tratando-se do DEC de uma grande indústria e de um consumidor residencial são duas unidades equivalentes, coisa que não ocorre considerando-se a potência instalada, quando, a da indústria é ordens de grandeza maior que a do consumidor residencial.

Exemplo 2.2 Seja o caso de um conjunto constituído por uma indústria com potência instalada 12 MVA e um consumidor residencial, com potência instalada de 0,2 MVA, e considerando que, por ano, a indústria sofre uma interrupção de 20 minutos e o consumidor sofre uma interrupção de 10 minutos. Pedem-se os valores de DEC e DEP, ou D_{k}, Aplicando-se a definição resulta:

$$DEC = \frac{20 \times 1 + 10 \times 1}{2} = 15 \text{ minutos} \quad \text{e} \quad D_k = \frac{20 \times 12 + 10 \times 0{,}2}{12{,}2} = 19{,}84 \text{ minutos}$$

isto é, o índice D_k, que se aproxima da duração da falha na indústria, é bem maior que o DEC.

Analogamente, define-se o fator f_k que exprime a freqüência de interrupção do fornecimento, isto é:

$$f_k = \frac{\sum_{i=1}^{N} P(i)}{P_c} \tag{2.6}$$

Este fator, que é um adimensional, exprime o número de interrupções sofridas pela potência média instalada na área.

Exemplo 2.3 Para o alimentador do Exemplo 2.1 sabe-se que as potências instaladas no tronco, ramais 1 e 2 são, respectivamente, 4500, 1400 e 2200 kVA. Pedem-se os valores de D_k e f_k para os conjuntos A, B e C.

a. Conjunto A (Ramal 1): Neste ramal além das contingências que ocorrem nele há que se considerar as que ocorrem no tronco e ocasionam a perda de fornecimento de seus consumidores

$$D_{k,ConjA} = \frac{(10 + 15 + 35) \times 2{,}2 + (5 + 10 + 12) \times 2{,}2}{2{,}2} = 87 \text{ minutos} \qquad f_{ConjA} = 6$$

b. Conjunto B (Ramal 2): As considerações referentes ao ramal anterior se aplicam a este:

$$D_{k,ConjB} = \frac{(25 + 45 + 15) \times 1{,}4 + (5 + 10 + 12) \times 1{,}4}{1{,}4} = 102 \text{ minutos} \qquad f_{ConjB} = 6$$

c. Conjunto C: A potência interrompida quando ocorre alguma contingência no tronco do alimentador é 4,5 + 2,2 + 1,4 = 8,1 MVA,

$$DEC_{ConjC} = \frac{(5+10+12)\times 8,1}{8,1} + \frac{(10+15+35)\times 2,2}{8,1} + \frac{(25+45+15)\times 1,4}{8,1}$$
$$= 57,98 \text{ minutos}$$
$$FEC_{ConjC} = \frac{3\times 8,1 + 3\times 2,2 + 3\times 1,4}{8,1} = 4,33$$

Outro indicador que permite detectar áreas carentes de reforços, visando a qualidade do serviço, é a duração média por consumidor, que considera tão somente os consumidores que sofreram interrupção, isto é:

$$d = \frac{\sum_{i=1}^{N} C_a(i)\times t(i)}{\sum_{i=1}^{N} C_a(i)} \tag{2.7}$$

Para os consumidores do alimentador do Exemplo 2.1, este indicador valeria:

$$d_{Alim} = \frac{(5+10+12)\times 930}{930\times 3} + \frac{(10+15+35)\times 50}{50\times 3} + \frac{(25+45+15)\times 80}{80\times 3} = 57,33 \text{ minutos}$$

Analogamente, para a potência instalada tem-se:

$$d_k = \frac{\sum_{i-1}^{N} P(i)\times t(i)}{\sum_{i=1}^{N} P(i)} \tag{2.8}$$

Outro fator que ilustra o desempenho da rede é a confiabilidade por consumidor, que é dada pela relação entre as horas que os consumidores estão efetivamente supridos durante o período de observação e o total de horas que deveriam ser supridos, isto é:

$$C = \frac{C_C \times T - \sum_{i=1}^{N} C_a(i)\times t(i)}{C_C \times T} = 1 - \frac{DEC}{T} \tag{2.9}$$

Em termos de potência resulta

$$C_k = \frac{P_C \times T - \sum P_a(i)\times t(i)}{P_C \times T} = 1 - \frac{D_k}{T} \tag{2.10}$$

Evidentemente nas eq. (2.9) e (2.10) o período de observação, T, e a duração das contingências, t(i), devem ser expressos na mesma unidade.

Exemplo 2.4 Pede-se, para o alimentador da Figura 2.4, os fatores que representam o tempo inoperante por ano.

Resulta:

- Consumidores do tronco: o total de 800 consumidores deveria ser suprido durante as 8760 horas do ano; porém, devido às contingências no tronco, deixam de ser supridos durante 5 + 10 + 12 = 27 minutos, isto é, durante 27/60 = 0,45 horas por ano;
- Consumidores do ramal 1: o total dos 50 consumidores deste ramal deveria ser suprido durante as 8760 horas do ano; porém, devido às contingências no tronco e no ramal, deixam de ser supridos durante 5 + 10 + 12 + 10 + 15 + 35 minutos, isto é, durante 87/60 = 1,45 horas por ano;
- Consumidores do ramal 2: o total dos 80 consumidores deste ramal deveria ser suprido durante as 8760 horas do ano; porém, devido às contingências no tronco e no ramal, deixam de ser supridos durante 5 + 10 + 12 + 25 + 45 + 15 minutos, isto é, durante 102/60 = 1,70 horas por ano;

Logo, tem-se:

$$C = 100 \times \frac{8760 \times (800+50+80) - 0{,}45 \times 800 - 1{,}45 \times 50 - 1{,}70 \times 80}{8760 \times (800+50+80)} = 99{,}9925\,\%$$

$$C_k = 100 \times \frac{8760 \times (4{,}5+1{,}4+2{,}2) - 0{,}45 \times 4{,}5 - 1{,}45 \times 1{,}4 - 1{,}70 \times 2{,}2}{8760 \times (4{,}5+1{,}4+2{,}2)} = 99{,}8901\%$$

Outro fator sobre modo importante é a energia não distribuída, END, que corresponde à energia não fornecida ao conjunto de consumidores durante o período de observação. Sendo $D_{méd}(i)$ a demanda média dos consumidores que não foram supridos na ocorrência "i" e lembrando que:

a. O fator de carga exprime a relação entre a demanda média e a demanda máxima;

b. O fator de demanda exprime a relação entre a demanda máxima e a potência instalada, será:

$$D_{méd}(i) = f_{Carga} \times f_{Dem} \times P(i)$$

O que resulta em:

$$END = \sum_{i=1}^{N} P(i) \times f_{Carga} \times f_{Dem} \times t(i) = f_{Carga} \times f_{Dem} \times \sum_{i=1}^{N} P(i) \times t(i)$$

$$END = f_{Carga} \times f_{Dem} \times P_C \times DEP$$

No caso do alimentador da Figura 2.4 assumindo-se $f_{Carga} = 0{,}7$ e $f_{Dem} = 0{,}6$ resulta:

$$END = 0{,}7 \times 0{,}6 \times 8100 \times (57{,}33/60) = 3248{,}91 \text{ kWh}$$

A concessionária toma ciência das ocorrências de emergências através das reclamações dos consumidores junto à sua central de operações, CO. Após o recebimento de certo número de telefonemas de consumidores e do estabelecimento do provável local da emergência, a concessionária aciona a equipe de manutenção, que se dirigirá ao local e procederá aos reparos. Todos os intervalos de tempo correspondentes à emergência são definidos pela ANEEL no PRODIST, que consolidou a Resolução 520, de 17 de setembro de 2002 [2], a qual define os tempos a seguir:

- Tempo de Preparação – TP: Intervalo de tempo para o atendimento da ocorrência emergencial, expresso em minutos, compreendido entre o conhecimento da existência de uma ocorrência e o instante da autorização para o deslocamento da equipe de emergência. Este indicador mede a eficiência dos meios de comunicação, dimensionamento das equipes de manutenção e dos fluxos de informação dos Centros de Operação.
- Tempo de Deslocamento – TD: Intervalo de tempo, expresso em minutos, compreendido entre o instante da autorização para o deslocamento da equipe de atendimento de emergência até o instante de chegada no local da ocorrência. Este indicador permite medir a eficiência da localização geográfica das equipes de manutenção e de operação.
- Tempo de Execução do Serviço, TE: tempo de execução do serviço de manutenção até o completo restabelecimento do fornecimento. Este indicador mede a eficácia no restabelecimento do fornecimento de energia.

A soma de todos os tempos acima corresponde ao "tempo de atendimento", TA, isto e:

$$TA = TP + TD + TE$$

Definem-se ainda:

a. Tempo médio de preparação, TMP, que é determinado, no período de observação, por:

$$TMP = \frac{\sum_{i=1}^{N} TP(i)}{N} \tag{2.11}$$

b. Tempo médio de deslocamento, TMD, que é determinado, no período de observação, por:

$$TMD = \frac{\sum_{i=1}^{N} TD(i)}{N} \tag{2.12}$$

c. Tempo médio de mobilização, TMM, que é determinado, no período de observação, por:

$$TMM = \frac{\sum_{i=1}^{N} TM(i)}{N} \tag{2.13}$$

d. Tempo médio de execução do serviço, TME, que é determinado, no período de observação, por:

$$TME = \frac{\sum_{i=1}^{N} TE(i)}{N} \tag{2.14}$$

e. Tempo médio de atendimento a emergências, TMAE, que é determinado, no período de observação, por:

$$TMAE = TMP + TMD + TME \tag{2.15}$$

O TMAE, também identificado com TMA, é dado por:

$$TMA = \frac{\sum_{i=1}^{N} TA_i}{N} \tag{2.16}$$

É usual definir-se ainda os parâmetros TX% e FMA. O parâmetro TX% representa o tempo de atendimento não superado em X% das ocorrências. Por exemplo, no caso de T80% = 160 minutos, significa que 80% das ocorrências foram atendidas em no máximo 160 minutos. Por outro lado, o parâmetro FMA representa a freqüência média de ocorrências, que é dado por:

$$FMA = \frac{N \times 10.000}{C_S} \,. \tag{2.17}$$

2.2.3 Estabelecimento de metas de qualidade

O estabelecimento das metas de qualidade tem por princípio que diferentes conjuntos de unidades consumidoras devem apresentar as mesmas metas, sempre que seus atributos, que definem os índices de qualidade, sejam semelhantes. O grande problema que se encontra na aplicação desta metodologia é o da correta definição dos atributos que definem o nível de qualidade e, além disso, no fato de que nem sempre tais atributos estão disponíveis. Uma vez definidos os atributos dos conjuntos, por exemplo, os valores referentes a:

- área de atuação do conjunto;
- comprimento de rede do conjunto;
- potência instalada;
- número de consumidores;
- consumo médio mensal;

procede-se ao agrupamento dos conjuntos de consumidores com características semelhantes em grupos denominados "clusters". Procede-se nos passos a seguir:

- Determina-se a distribuição de valores de DEC, ou de FEC, para todos os conjuntos pertencentes ao cluster;
- Avalia-se o primeiro decil, isto é o valor de DEC, ou de FEC, no qual 10 % dos melhores conjuntos não ultrapassam esse valor;
- A meta do indicador é a correspondente ao primeiro decil.

A título de exemplo, na Figura 2.5 ilustra-se o procedimento, realizado para aproximadamente 5000 conjuntos de unidades consumidoras. Em função das dificuldades para a obtenção de dados de conjuntos de todas as empresas distribuidoras, os atributos selecionados por conjunto são: área de atuação, comprimento de rede primária, potência instalada, número de consumidores e consumo médio mensal. O gráfico abaixo, à direita, representa todos os conjuntos e o cluster 1, em análise. Para este cluster, foi estabelecida meta de DEC de 7,12 horas/ano e de 8,67 interrupções/ano, de acordo com as curvas de distribuição de freqüências acumuladas, à esquerda do gráfico. Deve-se ainda notar que, na Figura 2.5, são apresentados, para cada cluster:

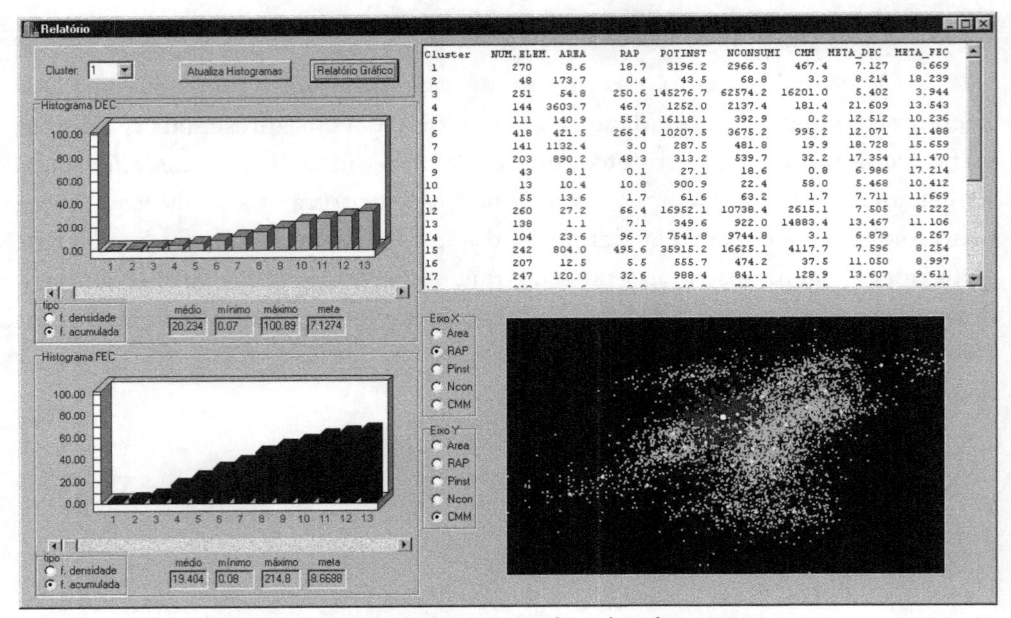

Cluster	NUM.ELEM.	AREA	RAP	POTINST	NCONSUMI	CMM	META_DEC	META_FEC
1	270	8.6	18.7	3196.2	2966.3	467.4	7.127	8.669
2	48	173.7	0.4	43.5	68.8	3.3	8.214	18.239
3	251	54.8	250.6	145276.7	62574.2	16201.0	5.402	3.944
4	144	3603.7	46.7	1252.0	2137.4	181.4	21.609	13.543
5	111	140.9	55.2	16118.1	392.9	0.2	12.512	10.236
6	418	421.5	266.4	10207.5	3675.2	995.2	12.071	11.488
7	141	1132.4	3.0	287.5	481.8	19.9	18.728	15.659
8	203	890.2	48.3	313.2	539.7	32.2	17.354	11.470
9	43	8.1	0.1	27.1	18.6	0.8	6.986	17.214
10	13	10.4	10.8	900.9	22.4	58.0	5.468	10.412
11	55	13.6	1.7	61.6	63.2	1.7	7.711	11.669
12	260	27.2	66.4	16952.1	10738.4	2615.1	7.505	8.222
13	138	1.1	7.1	349.6	922.0	14883.4	13.467	11.106
14	104	23.6	96.7	7541.8	9744.8	3.1	6.879	8.267
15	242	804.0	495.6	35915.2	16625.1	4117.7	7.596	8.254
16	207	12.5	5.5	555.7	474.2	37.5	11.050	8.997
17	247	120.0	32.6	988.4	841.1	128.9	13.607	9.611

Figura 2.5 – Estabelecimento do valor de DEC e FEC

– o número de conjuntos que pertencem a determinado cluster, por exemplo, o cluster 1 conta com 270 conjuntos.
– o valor médio da área de atuação dos conjuntos que pertencem ao cluster.
– o valor médio do comprimento de rede primária dos conjuntos que pertencem ao cluster.
– o valor médio da potência instalada dos conjuntos que pertencem ao cluster.
– o valor médio do número de consumidores dos conjuntos que pertencem ao cluster.
– o valor médio do consumo médio mensal dos conjuntos que pertencem ao cluster.

O PRODIST consolida as metas de qualidade estabelecidas na Resolução 024. No caso particular de consumidores de baixa tensão, a Tabela 2.1, extraída do PRODIST, provê os valores de metas dos indicadores individuais DIC e FIC em função das metas dos indicadores coletivos DEC e FEC.

Tabela 2.1 – Valores de metas preconizadas pela ANEEL

Metas Anuais de Indicadores de Continuidade dos Conjuntos "fat" (DEC ou FEC)	Unidades Consumidoras com Tensão nominal < 1kV situadas em áreas urbanas					
	DIC			FIC		
	Anual	Trim.	Mensal	Anual	Trim.	Mensal
0 < fat ≤ 5	26	13	9	20	8	5
5 < fat ≤ 10	29	14	10	22	8	5
10 < fat ≤ 15	32	16	11	24	9	6
15< fat ≤ 20	35	18	12	25	10	6
20< fat ≤ 25	39	20	13	27	10	7
25< fat ≤ 30	44	22	15	30	11	7
30< fat ≤ 35	49	24	16	32	12	8
35< fat ≤ 40	55	27	18	34	13	9
40 < fat ≤ 45	61	30	20	37	14	9
45 < fat ≤ 70	72	36	24	36	18	12
70 < fat ≤ 120	108	54	36	48	24	16
fat > 120	156	78	52	69	35	23

Assim, o procedimento adotado é o descrito a seguir:

- Fixa-se o valor do DEC, desejado, por exemplo, na faixa entre 15 e 20 minutos por ano.
- Determina-se para tal valor, os valores extremos do DIC, anual, semestral e mensal, que correspondem a 35, 18 e 12 minutos por ano, por semestre e por mês, respectivamente, que deverão ser respeitados pela concessionária. Destaca-se que, caso no primeiro mês do semestre haja ocorrido uma interrupção de 12 minutos, nos meses subseqüentes do semestre as interrupções deverão apresentar duração muito menor. O PRODIST especifica ainda que: "O padrão mensal do indicador DMIC deverá corresponder a 50% (cinqüenta por cento) do padrão mensal do indicador DIC estabelecido nas tabelas 1 a 5 desta seção, adequando-se o resultado obtido, caso seja fracionário, ao primeiro inteiro igual ou superior a este".
- Fixa-se o valor do FEC, desejado, por exemplo, na faixa entre 20 a 25 interrupções por ano.
- Determina-se para tal valor, os valores extremos do FIC, anual, semestral e mensal, que correspondem a 27, 10 e 7 interrupções por ano, por semestre e por mês, respectivamente, que deverão ser respeitados pela concessionária.

A ANEEL preconiza no item 5.10 do módulo 8 do PRODIST as Metas de continuidade de serviço que, para o estabelecimento dos padrões de indicadores as concessionárias, deverão fornecer os dados a seguir:

- Para estabelecer o padrão dos indicadores de continuidade, as distribuidoras devem, conforme estabelecido no Módulo 6 do PRODIST, enviar à ANEEL os seguintes atributos físico-elétricos de todos os seus conjuntos, até o último dia útil do mês subseqüente ao trimestre de apuração:
  a) área, em quilômetros quadrados (km2);
  b) extensão da rede primária, em quilômetros (km);
  c) média mensal da energia consumida nos últimos 12 meses, em megawatt-hora (MWh);
  d) total de unidades consumidoras atendidas;
  e) potência instalada, em kilovolt-ampère (kVA);
  f) se pertencem ao sistema isolado ou interligado.
- A área do conjunto corresponde à área geográfica e não à área elétrica.
- A extensão de rede primária deve computar as redes aéreas, subterrâneas, urbanas e rurais, com tensão inferior a 69 kV, considerando as redes próprias da distribuidora e redes particulares constantes do plano de incorporação da distribuidora, excetuando-se as redes das cooperativas de eletrificação rural.
- A média mensal da energia consumida corresponde à média aritmética simples relativa ao consumo verificado nos últimos 12 meses, excluindo-se o consumo das unidades consumidoras com tensão igual ou superior a 69 kV. O total de unidades consumidoras atendidas corresponde ao número efetivamente existente de unidades consumidoras faturadas, excluindo-se as unidades consumidoras com tensão igual ou superior a 69 kV.
- A potência instalada corresponde à soma das potências unitárias nominais de todos os transformadores, inclusive os de propriedade particular constantes do plano de incorporação da distribuidora, excetuando-se os transformadores pertencentes às cooperativas de eletrificação rural e àqueles que atendem unidades consumidoras com tensão igual ou superior a 69 kV.
- No estabelecimento de metas de continuidade para os conjuntos de unidades consumidoras, será aplicada a técnica de análise comparativa de desempenho da distribuidora, tendo como referência os atributos físico-elétricos e dados históricos de DEC e FEC encaminhados à ANEEL.

A política atual de se multar a concessionária quando ela excede os valores limites dos indicadores, revertendo-se tal multa para a ANEEL está sendo amplamente discutida e deverá vir a ser alterada pelo PRODIST no qual está previsto que a partir de 2009 as multas serão revertidas para os consumidores, isto é, serão creditadas no faturamento do consumo mensal.

A ANEEL estabelece que a compensação a ser transferida ao consumidor deverá ser calculada com as fórmulas a seguir:

a. Para o DIC

$$\text{Valor} = (\text{DIC}_V - \text{DIC}_P) \times \frac{\text{CM}}{730} \times \text{kei} \tag{2.18}$$

b. Para o DMIC

$$\text{Valor} = (\text{DMIC}_V - \text{DMIC}_P) \times \frac{\text{CM}}{730} \times \text{kei} \tag{2.19}$$

c. Para o FIC

$$\text{Valor} = \left(\frac{\text{FIC}_V}{\text{FIC}_P} - 1\right) \times \text{DIC}_P \times \frac{\text{CM}}{730} \times \text{kei} \tag{2.20}$$

Onde:

- DICv - Duração de interrupção por unidade consumidora ou por ponto de conexão, conforme cada caso, verificada no período considerado, expressa em horas e centésimos de hora;
- DICp - Padrão de continuidade estabelecido no período considerado para o indicador de duração de interrupção por unidade consumidora ou por ponto de conexão, expresso em horas e centésimos de hora;
- DMICv - Duração máxima de interrupção contínua por unidade consumidora ou por ponto de conexão, conforme cada caso, verificada no período considerado, expressa em horas e centésimos de hora;
- DMICp - Padrão de continuidade estabelecido no período considerado para o indicador de duração máxima de interrupção contínua por unidade consumidora ou por ponto de conexão, expresso em horas;
- FICv - Freqüência de interrupção por unidade consumidora ou por ponto de conexão, conforme cada caso, verificada no período considerado, expressa em número de interrupções;
- FICp - Padrão de continuidade estabelecido no período considerado para o indicador de freqüência de interrupção por unidade consumidora ou por ponto de conexão, expresso em número de interrupções;
- CM - Encargo de uso do sistema de distribuição, correspondentes aos meses do período de apuração do indicador;

– 730 - Número médio de horas no mês;

– kei - Coeficiente de majoração cujo valor é fixado em 17 (dezessete), para unidades consumidoras atendidas em Baixa Tensão, em 22 (vinte e dois), para unidades consumidoras atendidas em Média Tensão e em 30 (trinta), para unidades consumidoras atendidas em Alta Tensão.

Destaca-se o caso de um consumidor para o qual ocorreu a violação das metas mensais e a multa já tenha sido creditada e ocorreu, ainda, a violação da meta trimestral, ou da anual; as compensações referentes a estes períodos de apuração deverão corresponder à diferença dos montantes calculados para essas compensações e os montantes mensais já creditados aos consumidores.

2.3 ESTIMAÇÃO DOS INDICADORES

2.3.1 Introdução

Os indicadores de desempenho podem ser obtidos a posteriori, através do tratamento das ocorrências ocorridas num dado período, ou então podem ser estimados a priori através de diferentes metodologias, conforme se trate de rede radial ou de rede em malha. Nos itens subseqüentes serão analisados os métodos a seguir:

a. Para as redes radiais serão detalhados os métodos:
   - Método analítico
   - Método agregado
b. Para as redes em malha serão detalhados os métodos
   - Método analítico – cortes mínimos
   - Método de simulação (Monte Carlo)

Destaca-se a extrema importância da obtenção dos indicadores a posteriori, pois que, é a partir deles que a agência reguladora controla o desempenho da concessionária ou da permissionária. A concessionária, através da análise dos indicadores alcançados, pode tomar medidas corretivas de curto prazo que permitam melhorar o desempenho. Por exemplo, numa região altamente arborizada, pode realizar campanhas de poda de árvores. Pode, ainda, antecipar campanhas de manutenção preventiva. A concessionária deve apresentar, na conta de energia elétrica do consumidor, o conjunto ao qual ele pertence, os valores limites permitidos e os verificados no mês de competência da conta dos indicadores: DEC, FEC, DIC, FIC e DMIC. Para poder dispor dos valores verificados, a concessionária deve contar com uma base de dados que associe cada um dos consumidores com a rede elétrica que o supre e com um sistema apto a transferir para cada um dos consumidores o número de interrupções e suas durações.

A determinação dos indicadores a priori é muito importante para o engenheiro de planejamento, que irá dotar a rede em estudo dos reforços que permitam a obtenção de uma qualidade de serviço adequada. Independentemente da metodologia utilizada, os dados necessários à estimativa dos indicadores são:

- A topologia e as características do alimentador primário;
- Os dispositivos de proteção e seccionamento disponíveis no alimentador, bem como os pontos de socorro, com indicação dos tipos de dispositivos disponíveis, isto é, chaves seccionadoras manuais ou automáticas;
- A área de cobertura de cada um dos dispositivos de proteção, isto é, a área que está protegida pelo dispositivo. Em particular, no caso de religadores, permite saber se o bloco será desligado somente para defeitos permanentes ou para os defeitos temporários e permanentes;
- As taxas de falha dos trechos da rede;
- A energia mensal absorvida e número de consumidores primários distribuídos pelas barras da rede;
- Os tempos médios de restabelecimento.

A taxa de falha, λ, de um dado equipamento da rede elétrica representa, para o caso de trechos de rede, o número médio de falhas que ocorrem por ano e por unidade de comprimento do trecho, para o atendimento da manutenção corretiva. Já para os demais equipamentos, corresponde ao número médio de falhas que ocorreram por ano. De qualquer forma, este dado deve ser perseguido pelas empresas de distribuição, a partir de dados de fabricantes e de seus bancos de dados de ocorrências, pois permite um acompanhamento bastante preciso da sua rede levando a parâmetros mais eficazes para a gestão da manutenção de seu sistema. No caso geral, conhecendo-se a taxa de falha, λ, e o tempo médio de reparo, t_{reparo}, pode-se calcular a probabilidade anual de que o componente esteja inoperante através da equação:

$$p_{inop} = \frac{\lambda \times t_{reparo}}{8760} \tag{2.21}$$

É óbvio que o produto da taxa de falha pelo tempo médio de reparo exprime o número médio de horas que o componente está inoperante. Assim, no caso de se ter taxa de 3 falhas por ano e tempo de reparo de 10 horas, ter-se-á, num ano, o componente inoperante por 30 horas. Logo a probabilidade de estar inoperante é 30/8760 = 0,003426.

Para a conceituação do que será exposto a seguir, seja a rede da Figura 2.6, na qual se definem "blocos de carga" que são os conjuntos de trechos do alimentador, interligados entre si, que se derivam de uma chave fechada e que não contam, entre eles, com chave fechada alguma. Na Tabela 2.2, apresentam-se os blocos que constituem a rede da Figura 2.6.

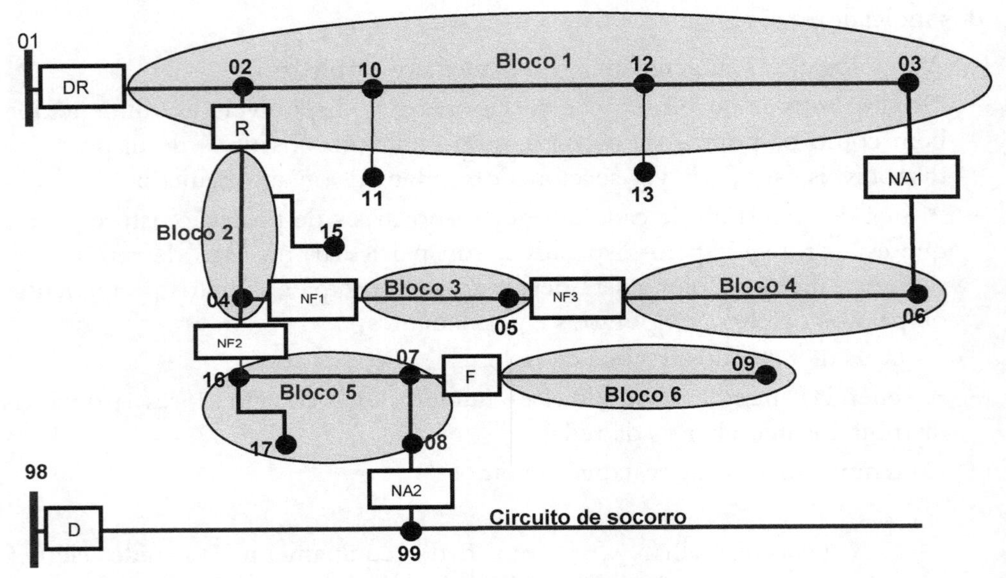

Figura 2.6 – Circuito exemplo

Tabela 2.2 – Blocos da rede da Figura 2.6

Bloco	Proteção	Trechos
1	DR	01-02 02-10 10-11 10-12 12-13 12-03
2	R	02-14 14-15 14-04
3	NF1	04-05
4	NF3	05-06
5	NF2	04-16 16-17 16-07 07-08
6	F	07-09

DR – disjuntor com religamento R – chave religadora
NF – chave de faca normalmente fechada F – chave fusível

Com referência aos tempos gastos para o restabelecimento do sistema, destaca-se:

– A soma das parcelas relativa aos tempos de telefonemas, t'_1, e aos de acionamento da equipe de manutenção, t'_2, será estabelecida a priori, isto é, serão fixados com base em tempos médios, em geral, conhecidos pela empresa.

- A parcela t'_3 correspondente ao tempo gasto pela equipe de manutenção para correr a linha e identificar o ponto de defeito será calculada através da distância a ser percorrida ao longo do alimentador desde a SE até o ponto de defeito, ℓ_{Def}, sendo que a velocidade de deslocamento, v, é assumida constante, isto é:

$$t'_3 = \frac{\ell_{Def}}{v}$$

- A parcela t'_4, correspondente ao tempo gasto pela equipe de manutenção para abrir a chave do bloco com defeito e deslocar-se a montante para o fechamento da chave que foi aberta pela corrente de defeito, será calculada através da distância a ser percorrida ao longo do alimentador desde o bloco com defeito até a chave de montante a ser fechada, ℓ_{Man}, sendo que a velocidade de deslocamento, v, é assumida constante, isto é:

$$t'_4 = \frac{\ell_{Man}}{v}$$

- O tempo total para a isolação do bloco com defeito e conseqüente re-energização dos blocos de montante é dado pela somatória dos tempos t', isto é:

$$T_A = \sum_{i=1}^{4} t'_i$$

- Uma vez que o bloco com defeito foi isolado do fornecimento e, tendo-se restabelecido o fornecimento a todos os blocos a montante, a equipe de manutenção percorrerá o bloco de defeito identificando e atuando nas chaves normalmente fechadas, NF, e normalmente abertas, NA, de modo a permitir o restabelecimento do fornecimento aos blocos de jusante. O tempo gasto para manobrar chaves, T_B, será calculado pela distância, ℓ_{Manob}, medida ao longo da rede, partindo-se do ponto de defeito até se alcançar a chave a ser manobrada e assumindo-se deslocamento com velocidade constante, v, isto é:

$$T_B = \frac{\ell_{Manob}}{v}$$

- O tempo de reparo até o completo restabelecimento do sistema, T_C, será assumido constante e seu valor médio será estimado a partir da média ponderada dos tempos de reparos e probabilidade de ocorrência dos vários defeitos, isto é:

$$T_C = \sum_k p_k \cdot t_{rep,k} \qquad (2.22)$$

onde p_k corresponde à probabilidade do defeito na rede ser do tipo "k" , com $\sum_k p_k = 1$, e $t_{rep,k}$ corresponde ao tempo médio de reparo para um defeito do tipo "k". As informações para obtenção de T_3 estão, em geral, disponíveis no banco de dados de ocorrências da distribuição.

Serão definidos, e utilizados em tudo quanto se segue, os tempos T1, T2 e T3, que correspondem, respectivamente à:

$$T_1 = T_A \quad T_2 = T_A + T_B \quad \text{e} \quad T_3 = T_A + T_B + T_C$$

Na Figura 2.7 apresenta-se o resumo dos tempos detalhado acima.

<table>
<tr><td>Recebim. de telef.</td><td>Acion. equipe</td><td>Pesquisa defeito</td><td>Energ. B.Mont.</td><td>Energização dos blocos de jusante</td><td>Reparo do defeito e restabelecimento</td></tr>
<tr><td>t'_1</td><td>t'_2</td><td>t'_3</td><td>t'_4</td><td rowspan="2">Intervalo de tempo TB</td><td rowspan="2">Intervalo de tempo TC</td></tr>
<tr><td colspan="4">Intervalo de tempo TA</td></tr>
<tr><td colspan="4">Blocos de montante defeito e jusante desenergizados</td><td>Blocos de defeito e jusante desenergizados</td><td>Bloco de defeito desenergizado</td></tr>
</table>

Tempo 0 **Tempo T1** **Tempo T2** **Tempo T3**

Figura 2.7 – Tempos para o reparo

Na Figura 2.8, apresenta-se um conjunto de blocos de um alimentador, nos quais se destacam:

– Blocos a montante do dispositivo de proteção que atuou. Os consumidores destes blocos não terão seu suprimento interrompido pela falha no bloco "i". Serão designados por blocos de montante sem influência do defeito;

– Blocos a montante do bloco com defeito, os consumidores destes blocos terão seu suprimento interrompido até quando o bloco com defeito for isolado e a chave de proteção voltar a ser fechada, ou seja, durante o intervalo de tempo T_A ou até o tempo T_1. Serão designados por blocos de montante;

– Blocos supridos pelo bloco com defeito que não contam com possibilidade de transferência para outro bloco energizado ou para outro alimentador, isto é, blocos que não contam com socorro. Os consumidores destes blocos permanecerão desenergizados até o completo restabelecimento da rede, ou seja, durante o intervalo $T_A + T_B + T_C$ ou, até o tempo T_3. Serão designados por blocos de jusante sem socorro;

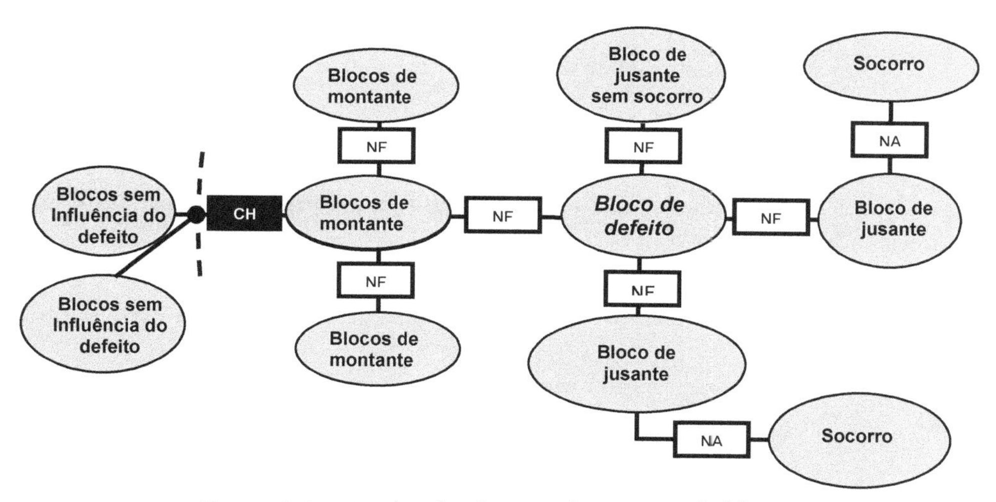

Figura 2.8 – Trecho de alimentador - Tipos de blocos

– Blocos supridos pelo bloco com defeito que contam com possibilidade de transferência para outro bloco energizado ou para outro alimentador, isto é, blocos que contam com socorro. Os consumidores destes blocos permanecerão desenergizados até a isolação do bloco com o defeito e sua transferência a um bloco energizado, através de manobras em chaves NF/NA, manuais ou automáticas, ou seja, durante o intervalo $T_A + T_B$ ou até o tempo T_2. Serão designados por blocos de jusante com socorro.

Definem-se, ainda, os consumidores que são interrompidos naqueles intervalos de tempo, isto é:

– $NC_{TA}(i)$ – número de consumidores interrompidos durante o intervalo de tempo T_A devido a falha no bloco "i". Evidentemente, sendo C_k o número de consumidores do bloco "k" e KMont conjunto dos blocos de montante que restaram desenergizados, e KJus conjunto dos blocos de jusante com socorro que restaram desenergizados e KSem conjunto dos blocos de jusante sem socorro que restaram desenergizados, será:

$$NC_{TA}(i) = \sum_{k=1}^{KMont} C_k + C_i + \sum_{k=1}^{KSem} C_k + \sum_{k=1}^{KJus} C_k$$

– $NC_{TB}(i)$ – número de consumidores interrompidos durante o intervalo de tempo T_B devido à falha no bloco "i", isto é, os consumidores do bloco "i" e os dos blocos de jusante. Será:

$$NC_{TB}(i) = C_i + \sum_{k=1}^{KSem} C_k + \sum_{k=1}^{KJus} C_k$$

– $NC_{TC}(i)$ – número de consumidores interrompidos durante o intervalo de tempo T_3 devido à falha no bloco "i". Será:

$$NC_{TC}(i) = C_i + \sum_{k=1}^{KSem} C_k$$

Destaca-se que quando a chave que originou o bloco de defeito é do tipo que perfaz a abertura automática por ação da corrente de defeito, isto é, disjuntor, religador, seccionalizadora ou fusível, não haverá consumidores a montante desenergizados e a parcela t'_4 será nula, ou seja:

$$NC_{TA}(i) = C_i + \sum_{k=1}^{KSem} C_k + \sum_{k=1}^{KJus} C_k$$

Além disso, sendo D_j a demanda média total dos consumidores do bloco "j" e sendo:

– $D_{TA}(i)$ – a demanda média total interrompida no intervalo de tempo T_A devido à falha no bloco "i". Será:

$$D_{TA}(i) = \sum_{k=1}^{KMont} D_k + D_i + \sum_{k=1}^{KSem} D_k + \sum_{k=1}^{KJus} D_k$$

– D_{TB} (i) – demanda média dos consumidores interrompidos durante o intervalo de tempo T_B devido à falha no bloco "i". Será:

$$D_{TB}(i) = D_i + \sum_{k=1}^{KSem} D_k + \sum_{k=1}^{KJus} D_k$$

– $D_{TC}(i)$ – demanda média dos consumidores interrompidos durante o intervalo de tempo T_C devido à falha no bloco "i". Será:

$$D_{TC}(i) = D_i + \sum_{k=1}^{KSem} D_k .$$

Algumas hipóteses simplificativas também devem ser assumidas. As principais, válidas em tudo quanto se segue, são descritas a seguir:

– A proteção contra sobrecorrente está perfeitamente coordenada e atua seletivamente como estabelecido em seu projeto. Isto é, havendo em série um disjuntor e um religador para falhas a jusante do religador, o disjuntor não atua e a isolação do defeito é feita pelo religador. Havendo em série um religador e uma chave fusível, ter-se-á a fusão do elo fusível somente para defeitos permanentes em sua área de proteção. Defeitos temporários na área de proteção do fusível não ocasionarão a fusão de seu elo fusível. Em conclusão, havendo dois dispositivos de proteção em série, atuará sempre o mais próximo do defeito.

– Quando ocorre um defeito num bloco de carga poderá haver transferência de blocos de carga entre alimentadores ou entre blocos do mesmo alimentador. Tal prática nem sempre é usual nas concessionárias, porém, com a automação das redes de distribuição primária vem ganhando importância especialmente com a difusão do uso de chaves seccionadoras automáticas, telecomandadas.

- As falhas permanentes e temporárias serão simuladas através de um fator, fat_{per}, que expressa a relação entre as falhas permanentes e falhas totais na rede de distribuição. Um número bastante usual para as redes de distribuição é 0,3, isto é, para cada 100 falhas na rede, 30 são permanentes e 70 são temporárias.

2.3.2 Redes radiais - método analítico

O método analítico será detalhado utilizando-se um conjunto de trechos de alimentador, da Figura 2.8, que conta com uma chave de proteção do tipo: religadora ou seccionalizadora ou fusível, e com chaves seccionadoras normalmente fechadas, NF e chaves de socorro NA. Nessas condições ter-se-á para os valores de DEC, FEC e END as equações a seguir.

A partir da definição da taxa de falha para trecho de rede, avaliam-se as taxas de falha compostas para cada um dos blocos de carga. Assim, sendo:

- $\ell_{i,j}$ - comprimento, em km, do trecho "j" do bloco "i";
- $\lambda_{i,j}$ - taxa de falha do trecho "j" do bloco "i" em falhas por ano e por quilômetro;
- $n_{tr,i}$ - número total de trechos do bloco "i";
- $\lambda_{bl,i}$ - taxa de falha do bloco "i" expressa em falhas por ano;

ter-se-á:

$$\lambda_{bl,i} = \sum_{i=1}^{n_{tr,i}} \ell_{i,j} \times \lambda_{i,j} \qquad (2.23)$$

As contribuições para os indicadores DEC, FEC e END de cada bloco serão dadas por:

$$DEC_i = fat_{per} \times \lambda_{bl,i} \times \frac{NC_{TA}(i) \times T_A + NC_{TB}(i) \times T_B + NC_{TC}(i) \times T_C}{\sum_{i=1}^{n_{total}} N_i} \qquad (2.24)$$

$$FEC_i = fat_{per} \times \lambda_{bl,i} \times \frac{NC_{TA}(i)}{\sum_{i=1}^{n_{total}} N_i} \qquad (2.25)$$

$$END_i = fat_{per} \times \lambda_{bl,i} \times \left(D_{TA}(i) \times T_A + D_{TB}(i) \times T_B + D_{TC}(i) \times T_C\right) \qquad (2.26)$$

Finalmente para todo o circuito será:

$$DEC = \sum_{i=1}^{N_{Blocos}} DEC_i \qquad FEC = \sum_{i=1}^{N_{Blocos}} FEC_i \qquad END = \sum_{i=1}^{N_{Blocos}} END_i$$

Por outro lado, sendo:

$$T_1 = T_A$$
$$T_2 = T_A + T_B$$
$$T_3 = T_A + T_B + T_c$$

resulta:

$$T_1 = T_A$$
$$T_B = T_2 - T_1$$
$$T_C = T_3 - T_2$$

e a Eq. (2.24) torna-se:

$$DEC_i = fat_{per} \times \lambda_{bl,i} \times \frac{NC_{TA}(i) \times T_1 + NC_{TB}(i) \times (T_2 - T_1) + NC_{TC}(i) \times (T_3 - T_2)}{\sum_{i=1}^{n_{total}} N_i}$$

$$DEC_i = fat_{per} \times \lambda_{bl,i} \times \frac{[NC_{TA}(i) - NC_{TB}(i)] \times T_1 + [NC_{TB}(i) - NC_{TC}(i)] \times T_2 + NC_{TC}(i) \times T_3}{\sum_{i=1}^{n_{total}} N_i}$$

Por outro lado, fazendo-se:

$$NC_{T1}(i) = NC_{TA}(i) - NC_{TB}(i)$$
$$NC_{T2}(i) = NC_{TB}(i) - NC_{TC}(i)$$
$$NC_{T3}(i) = NC_{TC}(i)$$

resulta:

$$DEC_i = fat_{per} \times \lambda_{bl,i} \times \frac{NC_{T1}(i) \times T_1 + NC_{T2}(i) \times T_2 + NC_{T3}(i) \times T_3}{\sum_{i=1}^{n_{total}} N_i} \qquad (2.27)$$

Observa-se que as parcelas $NC_{T1}(i), NC_{T2}(i)$ e $NC_{T3}(i)$ representam:

- $NC_{T1}(i)$ – Consumidores dos blocos a montante do bloco que sofreu a contingência que tiveram seu suprimento interrompido;
- $NC_{T2}(i)$ – Consumidores dos blocos de jusante, que dispõem de socorro, do bloco que sofreu a contingência que tiveram seu suprimento interrompido;
- $NC_{T3}(i)$ – Consumidores do bloco que sofreu a contingência e dos a jusante que não dispõem de socorro que tiveram seu suprimento interrompido.

A interpretação física da Eq. (2.27) é:

- Os blocos a montante do bloco em que ocorreu o defeito terão seu suprimento interrompido até o instante em que o bloco de defeito foi isolado e todas as chaves NF que os interligam ao bloco de defeito foram abertas, isto é, $NC_{T1}(i) \times T_1$ traduz a duração da interrupção dos consumidores de montante;

- Os blocos de jusante, do bloco de defeito, permanecerão desenergizados desde o instante do defeito até quando tiveram seu suprimento restabelecido pela atuação dos socorros;
- O bloco em contingência permaneceu desenergizado desde o instante do defeito até o reparo ee o completo restabelecimento da rede.

Analogamente, para o FEC e para a END, sendo:

- $D_{T1}(i)$ – Demanda dos consumidores dos blocos a montante do bloco que sofreu a contingência que tiveram seu suprimento interrompido;
- $D_{T2}(i)$ – Demanda dos consumidores dos blocos de jusante do bloco que sofreu a contingência que tiveram seu suprimento interrompido e que contam com socorro;
- $D_{T3}(i)$ – Demanda dos consumidores do bloco que sofreu a contingência e daqueles dos blocos de jusante, que não contam com socorro, que tiveram seu suprimento interrompido;

resulta:

$$FEC_i = fat_{per} \times \lambda_{bl,i} \times \frac{NC_{T1}(i) + NC_{T2}(i) + NC_{T3}(i)}{\sum_{i=1}^{n_{total}} N_i}$$

$$END_i = fat_{per} \times \lambda_{bl,i} \times (D_{T1}(i) \times T_1 + D_{T2}(i) \times T_2 + D_{T3}(i) \times T_3)$$

Exemplo 2.5 Na rede da Figura 2.9, há chaves de socorro manual. Pede-se:

a. Determinar os indicadores DEC, FEC e END para a rede sem se considerar os socorros;

b. Determinar os indicadores DEC, FEC e END para a rede assumindo-se que as chaves de socorro são manuais;

c. Determinar os indicadores DEC, FEC e END para a rede assumindo-se que as chaves de socorro manual foram substituídas por chaves de socorro automáticas.

d. Comparar o benefício que advém ao desempenho da rede pela utilização dos socorros manuais.

e. Analisar o benefício que advém da utilização de chaves de faca automáticas em substituição às chaves de socorro manuais.

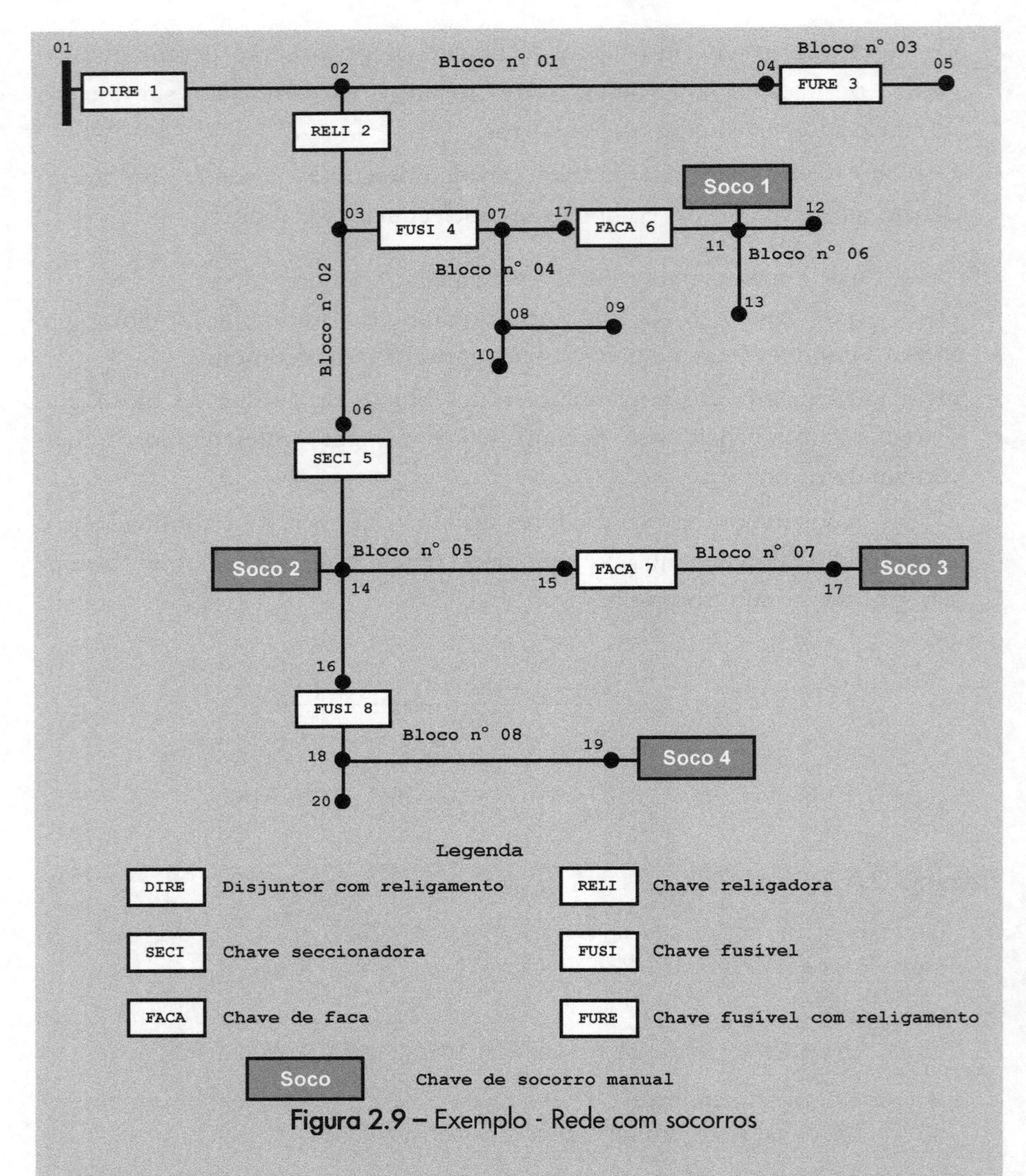

Figura 2.9 – Exemplo - Rede com socorros

São dados:

- Taxa de falha para todos os trechos da rede: 1 falha/km/ano
- Demanda máxima do alimentador de 5 MVA;
- Fator de carga: 0,70;
  - Os dados dos blocos e dos trechos estão apresentados na Tabela 2.3.

Tabela 2.3 – Dados dos blocos

Bloco	Trecho	Comprimento (km)	Número de consumidores	λ_i Falhas/ano	Total de consum.	Demanda (MW)
01	01-02	6,0	100	14,0	300	3,750
	02-04	8,0	200			
02	02-03	18,0	150	18,0	150	1,875
03	04-05	15,0	200	15,0	200	2,500
04	03-07	2,5	50	15,0	340	4,250
	07-17	3,5	70			
	07-08	1,0	80			
	08-09	5,0	40			
	08-10	3,0	100			
05	14-15	6,5	70	6,5	70	0,875
06	17-11	8,0	75	16,0	300	3,750
	11-12	3,4	135			
	11-13	4,6	90			
07	15-17	12,5	125	12,5	125	1,562
08	16-18	3,5	35	16,0	160	2,000
	18-19	10,0	100			
	19-20	2,5	25			
Total					1645	20,312

A seguir, analisa-se a situação de cada um dos blocos quando operando em contingência e os resultados alcançados no cálculo dos indicadores estão apresentados naa Tabela 2.4(1/4). Isto é, na Tabela 2.4(1/4) apresentam-se as interferências entre blocos, na Tabela 2.4(2/4) apresenta-se o total de consumidores que estão desenergizados durante os tempos T_1, T_2 e T_3 e o DEC correspondente, na Tabela 2.4(3/4) apresenta-se o FEC e, finalmente, na Tabela 2.4(4/4) apresenta-se a END.

• Bloco 1 •

Este bloco é suprido através de um disjuntor com religamento, logo em ocorrendo uma contingência no bloco, ocorrerá o desligamento de todo o alimentador somente para os defeitos permanentes. Todos os consumidores serão interrompidos durante o tempo T_A e ficam interrompido até o término do reparo, T_C, e o tempo T_B é nulo, isto é: $T_1 = T_2 = 1{,}0$ e $T_3 = 3{,}0$ h.

• Bloco 2 •

Este bloco é suprido através de um religador, logo ocorrerá seu desligamento tão somente para os defeitos permanentes. Todos os consumidores envolvidos serão interrompidos até o tempo T_3; será $T_1 = T_2 = 1{,}2$ h e $T_3 = 3{,}2$ h;

• Bloco 3 •

Este bloco é suprido através de uma chave fusível com religamento, logo a fusão do elo fusível ocorrerá tão somente para os defeitos permanentes. Todos os consumidores envolvidos serão interrompidos até o tempo T_3; será $T_1 = T_2 = 1{,}5$ h e $T_3 = 3{,}5$ h;

• Bloco 4 •

Este bloco é suprido através de uma chave fusível que conta com uma chave religadora a montante, logo, ocorrerá a interrupção do fornecimento tão somente para os defeitos permanentes. Todos os consumidores envolvidos, blocos 04 e 05, serão interrompidos até o tempo T_3; será $T_1 = T_2 = 1{,}2$ h e $T_3 = 3{,}2$ h;

• Bloco 5 •

Este bloco é suprido através de uma chave de seccionalizadora que conta, a montante, com uma chave religadora, logo, ocorrerá a interrupção do fornecimento tão somente para os defeitos permanentes. Durante o tempo T_1 todos os consumidores envolvidos, blocos 05, 07 e 08, , serão interrompidos até o tempo T_3; será $T_1 = T_2 = 1{,}8$ h e $T_3 = 3{,}8$ h;

• Bloco 6 •

Este bloco é suprido através de uma chave de faca que conta, a montante, com um fusível e um religador. Assume-se, por hipótese, que a cobertura do religador alcança a área da chave de faca, logo, ocorrerá a fusão do elo fusível, com a interrupção do fornecimento somente para os defeitos permanentes. No intervalo de tempo T_1 a equipe de manutenção identifica o defeito, abre a chave de faca e substitui o fusível. Deste modo estarão desenergizados os consumidores dos blocos 4 e 6 até o tempo T_1, e os do bloco 06 permanecerão desenergizados até o tempo T_3; será $T_1 = T_2 = 1{,}6$ h e $T_3 = 3{,}6$ h;

• Bloco 7 •

Este bloco é suprido através de uma chave de faca que conta, a montante, com uma chave seccionalizadora, logo, em ocorrendo uma contingência no bloco, ocorrerá a interrupção do fornecimento somente para os defeitos permanentes, quando ocorrerá a atuação da chave seccionalizadora. Durante o tempo T_1 todos os consumidores envolvidos, blocos 05, 07 e 08, serão interrompidos. Ao ser identificado o ponto de defeito procede-se à abertura da chave de faca e ao fechamento da chave seccionalizadora com o restabelecimento dos consumidores dos blocos 05 e 08. Deste modo estarão desenergizados os consumidores dos blocos 05 e 08 até o tempo T_1, e os do bloco 07 permanecerão desenergizados até o tempo T_3. Será $T_1 = T_2 = 2{,}0$ h e $T_3 = 4{,}0$ h;

• Bloco 8 •

Este bloco é suprido através de uma chave fusível que conta com uma chave seccionalizadora a montante, logo, em ocorrendo uma contingência no bloco, ocorrerá a fusão do elo fusível somente para os defeitos permanentes. Todos os consumidores envolvidos, bloco 08, serão interrompidos até o tempo T_3. Será $T_1 = T_2 = 2{,}5$ h e $T_3 = 4{,}5$ h.

Tabela 2.4(1/4) – Interação entre blocos

Bloco com Defeito	Bloco de montante sem interferência	Bloco de montante com interferência	Bloco de jusante sem socorro	Bloco de jusante com socorro
01	----	----	02-03-04-05-06-07-08	----
02	01	----	04-05-06-07-08	----
03	01	----	----	----
04	02	----	06	----
05	02	----	07-08	----
06	----	04	----	----
07	----	05	----	----
08	05	----	----	----

Tabela 2.4(2/4) – Cálculo do DEC

Bloco com Defeito	Número de consumidores envolvidos até os tempos limites			DEC (hora/ano)= $fat_{Per} \times \lambda_i \times \sum(T_i \times NC_i) / NC_{Total}$
	$T_1 = T_A$	$T_2 = T_A + T_B$	$T_3 = T_A + T_B + T_C$	
01	----	----	300+150+200+340+70 +300+125+160=1645	0,3×3,0×14×1645/1645 = 12,60
02	----	----	150+340+70+300 +125+160=1145	0,3×3,2×18×1145/1645 = 12,03
03	----	----	200	0,3×3,5×15×200/1645= 1,91
04	----	----	340+300= 640	0,3×3,2×15×640/1645= 5,60
05	----	----	70+125+160=355	0,3×3,8×6,5×355/1645= 1,60
06	340	---	300	0,3×16×(1,6×340+3,6×300)/1645= 4,74
07	70	---	125	0,3×12,5×(2,0×70+4,0×125)/1645= 1,46
08	---	----	160	0,3×4,5×16×160/1645 = 2,10
DEC Total (h/ano)				42,04

Tabela 2.4(3/4) – Cálculo do FEC

Bloco com defeito	Número de consumidores envolvidos até os tempos limites	FEC (Interrupções/ano) = $fat_{Per} \times \lambda_i \times \sum(NC_i) / NC_{Total}$
01	1645	0,3×14×1645/1645 = 4,20
02	1145	0,3×18×1145/1645 = 3,76
03	200	0,3×15×200/1645 = 0,55
04	640	0,3×15×640/1645 = 1,75
05	355	0,3×16×1145/1645 = 3,34
06	640	0,3×16×640/1645 = 1,87
07	195	0,3×12,5×195/1645 = 0,44
08	160	0,3×16×160/1645 = 0,47
DEC Total (h/ano)		16,38

Tabela 2.4(4/4) – Cálculo da END

Bloco com defeito	Demanda dos consumidores envolvidos até os tempos limites (MW)			END (MWh/ano)= $fat_{Per} \times \lambda_i \times \sum(T_i \times D_i)$
	$T_1 = T_A$	$T_2 = T_A + T_B$	$T_3 = T_A + T_B + T_C$	
01	----	----	3,750+1,875+ 2,500+4,250+0,875 +3,750+1,562+2,000=20,312	0,3×3,0×14×20,312 = 255,931
02	----	----	1,875+4,250+0,875+3,750 +1,562+2,000=14,062	0,3×3,2×18×14,062 = 242,818
03	----	----	2,500	0,3×3,5×15×2,500 = 39,375
04	----	----	4,250+3,750=8,000	0,3×3,2×15×8,000 = 115,200
05	----	----	0,875+1,562+2,000=4,437	0,3×3,8×6,5×4,437 = 32,878
06	4,250	---	3,750	0,3×16×(1,6×4,250+3,6×3,750) = 97,440
07	0,875	---	1,562	0,3×12,5×(2,0×0,875+4,0×1,562) = 29,992
08	---	----	2,000	0,3×4,5×16×2,000 = 43,200
END Total (MWh/ano)				856,834
END Total (%) = 100×END/(8760×20,312)				0,4815

Para a determinação dos indicadores DIC e FIC de um bloco específico é necessário conhecerem-se todas aquelas contingências que ocasionam seu desligamento, exemplificando, os consumidores do bloco 6 ficarão desenergizados, durante o tempo T1, para defeitos nos blocos: 1, 2, 4 e 5. Por outro lado, no intervalo de tempo T_3 ter-se-á seu desligamento para defeito nos blocos: 1, 2, 4 e 5. Na Tabela 2.5, apresentam-se as contingências, nos blocos da rede, que afetam, nos intervalos de tempo T_1 e T_3, os consumidores de um bloco específico.

Tabela 2.5 – Interações entre blocos

DIC/FIC do bloco	Contingências que afetam o bloco	
	Tempo T_1	Tempo T_3
01	01	01
02	01-02	01-02
03	01-03	01-03
04	01-02-04-06	01-02-04
05	01-02-05-07	01-02-05
06	01-02-04-06	01-02-04-06
07	01-02-05-07	01-02-05-07
08	01-02-05-07-08	01-02-05-08

Assim, a título de exemplo, o DIC e o FIC de qualquer um dos consumidores do bloco 04 são dados por:

$$DIC_4 = 0{,}3 \times (NC_1 \times T_3(1) + NC_2 \times T_3(2) + NC_4 \times T_3(4) + NC_6 \times T_1(6)) =$$
$$= 0{,}3 \times (14 \times 3 + 18 \times 3{,}2 + 15 \times 3{,}2 + 16 \times 1{,}6) = 51{,}96 \text{ h/ano}$$
$$FIC_4 = 0{,}3 \times (NC_1 + NC_2 + NC_4 + NC_6) = 0{,}3 \times (14 + 18 + 15 + 16) = 18{,}9 \text{ Falhas/ano}$$

Observa-se que, na avaliação dos indicadores DIC e FIC, não foram considerados os defeitos nos transformadores de distribuição, na rede secundária e no ramal de entrada. As três contingências poderão ser consideradas desde que se disponha da taxa de falhas dos transformadores, a taxa de falhas da rede secundária e a do ramal de entrada. Exemplificando, para os transformadores, o número de falhas por ano poderia estar relacionado com seu carregamento em pu. Para a rede secundária, a taxa de falha poderia ser função de seu comprimento e das seções retas dos condutores utilizados.

Para a análise dos indicadores, levando em conta a utilização de chaves de socorro, apresentam-se na Tabela 2.6 os blocos que são atendidos pelos socorros quando de contingências, programadas e não programadas, em todos os blocos da rede. Observa-se que a primeira coluna identifica o bloco no qual ocorreu a contingência, a segunda coluna apresenta as chaves que devem ser abertas para isolar o bloco e as demais os blocos que terão seu fornecimento restabelecido pelo socorro. A seguir proceder-se-á a análise dos indicadores, estimando-se o benefício que advém do emprego de socorros. Destaca-se que a utilização de chaves de socorro reduz o tempo que os blocos de jusante permanecem desenergizados, no entanto ocorre um aumento no tempo gasto na manobra das chaves, tempo $T_2 > T_1$. Os socorros, como é óbvio, influem tão somente nos valores do DEC e da END e em nada alteram o valor alcançado para o FEC. As tabelas 2.7 apresentam os resultados para socorro manual

Tabela 2.6 – Atendimento pelos socorros

Bloco defeito	Chaves abertas	Blocos atendidos pelos socorros			
		Soco 1	Soco 2	Soco 3	Soco 4
01	DIRE 1 RELI 2 FURE 3	02-04-05 06-07-08	02-04-05 06-07-08	02-04-05 06-07-08	02-04-05 06-07-08
02	RELI 2 FUSI 4 SECI 5	04-06	05-07-08	05-07-08	05-07-08
03	FURE3	---	---	---	---
04	FUSI 4 FACA 6	06	---	---	---
05	SECI 5 FACA 7 FUSI 8	---	---	07	08
06	FACA 6	---	---	---	---
07	FACA 7	---	---	---	---
08	FUSI 8	---	---	---	---

• Bloco 1 •

Após a identificação do defeito, intervalo T_1, procede-se, até ao tempo T_2, à abertura das chaves que se derivam do bloco e fecha-se a chave de socorro. No intervalo de tempo T_3 restarão desenergizados somente os consumidores dos blocos 1 e 3. será T_1= 1,6 h, T_2 = T1 + 0,5 = 2,1 e T_3= T2 + 2,0 = 4,1 h;

• Bloco 2 •

Durante o intervalo de tempo T_1 permanecem desenergizados os blocos 2, 4, 5, 6, 7 e 8. No intervalo T_2 abrem-se as chaves FUSI 4 e SECI 5 e fecham-se a chave Soco 1 e a Soco 2, ou alternativamente a Soco 3 ou a Soco 4. Nestas condições durante o intervalo de tempo T_3 restarão desenergizados somente os consumidores do bloco 02. Resulta T_1= 1,6 h, T_2 = T1 + 0,5 = 2,1 e T_3= T_2 + 2,0 = 4,1 h;

• Bloco 3 •

A existência de socorros em nada afeta o desempenho deste bloco.

• Bloco 4 •

Durante o intervalo de tempo T_1 estarão desenergizados os blocos 04 e 06. Do instante T_1 até o T_2 procede-se a abertura da chave de faca 6 e o fechamento do socorro Soco 1. Deste modo até o tempo T_2 restará desenergizado o bloco 06 e o bloco 04 permanecerá desenergizado até o tempo T_3. Resulta T_1= 1,2 h, T_2 = T1 + 0,2 = 1,4 e T_3= T_2 + 2,0 = 3,4 h;

• Bloco 5 •

Durante o intervalo de tempo T_1 estarão desenergizados os blocos 05, 07 e 08. Do instante T_1 até o T_2 procede-se a abertura da chave de faca 7 e o fechamento do socorro Soco 3, a seguir abre-se a chave Fusi 8 e fecha-se o socorro Soco 4. Deste modo até o tempo T_2 restarão desenergizados os blocos 07 e 08. O bloco 05 permanecerá desenergizado até o tempo T_3. Resulta T_1= 1,8 h, T_2 = T1 + 0,5 = 2,3 e T_3= T_2 + 2,0 = 4,3 h;

• Blocos 6 – 7 e 8 •

A existência de socorros em nada afeta o desempenho destes blocos.

Tabela 2.7(1/3) – Interação entre blocos com socorro manual

Bloco com defeito	Bloco de montante sem interferência	Bloco de montante com interferência	Bloco de jusante sem socorro	Bloco de jusante com socorro
01	----	----	03	02-04-05-06-07-08
02	01	----	----	04-05-06-07-08
03	01	----	----	----
04	02	----	----	06
05	02	----	----	07-08
06	----	04	----	----
07	----	05	----	----
08	05	----	----	----

Tabela 2.7(2/3) – Cálculo do DEC com socorro manual

Bloco com defeito	Número de consumidores envolvidos até os tempos limites			DEC (hora/ano)= $fat_{Per} \times \lambda_i \times \sum(T_i \times NC_i) / NC_{Total}$
	$T_1 = T_A$	$T_2 = T_A + T_B$	$T_3 = T_A + T_B + T_C$	
01	----	150+340+70+300+ 125+160=1145	300+200=500	0,3×14(1,5×1545+3,5×500)/1645 = 10,38
02	----	340+70+300+ 125+160 = 995	150	0,3×18×(1,7×995+3,7×150)/1645 = 7,37
03	----	----	200	0,3×3,5×15×200/1645 = 1,91
04	----	300	340	0,3×15×(1,4×300+3,4×340)/1645 = 4,31
05	----	125+160=285	70	0,3×6,5×(2,3×285+4,3×70)/1645 = 1,13
06	340	---	300	0,3×16×(1,6×340+3,6×300)/1645 = 4,74
07	70	---	125	0,3×12,5×(2,0×70+4,0×125)/1645 = 1,46
08	---	----	160	0,3×4,5×16×160/1645 = 2,10
DEC Total (h/ano)				31,49

Tabela 2.7(3/3) – Cálculo do END com socorro manual

Bloco com defeito	Demanda dos consumidores envolvidos até os tempos limites (MW)			END (MWh/ano)= $fat_{Per} \times ND_i \times \sum(T_i \times D_i)$
	$T_1 = T_A$	$T_2 = T_A + T_B$	$T_3 = T_A + T_B + T_C$	
01	----	1,875+ 4,250+0,875 +3,750+1,562+2,000=14,062	3,750+2,50 =6,250	0,3×14×(1,5×14,062+3,5×6,250) = 180,466
02	----	4,250+0,875+3,750+ 1,562+2,000=12,187	1,875	0,3×18×(1,7×12,187+3,7×1,875) = 149,339
03	----	----	2,500	0,3×3,5×15×2,500 = 39,375
04	----	3,750	4,250	0,3×15×(1,4×3,750+3,4×4,250) = 88,65
05	----	1,562+2,000=3,562	0,875	0,3×6,5×(2,3×3,562+4,3×0,875) = 23,312
06	4,250	---	3,750	0,3×16×(1,6×4,250+3,6×3,750) = 97,440
07	0,875	---	1,562	0,3×12,5×(2,0×0,875+4,0×1,562) = 29,992
08	---	----	2,000	0,3×4,5×16×2,000 = 43,200
END Total (MWh/ano)				651,777
END Total (%) = 100×END/(8760×20,312)				0,3663

Finalmente na hipótese de utilizarem-se chaves de manobra automáticas ocorrerá a transferência automática nos blocos de carga e, de conseqüência, o tempo de manobra das chaves, abertura das NF e fechamento das NA, passando a ser $T_B \cong 0$, logo será: $T_1 = T_2$ e $T_3 = T_1 + 2$. Nas Tabelas 2.8, apresentam-se o cálculo do DEC e do END.

Tabela 2.8(1/2) – Cálculo do DEC com socorro automático

Bloco com defeito	Número de consumidores envolvidos até os tempos limites			DEC (hora/ano) $= fat_{Per} \times \lambda_i \times \sum(T_i \times NC_i) / NC_{Total}$
	T_1	$T_2 = T_1$	$T_3 =$	
01	----	150+340+70+300 +125+160=1145	300+200 =500	0,3×14(1,0×1145+3,0×500)/1645 = 6,75
02	----	340+70+300 +125+160 = 995	150	0,3×18×(1,2×995+3,2×150)/1645 = 5,49
03	----	----	200	0,3×3,5×15×200/1645 = 1,91
04	----	300	340	0,3×15×(1,2×300+3,2×340)/1645 = 3,96
05	----	125+160=285	70	0,3×6,5×(1,8×285+3,8×70)/1645 = 0,92
06	340	---	300	0,3×16×(1,6×340+3,6×300)/1645 = 4,74
07	70	---	125	0,3×12,5×(2,0×70+4,0×125)/1645 = 1,46
08	---	----	160	0,3×4,5×16×160/1645 = 2,10
DEC Total (h/ano)				25,23

Tabela 2.8(2/2) – Cálculo da END com socorro automático

Bloco com defeito	Demanda dos consumidores envolvidos até os tempos limites (MW)			END (MWh/ano)= $fat_{Per} \times \lambda_i \times \sum(T_i \times D_i)$
	$T_1 = T_A$	$T_2 = T_A + T_B$	$T_3 = T_A + T_B + T_C$	
01	----	1,875+ 4,250+0,875 +3,750+1,562+2,0 =14,062	3,750+2,500 =6,250	0,3×14×(1,0×14,062+3,0×6,250) = 137,810
02	----	4,250+0,875+3,75 +1,562+2,0=12,187	1,875	0,3×18×(1,2×12,187+3,2×1,875) = 98,210
03	----	----	2,500	0,3×3,5×15×2,500 = 39,375
04	----	3,750	4,250	0,3×15×(1,2×3,750+3,2×4,250) = 81,450
05	----	1,562+2,000=3,562	0,875	0,3×6,5×(1,8×3,562+3,8×0,875) = 19,402
06	4,250	---	3,750	0,3×16×(1,6×4,250+3,6×3,750) = 97,440
07	0,875	---	1,562	0,3×12,5×(2,0×0,875+4,0×1,562) = 29,992
08	---	----	2,000	0,3×4,5×16×2,000 = 43,200
END Total (MWh/ano)				507,504
END Total (%) = 100×END/(8760×20,312)				0,2852

Na Tabela 2.9, apresenta-se a comparação dos valores de DEC e END para as três situações analisada.

Tabela 2.9 – Comparação de resultados

Situação	DEC	END	
		MWH/ano	%
Sem socorro	42,04	856,834	0,4815
Com socorro manual	31,49	651,777	0,3663
Com socorro automático	25,23	507,504	0,2852

A título de exemplo, assumindo para o custo da energia 0,30 R$/kWh, resultariam custos anuais da END de: R$275.050,20 para a rede sem socorro, R$195.533,10 com socorro manual e de R$152.251,20 com socorro automático. Destaca-se que, com a utilização de chaves de socorro automáticas, tem-se uma economia anual de:

Economia = R$275.050,20 - R$152.251,20 = R$122.799,00

E, assumindo-se taxa de recuperação de capital de 12 % ao ano, ter-se-á, em valor presente, um benefício para 10 anos, de:

$$\text{Cap} = 122.799{,}00 \times \frac{1 - 1{,}12^{-10}}{0{,}12} = 122.799{,}00 \times 5{,}6502 = \text{R\$}693.841{,}00$$

2.3.3 Redes radiais - método agregado

O método agregado consiste em se determinar os indicadores para um alimentador específico através do valor mais provável dentre os valores alcançados para um conjunto de alimentadores com características semelhantes. Na metodologia aqui descrita [9], tais alimentadores são gerados aleatoriamente, porém tomando como base certos parâmetros comuns e conhecidos. A vantagem principal deste método, que ficará clara ao longo deste item, reside no fato que não é necessário o conhecimento de dados topológicos, de barras e trechos do alimentador. Algumas poucas características do alimentador serão necessárias para a obtenção de expressões expeditas para o cálculo de indicadores de qualidade de serviço. O alimentador a ser analisado desenvolve-se num setor circular e tem as características:

- Área de atuação, Z, em km^2;
- Ângulo de atuação, θ, em graus;
- Número de pontos de carga, N_{Ponto};
- Número de consumidores, N_{Cons};
- Demanda, D_{Total}, em kW;

- Densidade de carga com distribuição especificada ao longo do raio do setor circular;
- Distribuições de chaves ao longo do tronco, isto é, número de chaves/km ou chaves a cada montante especificado de demanda, MVA;
- Critério para a alocação de fusíveis ao longo dos ramais, por exemplo, sempre que a corrente no ramal excede valor pré-estabelecido ou sempre que o comprimento do ramal excede valor limite pré-estabelecido;
- Taxa de falha dos trechos da rede;
- Tempos de atendimento: T_1, T_2 e T_3.

O procedimento usual resume-se em gerar aleatoriamente redes radiais e estimar os indicadores. Os valores alcançados são dispostos numa curva geral de distribuição de probabilidade e determina-se sua média.

Para a geração de uma rede primária, após a fixação da área, Z, do ângulo, θ, e do número de pontos, N_p, determina-se o valor máximo do raio, R = f(Z, θ), e procede-se segundo os passos a seguir:

- Define-se um nó da rede, "i", através do sorteio de um número aleatório, θi, compreendido entre 0 e θ, e de outro, ri, compreendido entre 0 e R, isto é: os valores θi = RAND(0, θ) e ri = RAND(0,R) representam as coordenadas polares do ponto "i". O ponto inicial, que corresponde à SE, tem coordenadas (0,0). Cada ponto sorteado conecta-se à rede existente num ponto que corresponde à mínima distância, do ponto à rede. Na Figura 2.10, apresentam-se os pontos 1, 2, ...10, gerados aleatoriamente. Observam-se pontos que, pelo critério de mínima distância, ligam-se a pontos já existentes na rede: pontos 1, 2, 3, 4 e 8, ao passo que outros ligam-se a trechos de rede existentes, pontos: 5, 6, 7, 9 e 10. A seguir procede-se à definição do tronco e dos ramais da rede; para tanto, assume-se que as demandas em todos os pontos da rede são iguais, isto é a demanda de cada ponto é dada por $d_{Ponto} = \dfrac{D_{Total}}{N_{Ponto}}$. O tronco é formado, partindo-se do nó da SE, e calculando-se a corrente acumulada em cada trecho. Nas bifurcações, o trecho de maior corrente corresponderá ao tronco e, conseqüentemente, o de menor corrente ao ramal. Prossegue-se pela rede até que a corrente do tronco seja não maior que uma corrente de um ramal. Na Figura 2.11 apresenta-se a definição do tronco, em traço mais grosso, e dos ramais, em traço fino.

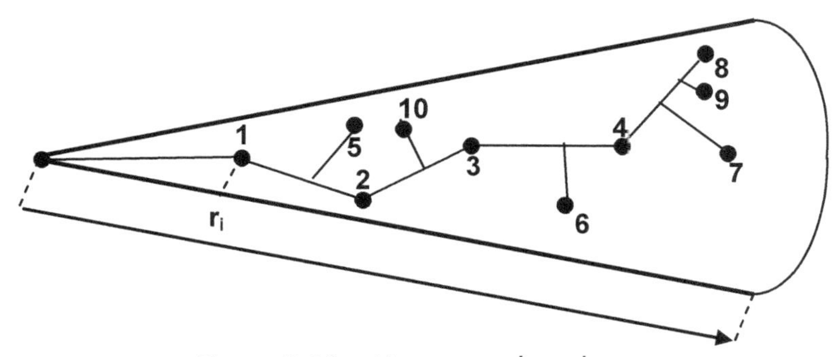

Figura 2.10 – Montagem da rede

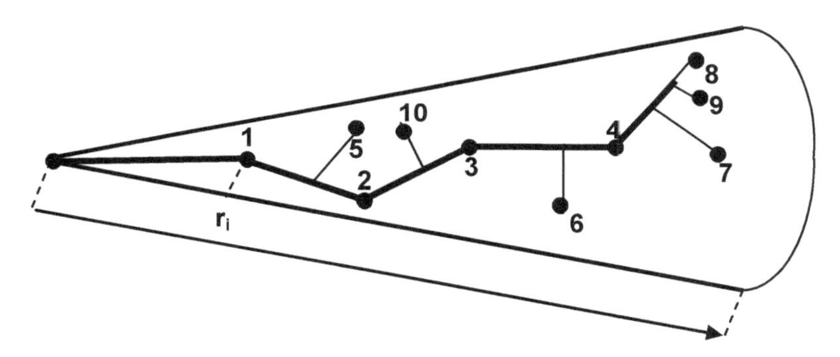

Figura 2.11 – Definição do tronco

Uma vez estabelecidos os troncos e os ramais, distribuem-se as chaves NF ao longo da rede, valendo-se dos critérios específicos das empresas. A título de exemplo, têm-se os critérios:

- Distribuição das chaves ao longo do tronco baseada no número de chaves por quilômetro de rede ou, então, número de chaves fixado pela potência instalada no tronco;
- Instala-se uma chave fusível no ramal sempre que a corrente do ramal exceda o valor mínimo para a instalação de um fusível, ou, então, sempre que o comprimento do ramal excede um valor de comprimento especificado.

A Figura 2.12 ilustra o procedimento de distribuição de chaves ao longo do alimentador.

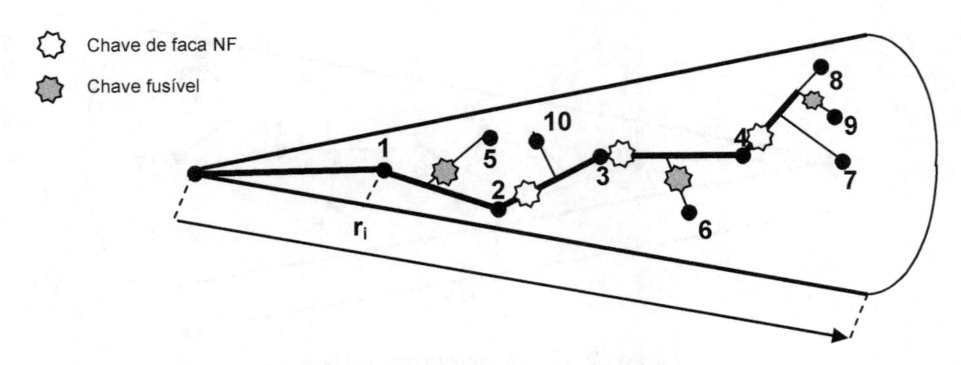

Figura 2.12 – Definição de chaves NF e fusíveis

Para a determinação dos valores dos indicadores, DEC, FEC e END, do alimentador adotam-se, ainda, as hipóteses:

– Todos os pontos de carga, N_P, apresentam a mesma carga e o mesmo número de consumidores, N_c. Eventualmente, quando for conhecida a relação entre as estações transformadoras, ET, da concessionária e o número de estações transformadoras particulares, EP, podem-se distribuir os N_p pontos nessa relação. Por exemplo, 30 % de consumidores primários, supridos pelas EP, e 70 % de consumidores secundários, supridos por ET;

– A distribuição da carga no setor circular coberto pelo alimentador pode ser não uniforme. É usual assumir-se que a distribuição de carga ao longo do raio R é variável com a lei:

$$D(R) = D_0 \, R^{\alpha} \,, \tag{2.28}$$

onde: D(R) representa a densidade de carga em correspondência ao raio "R"; D_0 densidade de carga na origem e α representa a lei de variação da carga. Na Figura 2.13, apresenta-se a distribuição da densidade de carga ao longo do raio para o caso de $\alpha = -1$, $\alpha = 0$ e $\alpha = 1$. Destaca-se que o caso em que α é igual a zero corresponde a uma distribuição de densidade uniforme; esse valor é típico de áreas urbanas. Para α maior que zero tem-se densidade que aumenta à medida que se afasta do centro, típico de alimentador expresso. Finalmente, quando α é menor de zero ocorre a diminuição da densidade de carga à medida que se afasta do centro. Esta situação é típica de áreas rurais ou áreas mistas: cargas na região urbana e na rural.

Uma vez conhecida a demanda, o número de consumidores por ponto ao longo da rede e os blocos de carga, que resultam da distribuição de chaves, pode-se determinar os indicadores utilizando-se a metodologia apresentada no item precedente, método analítico.

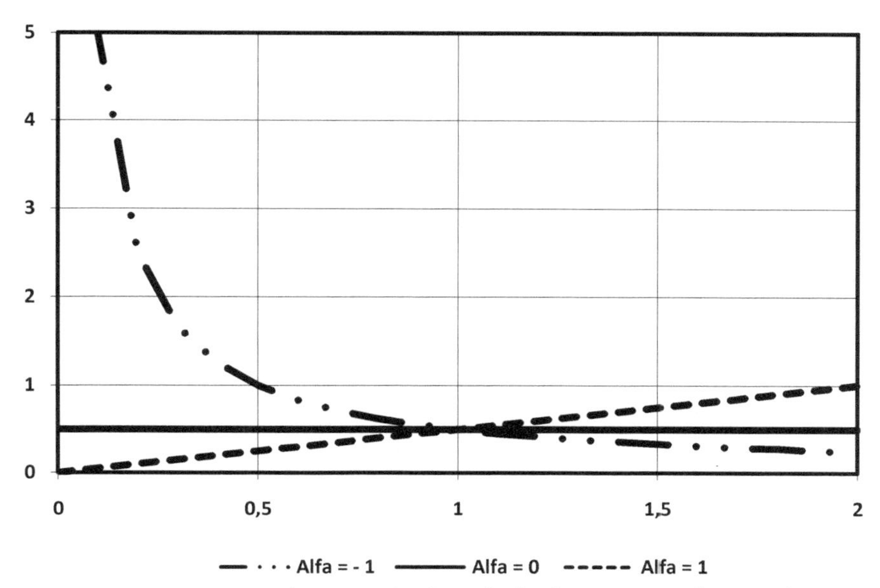

Figura 2.13 – Distribuições da densidade de carga em função de α

Assim, a metodologia baseia-se em gerar, aleatoriamente, redes arborescentes, radiais, e, para cada uma delas, avaliar os índices. Representa-se no eixo das abscissas, de um par de eixos de coordenadas cartesianas, o valor alcançado para um dos indicadores, que na Figura 2.14 será indicado genericamente por "V", e na ordenada o número de soluções em que se alcançou aquele valor. No caso da Figura 2.14, observa-se que o indicador genérico "V" apresenta um valor mínimo de 25, um valor médio de 60 e um valor máximo de 85. Destaca-se que o resultado alcançado pode se referir a qualquer um dos indicadores: DEC, FEC e END. Ajustando os pontos obtidos a uma curva normal de distribuição de probabilidades, ter-se-á que nessa família de redes radiais arborescentes o valor médio do indicador é 60 e seu desvio padrão é 10. Em outras palavras, o valor médio alcançado, com seu desvio padrão, representa o valor esperado para essas redes geradas aleatoriamente com seus limites de variação.

A metodologia proposta tem o inconveniente que demanda um grupo bastante grande de simulações a cada vez que se deseja estimar os indicadores. Como uma alternativa a esta simulação para cada alimentador, pode-se realizar estas simulações para uma combinação dos principais parâmetros "topológicos e mercadológicos" dos alimentadores. Por exemplo, geram-se redes arborescentes variando-se o número de pontos, Np, o ângulo,θ, e a área, Z, entre valores mínimos e máximos, isto é:

$$N_p \in \left[N_{p\,min}, N_{p\,max}\right]$$
$$\theta_p \in \left[\theta_{p\,min}, \theta_{p\,max}\right]$$
$$Z \in \left[Z_{p\,min}, Z_{p\,max}\right]$$

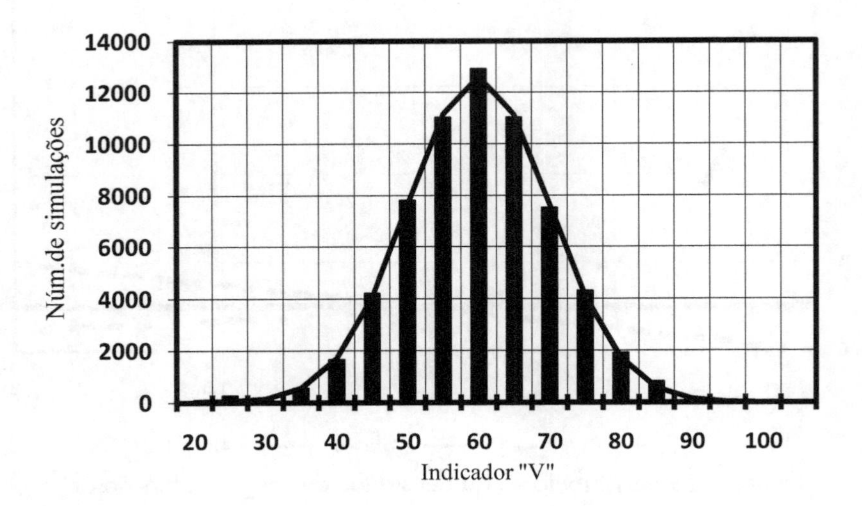

Figura 2.14 – Distribuição de probabilidade para um indicador genérico

A partir da combinação desses parâmetros pode-se ajustar uma curva para cada um dos indicadores. A Figura 2.15 ilustra o caso do FEC e sua variação com o número de pontos, Np. Destaca-se que, para cada valor de Np, corresponde um valor médio de FEC e um desvio padrão.

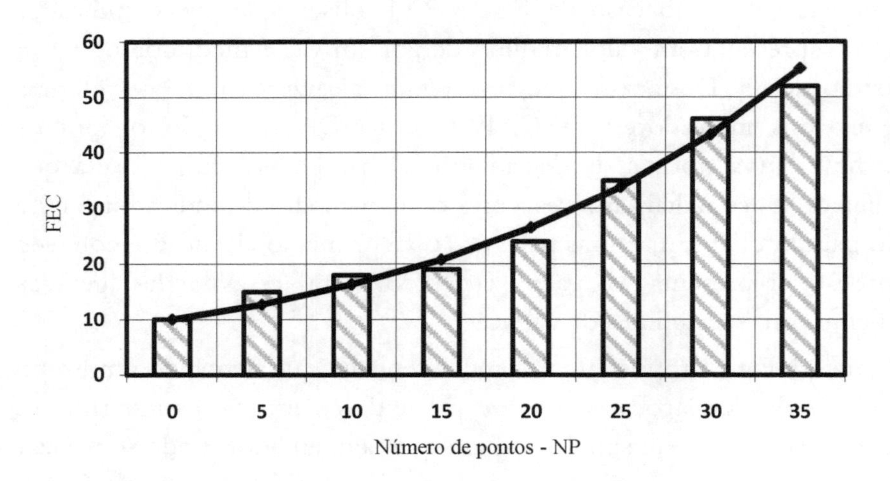

Figura 2.15 – Valor do FEC em função do número de pontos

Tendo-se calculado o valor médio do FEC para cada um dos valores dos três parâmetros, Np, θ e Z, pode-se realizar uma regressão do tipo:

$$FEC = \alpha \times N_p^{\beta} \times Z^{\gamma} \times \theta^{\delta} \tag{2.29}$$

ou ainda:

$$\begin{aligned} \ln FEC &= \ln\alpha + \beta \times \ln N_p + \gamma \times \ln Z + \delta \times \ln\theta \quad \text{ou} \\ y &= A + B x_1 + C x_2 + D x_3 \end{aligned} \tag{2.30}$$

que é uma simples regressão linear com "n" parâmetros.

A metodologia exposta está descrita em detalhe em [9]. Este tipo de enfoque para cálculo de indicadores tem sido utilizado com muito sucesso na solução de problemas que demandam rapidez de processamento e pequeno volume de dados [10].

2.3.4 Redes em malha - método dos cortes mínimos

2.3.4.1 Introdução

O método dos cortes mínimos é bastante útil para avaliar equipamentos ou conjuntos de equipamentos que, quando em falha e, possivelmente em manutenção preventiva, provocam interrupções em consumidores do sistema. Por "equipamento" entende-se qualquer componente do bloco, quer seja ele um dispositivo de proteção ou comando ou quer seja um trecho de alimentador.

O método que será exposto a seguir [11,12] não considera o impacto de uma contingência, que ocorre num equipamento específico, nos fluxos de potência em outros equipamentos e na tensão em outras barras da rede. A análise é levada a efeito tão somente do ponto de vista de "desconexão topológica". No método de simulação, objeto do item 2.3.5, leva-se em conta os efeitos, em regime permanente, ocasionados na rede pela contingência e analisam-se as eventuais transgressões técnicas que venham a ocorrer.

Preliminarmente, lembra-se que um corte é definido pelo conjunto de equipamentos que, quando fora de operação, isolam um determinado consumidor das fontes de suprimento do sistema. Ao se enumerar todos os cortes para um consumidor, percebe-se que há redundância, isto é, há equipamento(s) pertencendo ao corte que, mesmo permanecendo em operação, resultariam em não atendimento da carga. Os cortes mínimos são aqueles obtidos a partir dos cortes em que não há redundância, ou seja, representam o conjunto mínimo de equipamentos que, quando fora de operação, resultam no não atendimento da carga.

O corte mínimo de primeira ordem corresponde a um equipamento que, quando fora de operação, provoca a interrupção de consumidores. Assim, na Figura 2.16, o equipamento Eqi representa um corte de primeira ordem para os consumidores Cons 1 e Cons 2. Quando esse equipamento está inoperante, estes consumidores ficam com seu suprimento interrompido até o restabelecimento do equipamento, pois que, não há como socorrê-los.

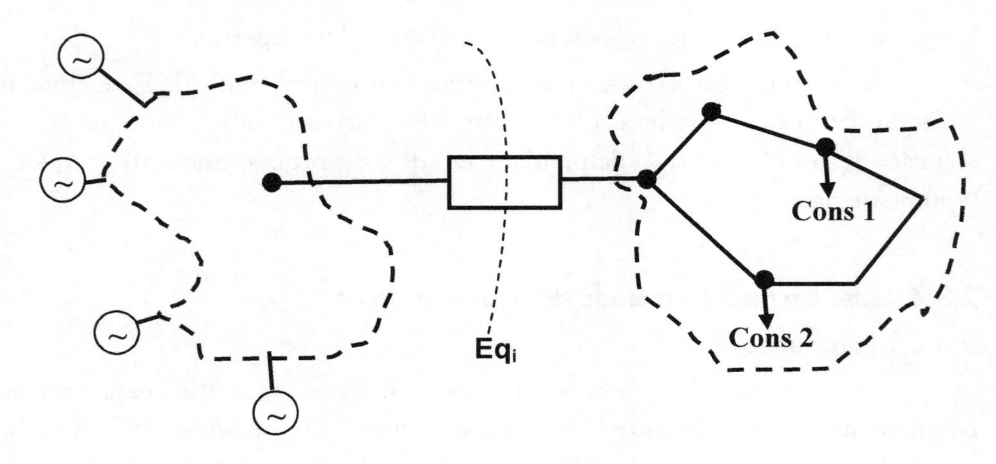

Figura 2.16 – Corte mínimo de primeira ordem

Os cortes mínimos de segunda e terceira ordem estão ilustrados na Figura 2.17.

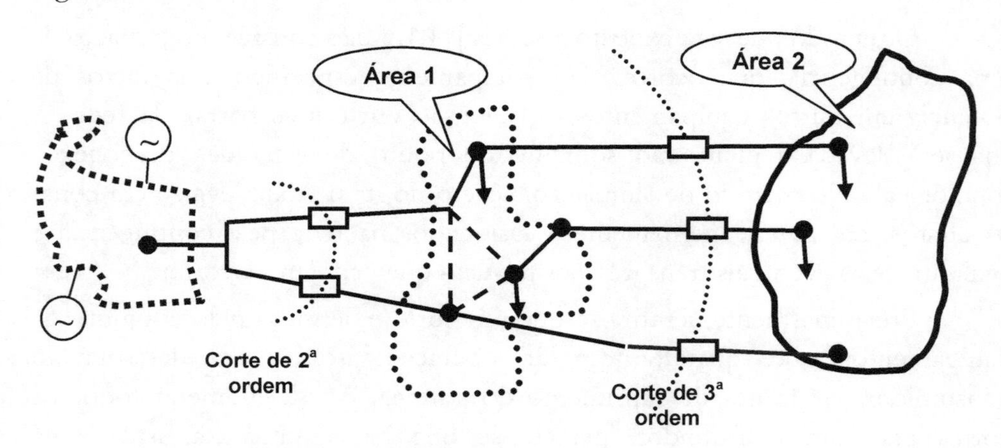

Figura 2.17 – Cortes mínimos de 2a e 3a ordem

Exemplificando, numa rede radial, sem socorro, só existem cortes mínimos de 1ª ordem. Na Figura 2.18, cada bloco "i" representa um conjunto de equipamentos e na Tabela 2.10 apresentam-se os cortes mínimos para cada uma das três cargas.

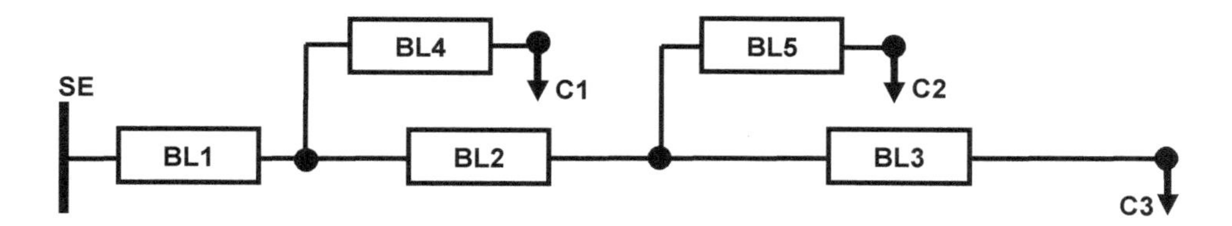

Figura 2.18 – Rede radial para exemplo

Tabela 2.10 – Cortes mínimos para as cargas da Figura 2.18

Carga	Cortes mínimos de 1ª ordem
C1	BL1 e BL4
C2	BL1, BL2 e BL5
C3	BL1, BL2 e BL3

O indicador FIC, relativo aos consumidores C1, C2 e C3, pode ser calculado pela somatória:

$$\begin{aligned} FIC_{C1} &= \lambda_{BL1} + \lambda_{BL4} \\ FIC_{C2} &= \lambda_{BL1} + \lambda_{BL2} + \lambda_{BL5} \\ FIC_{C3} &= \lambda_{BL1} + \lambda_{BL2} + \lambda_{BL3} \end{aligned} \tag{2.31}$$

onde o valor de λ_k corresponde à taxa de falha total do bloco "k". Sendo T_k o tempo médio de restabelecimento do bloco, ou conjunto de equipamentos "k", os valores do DIC são dados por:

$$\begin{aligned} DIC_{C1} &= \lambda_{BL1} \times T_{BL1} + \lambda_{BL4} \times T_{BL4} \\ DIC_{C2} &= \lambda_{BL1} \times T_{BL1} + \lambda_{BL2} \times T_{BL2} + \lambda_{BL5} \times T_{BL5} \\ DIC_{C3} &= \lambda_{BL1} \times T_{BL1} + \lambda_{BL2} \times T_{BL2} + \lambda_{BL3} \times T_{BL3} \end{aligned} \tag{2.32}$$

ou seja, a partir do conhecimento dos cortes mínimos, pode-se compor os valores dos indicadores de continuidade.

Para os cortes mínimos de primeira ordem, tem-se, genericamente, que:

$$FIC_{Cj} = \sum_{i=1}^{nprim\_j} \lambda_i + \sum_{i=1}^{nprim\_j} \lambda_i^{"} \tag{2.33}$$

onde:

λ_i é a taxa de falha forçada do conjunto de equipamentos "i";

$\lambda"_i$ e a taxa de manutenção preventiva do conjunto de equipamentos "i";

n_{Prim_j} é o número total de cortes mínimos do consumidor C_j.

Analogamente:

$$DIC_{Cj} = \sum_{i=1}^{nprim\_j} \lambda_i T_i + \sum_{i=1}^{nprim\_j} \lambda_i'' T_i'' \qquad (2.34)$$

Onde:

T_i corresponde ao tempo médio de restabelecimento do consumidor C_j;

T''_i corresponde ao tempo médio de manutenção preventiva do consumidor C_j.

Para o caso de cortes mínimos de segunda e terceira ordem, podem ser avaliadas taxas equivalentes de falha por contingência, λ_e, e por manutenção preventiva, λ_e''; bem como tempos equivalentes de restabelecimento para defeitos, T_e, e de manutenção preventiva, T_e'', que irão compor as parcelas para o cálculo de DIC e FIC de um consumidor C_j, o que permitirá o uso das Eqs. (2.33) e (2.34).

Dois casos são identificados para cortes mínimos de segunda ordem, compostos por dois equipamentos (1 e 2), quais sejam:

a. Dois equipamentos, 1 e 2, estão inoperantes por falha forçada.

   Há dois eventos independentes que ocasionam esta situação, isto é, o equipamento 2 está inoperante quando o equipamento 1 falha, ou, vice versa, o equipamento 1 está inoperante quando o equipamento 2 falha. No primeiro caso a probabilidade do equipamento um falhar é dada por $\lambda_1 T_1$ e pelo teorema da probabilidade total pode-se demonstrar as eq. (2.35):

$$\lambda_e = \lambda_2 \lambda_1 T_1 + \lambda_1 \lambda_2 T_2$$
$$T_e = \frac{T_1 T_2}{T_1 + T_2} \qquad (2.35)$$

b. O equipamento 1 em falha forçada e o 2 em manutenção:

$$\lambda_e'' = \lambda_2 \lambda_1'' T_1'' + \lambda_1 \lambda_2'' T_2''$$
$$T_e'' = \frac{\lambda_1'' T_1'' \lambda_2 T_2 \nu_{12} + \lambda_2'' T_2'' \lambda_1 T_1 \nu_{21}}{\lambda_e''} \qquad (2.36)$$
$$\text{onde}: \nu_{12} = \frac{\lambda_1'' T_1''}{\lambda_1'' T_1'' + \lambda_2'' T_2''} \quad \text{e} \quad \nu_{21} = \frac{\lambda_2'' T_2''}{\lambda_1'' T_1'' + \lambda_2'' T_2''}$$

Dois casos são identificados para cortes mínimos de terceira ordem:

a. Os três equipamentos estão em falha forçada:

$$\lambda_e = (\lambda_1 T_1 \times \lambda_2 T_2)\lambda_3 + (\lambda_2 T_2 \times \lambda_3 T_3)\lambda_2 + (\lambda_3 T_3 \times \lambda_1 T_1)\lambda_3$$

$$T_e = \frac{T_1 T_2 T_3}{T_1 T_2 + T_2 T_3 + T_3 T_1} \quad (2.37)$$

b. Falha forçada e manutenção:

$$\lambda_e'' = A_{123} + A_{231} + A_{312}$$

$$T_e'' = \frac{A_{123}\,\omega_{123} + A_{231}\,\omega_{231} + A_{312}\,\omega_{312}}{\lambda_e''}$$

onde:

$$A_{ijk} = \lambda_i'' T_i'' (\lambda_j T_j \lambda_k \nu_{ij} + \lambda_k T_k \lambda_j \nu_{ik}) \quad (2.38)$$

$$\omega_{ijk} = \frac{T_i'' T_j T_k}{T_i'' T_j + T_j T_k + T_k T_i''}$$

$$\nu_{ij} = \frac{T_i''}{T_i'' + T_j} \qquad \nu_{ij} = \frac{T_i''}{T_i'' + T_k}$$

Exemplo 2.6 Para a rede da figura 2.19, pede-se determinar os cortes mínimos para os consumidores C_A e C_B, bem como os valores estimados de DIC, FIC e END.

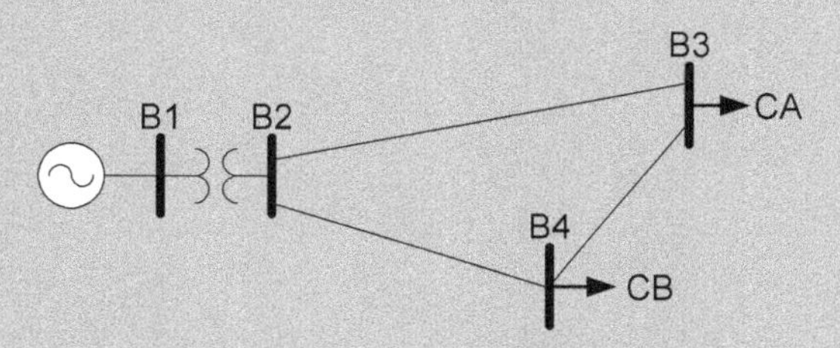

Figura 2.19 – Rede para o exemplo 2.6

Sabe-se que as taxas de falha das linhas B2-B3, B2-B4 e B3-B4 são, respectivamente, 2, 4 e 6 falhas por ano e o transformador apresenta 2 falhas por ano. Os tempos de reparo das linhas são de 10, 8 e 6 horas, e do transformador é de 20 h. As cargas CA e CB apresentam demanda máxima de 100 e 200MW, com fatores de carga 0,8 e 0,6, respectivamente.

Solução:

Os cortes mínimos podem ser identificados, neste caso simples, por inspeção. O único equipamento que provoca interrupção nos consumidores CA e CB, por contingência simples, é o transformador B1-B2.

Assim sendo, o transformador não mais pode participar de nenhum corte de ordem superior. Para avaliar os cortes de segunda ordem, basta combinar as três linhas, duas a duas. Com a saída de operação das linhas B2-B3 e B2-B4, as duas cargas são interrompidas, portanto este é um corte para as duas cargas CA e CB. Com a saída de operação das linhas B2-B3 e B3-B4, apenas a carga CA é interrompida, evidenciando um corte de segunda ordem somente para esta carga. E, finalmente, a saída de operação das linhas B2-B4 e B3-B4, provoca a interrupção na carga CB somente, evidenciando um corte de segunda ordem para esta carga.

As taxas de falha e tempos de reparo para estes cortes mínimos são determinados a seguir:

- primeira ordem: Corte 1: Transformador B1-B2, com 2 falhas/ano e tempo de reparo de 20h/falha;
- segunda ordem:

  Corte2: Linhas B2-B3 e B2-B4 com taxa de falha e tempo de reparo equivalentes iguais a:

$$\lambda_2 = \lambda_{23}\lambda_{24}T_{24} + \lambda_{24}\lambda_{23}T_{23} = 2\times4\times8+4\times2\times10 = \frac{144}{8760}\text{ falhas / ano} = 0,,01644\text{ falhas / ano}$$

$$T_2 = \frac{T_{23}T_{24}}{T_{23}+T_{24}} = \frac{10\times8}{10+8} = 4,444\text{ h / falha}$$

  Corte 3: Linhas B2-B3 e B3-B4 com taxa de falha e tempo de reparo equivalentes iguais a:

$$\lambda_3 = \lambda_{23}\lambda_{34}T_{34} + \lambda_{34}\lambda_{23}T_{23} = 2\times6\times6+6\times2\times10 = \frac{192}{8760}\text{ falhas / ano} = 0,02192\text{ falhas / ano}$$

$$T_3 = \frac{T_{23}T_{34}}{T_{23}+T_{34}} = \frac{10\times6}{10+6} = 3,75\text{ h / falha}$$

  Corte 4: Linhas B2-B4 e B3-B4 com taxa de falha e tempo de reparo equivalentes iguais a:

$$\lambda_4 = \lambda_{24}\lambda_{34}T_{34} + \lambda_{34}\lambda_{24}T_{24} = 4\times6\times6+6\times4\times8 = \frac{336}{8760}\text{ falhas / ano} = 0,03836\text{ falhas / ano}$$

$$T_4 = \frac{T_{24}T_{34}}{T_{24}+T_{34}} = \frac{8\times6}{8+6} = 3,428\text{ h / falha}$$

  Desta forma, os valores de FIC e DIC para as cargas CA e CB:

$$FIC_{CA} = \lambda_1 + \lambda_2 + \lambda_3 = 2 + 0,01644 + 0,02192 = 2,03836\text{ falhas / ano}$$

$$DIC_{CA} = \lambda_1 T_1 + \lambda_2 T_2 + \lambda_3 T_3 = 2\cdot20 + 0,01644\cdot4,444 + 0,02192\cdot3,75 = 40,155\text{ h / ano}$$

$$FIC_{CB} = \lambda_1 + \lambda_2 + \lambda_4 = 2 + 0,01644 + 0,03836 = 2,03836\text{ falhas / ano}$$

$$DIC_{CB} = \lambda_1 T_1 + \lambda_2 T_2 + \lambda_4 T_4 = 2\cdot20 + 0,01644\cdot4,444 + 0,03836\cdot3,428 = 40,205\text{ h / ano}$$

  Os valores da END para as duas cargas são determinados pelo produto do indicador DIC pela demanda média:

$$END_{CA} = D_{max,CA} FC_{CA} DIC_{CA} = 100 \cdot 0{,}8 \cdot 40{,}155 = 3212 MWh/ano$$

$$END_{CB} = D_{max,CB} FC_{CB} DIC_{CB} = 200 \cdot 0{,}6 \cdot 40{,}205 = 4825 MWh/ano$$

2.3.4.2 Algoritmo para determinar os cortes mínimos

O algoritmo para a determinação dos cortes mínimos [11] é resultante da determinação dos caminhos mínimos entre cada carga, ou consumidor, Cj, e as correspondentes fontes de suprimento, Sk. Seja a rede da Figura 2.20 que conta com dois pontos de suprimento, S1 e S2, e um único consumidor, C1. Podem-se identificar os caminhos da carga até as fontes e montar a árvore de caminhos, Figura 2.21, partindo-se do consumidor C1 e deslocando-se pelas conexões possíveis até se alcançar um ponto de suprimento Sj.

Na Figura 2.21, foram identificados 5 caminhos: p1, p2, p3, p4 e p5 que interligam as fontes S1 e S2 à carga C1. O próximo passo consiste em identificar a quais caminhos um dado equipamento pertence. Na Tabela 2.11, apresenta-se a pertinência dos equipamentos aos caminhos. Equipamentos que pertencem a todos os caminhos compõem cortes mínimos de primeira ordem, ou seja, para o exemplo apresentado somente o equipamento Eq1 satisfaz essa exigência, logo, o único corte mínimo de primeira ordem corresponde ao equipamento Eq_1.

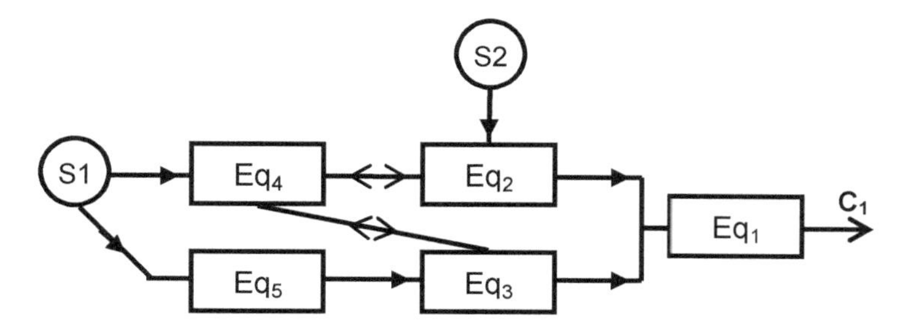

Figura 2.20 – Rede exemplo para desenvolvimento do algoritmo

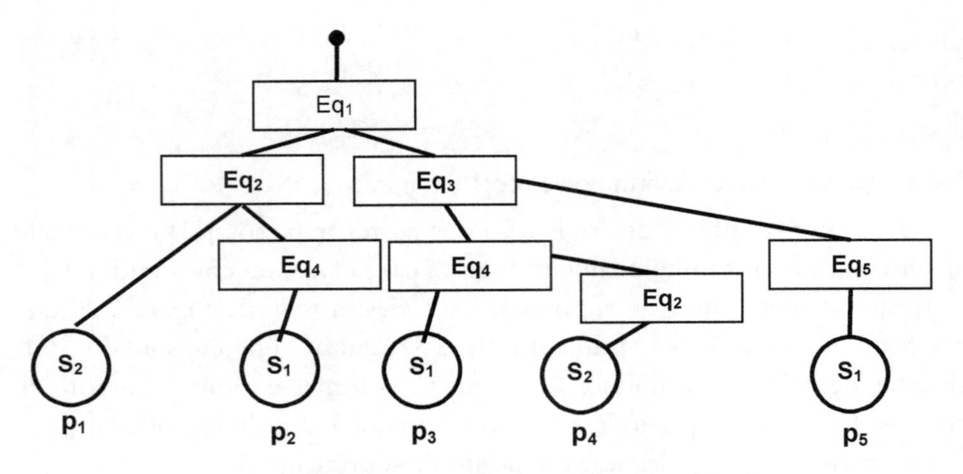

Figura 2.21 – Caminhos para a rede exemplo

Tabela 2.11 – Pertinência dos equipamentos aos caminhos

Equipamento	Caminhos
Eq_1	p_1, p_2, p_3, p_4 e p_5
Eq_2	p_1 e p_2
Eq_3	p_3, p_4 e p_5
Eq_4	p_2, p_3 e p_4
Eq_5	p_5

Cortes mínimos de segunda ordem são avaliados a partir da união dos caminhos de dois equipamentos "j" e "k" quaisquer, que não sejam do conjunto de corte de primeira ordem. Quando esta união resultar em todos os caminhos, significa que este é um corte mínimo de segunda ordem formado pelos equipamentos Eq_j e Eq_k. Na Tabela 2.12, estão apresentadas todas as possíveis combinações entre equipamentos que não pertencem a cortes de primeira ordem.

Tabela 2.12 – Combinações para determinar cortes mínimos de 2ª ordem

Combinação Eq_j - Eq_k	Caminhos
$Eq_2 - Eq_3$	p_1, p_2, p_3, p_4 e p_5
$Eq_2 - Eq_4$	p_1, p_2, p_3 e p_4
$Eq_2 - Eq_5$	p_1, p_{24} e p_5
$Eq_3 - Eq_4$	p_2, p_3 e p_4
$Eq_3 - Eq_5$	p_3, p_4 e p_5
$Eq_4 - Eq_5$	p_2, p_3, p_4 e p_5

As combinações que levam ao conjunto completo de caminhos são cortes mínimos de segunda ordem, ou seja, para o exemplo, somente a combinação $Eq_2 - Eq_3$ satisfaz esta condição.

De forma análoga são analisadas as combinações de três elementos, que não sejam cortes mínimos de primeira ou segunda ordem. Restam as combinações apresentadas na Tabela 2.13, que levam a um único corte mínimo de terceira ordem, formado pelos elementos: Eq_2, Eq_4 e Eq_5.

Tabela 2.13 – Combinações para determinar cortes mínimos de 3ª ordem

Combinação $Eq_i - Eq_k - Eq_l$	Caminhos
$Eq_2 - Eq_4 - Eq_5$	p_1, p_2, p_3, p_4 e p_5
$Eq_3 - Eq_4 - Eq_5$	p_2, p_3, p_4 e p_5

2.3.5 Redes em malha - método de simulação

2.3.5.1 Introdução

Na análise de confiabilidade através de cortes mínimos, a preocupação foi única e exclusivamente avaliar os índices de continuidade de suprimento, por uma análise simplesmente topológica da rede. O método apresentado não leva em consideração se com a abertura de um componente houve, em outro componente, algum desrespeito aos critérios de planejamento, por exemplo, se uma dada contingência provocou sobrecarga em outro componente. Na rede da Figura 2.22, assumindo-se taxa de falha nula para todas as barras do sistema, não existe nenhum corte mínimo de primeira ordem relativo a contingências simples em equipamentos da rede. De fato, falhas no transformador 1-2 ou nas linhas 2-3, 3-4, 4-5, 4-6 não provocam o corte entre os suprimentos, S1, S2, S3, e a carga, C1 ou C2. Entretanto, mesmo uma contingência simples pode ocasionar transgressão nos critérios técnicos. Por exemplo, a saída de operação do transformador 1-2 impõe a transferência de toda a carga para as fontes S2 e S3. Observa-se que se as fontes que restaram em operação não dispõem de capacidade para o atendimento de toda a carga ou, se ocorrer sobrecarga em alguma linha, deverão ser tomadas medidas corretivas que podem incluir o corte de carga. Em outras palavras, operacionalmente, em casos como este, deve haver alguma medida para impedir que o sistema chegue ao desligamento total, “black out”. Uma medida possível é o corte total ou parcial da demanda de C1 ou de C2.

O corte de carga deve ser realizado de forma a que um prejuízo mínimo seja imposto aos consumidores ou ao agente em questão. Uma forma de se tratar esta questão seria imputar um custo de corte de carga para cada consumidor do sistema, por exemplo, em R$/kWh cortado, e achar aquela medida de corte que atende aos critérios técnicos, minimizando o custo total do corte dado por:

$$\sum_{j \in \Omega} C_{Corte,j} \times \Delta D_j$$

onde:

- $C_{Corte,j}$ representa o custo do corte de carga para o consumidor j, em R$/kW;
- ΔD_j representa a demanda cortada do consumidor j;
- Ω representa o conjunto das cargas que podem ser interrompidas.

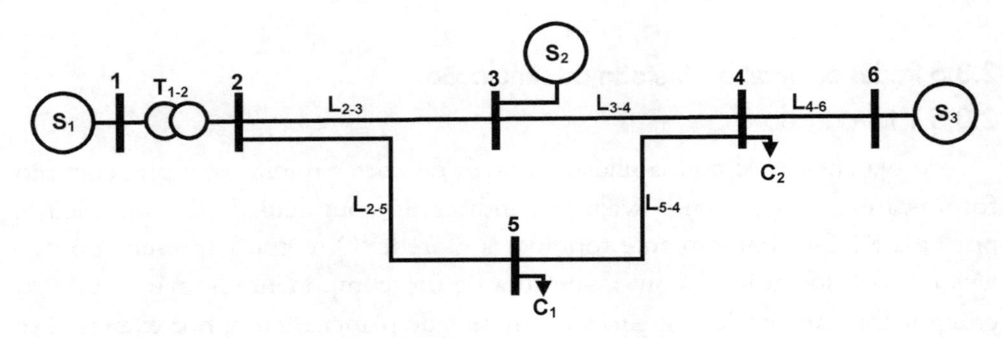

Figura 2.22 – Rede exemplo

Quando a soma das capacidades de S2 e S3 é maior do que a carga da rede é possível que ocorra transgressão de critério em linhas; neste caso, eventualmente existirá uma solução de redespacho de geração em que se atende à carga sem transgressões aos critérios operativos e sem corte de carga algum. Desta forma, observa-se que os cortes mínimos avaliados anteriormente não representam, obrigatoriamente, os indicadores de continuidade, porém, constituem-se numa referência de valor mínimo de DIC, FIC e END por barra.

2.3.5.2 Detalhamento do método de simulação

Para a estimação dos indicadores de continuidade de serviço, devem, portanto, serem analisadas todas as possibilidades de contingências simples, quando um único equipamento torna-se indisponível, contingências duplas, quando dois equipamentos tornam-se indisponíveis simultaneamente, triplas e etc..

Para cada combinação de contingências, deve ser avaliada a demanda a ser cortada em cada barra, para que seja eliminado qualquer desrespeito aos critérios operativos. Dessa forma, estabelece-se a energia não distribuída, END, através de:

$$END_i = \sum_{j \in \Omega i} \lambda_j \, T_j \, \Delta D_{i,j}$$

onde:

- i - carga ou consumidor em análise;
- λ_j - taxa de falha, ou taxa de falha equivalente, para contingência no componente j;
- T_j - tempo de restabelecimento, ou tempo de restabelecimento equivalente, para o componente j;
- $\Delta D_{i,j}$ - demanda cortada na barra do consumidor i para a contingência j;
- Ωi - conjunto de contingências em análise que provocam corte de carga.

Assim, para a análise completa da rede, deve-se analisar as conseqüências de cada uma das contingências de primeira ordem, de segunda ordem e assim por diante. Para cada contingência, deve ser simulado um fluxo de potência, no qual, são avaliadas as situações de carregamento em cada um dos componentes do sistema e os níveis de tensão em cada uma das barras da rede. Caso haja alguma transgressão aos critérios técnicos, isto é, sobrecarga em algum dos componentes ou nível de tensão fora da faixa especificada em alguma barra, deve-se avaliar a melhor combinação de corte de carga e de redespacho de geração viável, de forma tal que o custo operacional seja mínimo e que a rede obedeça aos critérios técnicos. Nas Tabelas 2.14 (1/2 e 2/2), ilustra-se a sistemática a ser adotada para a rede da Figura 2.22, isto é, dever-se-á determinar quais os montantes de carga que seriam cortados e o redespacho que deveria ser levado a efeito quando da retirada de operação dos componentes destacados.

Formalmente a formulação do problema apresenta-se como a seguir:

$$\begin{aligned}
&\min \sum_{i=1}^{n_C} C_{END,i} \times END_i + \sum_{j=1}^{n_G} C_{Redesp,j} \times \Delta P_j \\
&\text{s.a.} \\
&\underline{g}(\underline{\theta}, \underline{V}) = 0 \qquad\qquad (2.39) \\
&v_{Mín} \le v_i \le v_{Máx} \qquad i = 1, \ldots, n_B \\
&S_k \le S_{k,Máx} \qquad k = 1, \ldots, n_L
\end{aligned}$$

onde:

- $C_{END,i}$ - custo unitário da energia não distribuída na barra i, R$/kWh;

- END_i - energia não distribuída na barra i, kWh;
- $C_{Redesp,j}$ - custo do redespacho na unidade geradora, ou da barra de suprimento, j, R$/kW;
- ΔP_j - variação do despacho na barra j;
- $\underline{g}()$ - conjunto de equações da formulação de fluxo de potência;
- $\underline{\theta}$ - fase das tensões nas barras;
- $\underline{v}$ - módulo das tensões nas barras;
- $v_{Mín}$ - valor mínimo da tensão admissível nas barras do sistema;
- $v_{Máx}$ - valor máximo da tensão admissível nas barras do sistema;
- S_k - potência aparente no componente "k";
- $S_{k,Máx}$ - potência aparente máxima admissível no componente "k".

Tabela 2.14 (1/2) – Contingências de 1ª ordem (contingências simples)

Componente inoperante	Corte de carga		Redespacho de geração		
	ΔD_1	ΔD_2	ΔS_1	ΔS_2	ΔS_3
T_{1-2}	-----	-----	-----	-----	-----
L_{2-3}	-----	-----	-----	-----	-----
L_{2-5}	-----	-----	-----	-----	-----
L_{3-4}	-----	-----	-----	-----	-----
L_{4-5}	-----	-----	-----	-----	-----
L_{4-6}	-----	-----	-----	-----	-----

Tabela 2.14 (2/2) – Contingências de 2ª ordem (contingências duplas)

Componente inoperante	Corte de carga		Redespacho de geração		
	ΔD_1	ΔD_2	ΔS_1	ΔS_2	ΔS_3
$T_{1-2} + L_{2-3}$	-----	-----	-----	-----	-----
$T_{1-2} + L_{2-5}$	-----	-----	-----	-----	-----
$T_{1-2} + L_{3-4}$	-----	-----	-----	-----	-----
$T_{1-2} + L_{4-5}$	-----	-----	-----	-----	-----
$T_{1-2} + L_{4-6}$	-----	-----	-----	-----	-----
$L_{2-3} + L_{2-5}$	-----	-----	-----	-----	-----
$L_{2-3} + L_{3-4}$	-----	-----	-----	-----	-----
$L_{2-3} + L_{4-5}$	-----	-----	-----	-----	-----
$L_{2-3} + L_{4-6}$	-----	-----	-----	-----	-----
$L_{2-5} + L_{3-4}$	-----	-----	-----	-----	-----
$L_{2-5} + L_{4-5}$	-----	-----	-----	-----	-----
$L_{2-5} + L_{4-6}$	-----	-----	-----	-----	-----
$L_{3-4} + L_{4-5}$	-----	-----	-----	-----	-----
$L_{2-5} + L_{4-6}$					
$L_{4-5} + L_{4-6}$	-----	-----	-----	-----	-----

Exemplo 2.7 Estudar a rede da Figura 2.22, quando da saída de operação do equipamento T_{1-2}. São dados:

a. As capacidades nominais dos geradores: S_1 tem capacidade de 40 MVA, e os geradores S_2 e S_3 têm, cada um deles, capacidade de 20 MVA;

b. As demandas das cargas C_1 e C_2 absorvem, respectivamente, 25+j10 e 20+j5 MVA;

c. A capacidade de transporte de todas as linhas é de 40 MVA;

d. O fluxo de potência para a rede operando na condição normal, Figura 2.23(1/4).

Assim, da Figura 2.23 (1/4) observa-se que na condição normal não há sobrecarga em componente algum. Quando da saída de operação do transformador T_{1-2}, observa-se que a demanda total da carga, 45 + j15 MVA, excede a capacidade de geração das unidades que restaram em operação, 40 MVA. Nessas condições, é evidente que se deverá proceder a redespacho com corte de carga. Serão analisadas várias soluções de fluxo de potência alcançadas através de cortes de carga e redespachos.

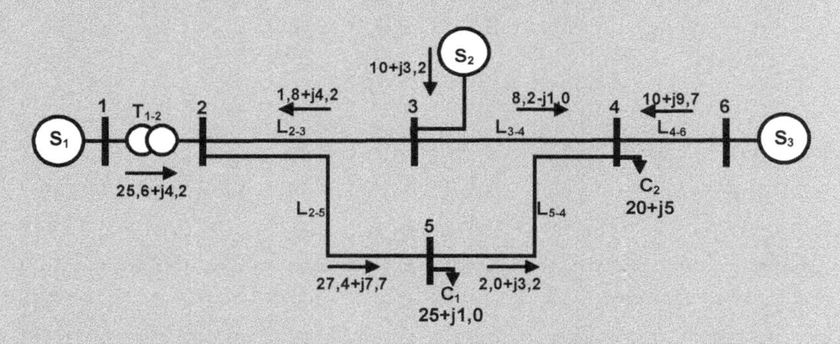

Figura 2.23(1/4) – Fluxo de potência na condição normal

Na situação da Figura 2.23(2/4), aumentou-se o despacho do gerador S_3 para 20 MVA e no gerador S_2, assumido como swing, resultou geração de 26 MW e 8,3 MVAr que correspondem a 28 MVA que excede sua capacidade nominal, logo, com este despacho o sistema não é operável.

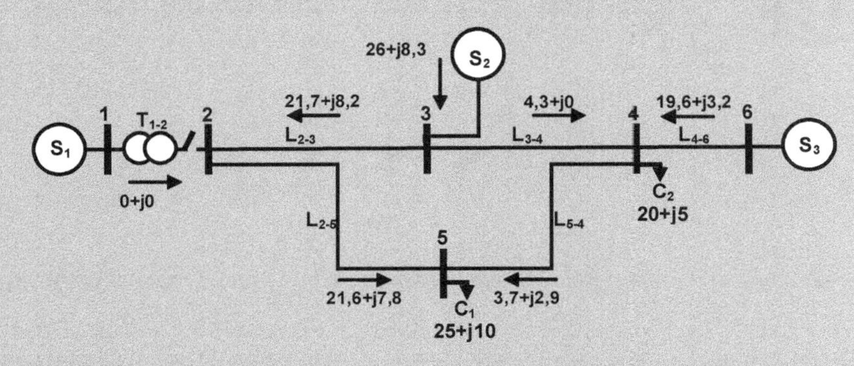

Figura 2.23(2/4) – Contingência no transformador T_{1-2} – S_2 como swing

Considerando-se que a carga global, excluídas as perdas, é de 45 MW, resulta evidente que não é possível encontrar-se um redespacho que atenda às cargas; logo, para a operação da rede deve-se proceder a um corte de carga acompanhado de redespacho da geração. Na figura 2.23(3/4), procedeu-se a corte de carga de 8 MW na carga C_1, tendo resultado carregamento dos geradores dentro do admissível.

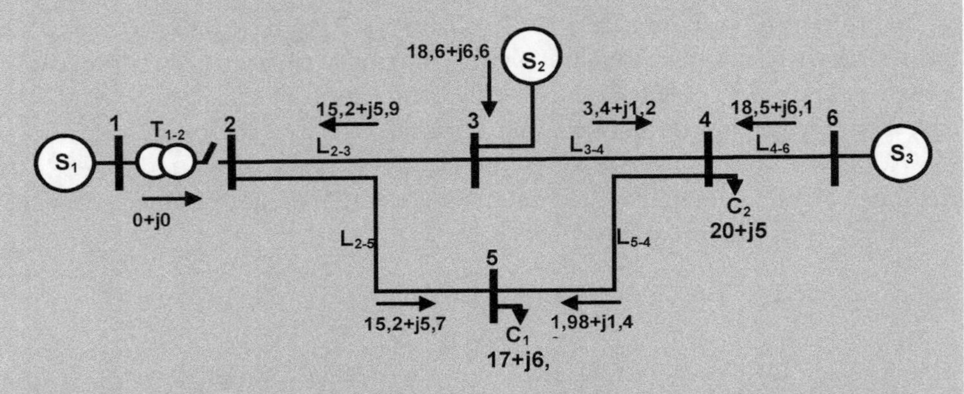

Figura 2.23(3/4) – Contingência no transformador T_{1-2} - redespacho e corte de carga

Finalmente, na Figura 2.23(4/4) procedeu-se a um corte de carga de 10 MW na carga C_2 alcançando-se a obediência aos critérios. Na Tabela 2.15, apresenta-se o resumo dos resultados dos fluxos de potência. É evidente, portanto, que se os custos do redespacho são inferiores aos custos do corte de carga, e, ainda se o custo do corte de carga em C_1 e C_2 é o mesmo, as providências tomadas na alternativa 3/4 é a melhor das duas.

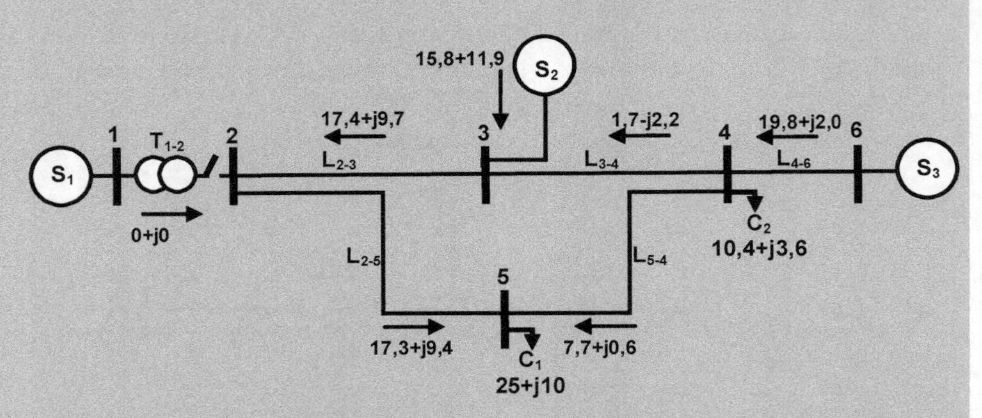

Figura 2.23(4/4) – Contingência no transformador T_{1-2} - redespacho e corte de carga

Como ficou claro no exemplo apresentado, existem inúmeras soluções correspondentes às combinações de corte de carga e redespacho que levam ao estabelecimento de uma condição pós-contingência que atende aos critérios técnicos. Resta avaliar aquela situação que minimiza os custos dos cortes de carga e redespacho de geração.

Tabela 2.15 – Resultados do fluxo de potência

Elemento	Identificação	Cond. normal	Situação 1	Situação 2	Situação 3
Gerador	S_1	25,60+j4,20	xxx	xxx	xxx
	S_2	10,0+j3,2	26,0+j8,3	18,6+j6,6	15,8+j11,9
	S_3	10,0+j9,7	19,6+j3,2	18,5+j6,1	19,8+j2,
Carga	C_1	25,0+j10,0	25,0+j10,0	17,0+j6,8	25,0+j10,0
	C_2	20,0+j5,0	20,0+j5,0	20,0+j5,0	10,4+j3,6
Componentes	T_{1-2}	25,6+j4,2	xxx	xxx	xxx
	L_{2-3}	- (1,8+j4,2)	- (21,7+j8,2)	- (15,2+j5,9)	- (17,4+j9,7)
	L_{2-5}	27,4+j7,7	21,6+j7,8	15,2+j5,7	17,3+j9,4
	L_{3-4}	8,2-j1	4,3+j0	3,4+j1,2	- (1,7-j2,2)
	L_{6-4}	10,0+j9,7	19,6+j3,2	18,5+j6,1	19,8+j2,0
	L_{5-4}	2,0+j3,2	- (3,7+j2,9)	- (1,98+j1,4)	- (7,7-j0,6)

Dispondo do programa de fluxo de potência como ferramenta, o engenheiro pode avaliar cada situação e contabilizar os custos. Outras técnicas de otimização podem ser utilizadas para a solução automática do problema. Os autores tiveram uma experiência promissora com a utilização de algoritmos evolutivos, que percorrem o espaço de soluções de forma "aleatória-direcionada", de forma a determinar a solução de menor custo. Para o exemplo tratado, o problema consiste na avaliação da melhor solução para o vetor $\boxed{\Delta D_1 \mid \Delta D_2 \mid \Delta P_{G2} \mid \Delta P_{G3}}$, isto é, quais os valores de redespacho nas barras de geração ΔP_{G2} e ΔP_{G3} bem como os possíveis cortes de carga ΔD_1 e ΔD_2.

Em sistemas de grande porte, é inviável serem enumeradas e analisadas todas as contingências: simples, duplas, triplas, etc.. Uma primeira forma, intuitiva, de filtrar as contingências que mais contribuem para a END total seria selecionando aquelas com maiores valores de taxa de indisponibilidade, dada pelo produto de λj por Tj, que representa o número de horas de indisponibilidade, por ano, de um equipamento, contingência de primeira ordem, dois equipamentos, contingência de segunda ordem e assim por diante. Pela aplicação desta metodologia, em geral, são consideradas todas as contingências de primeira ordem e algumas de segunda e terceira ordem.

Uma segunda forma de selecionar as contingências para a análise do corte de carga e do redespacho da geração seria pela utilização dos cortes mínimos. A Figura 2.24 ilustra contingências de primeira e segunda ordem a serem estudadas através de cortes mínimos de segunda e terceira ordem respectivamente. Da Figura 2.24, nota-se que uma contingência simples no componente i pode levar a um "gargalo" no componente j e vice-versa. Assim, contingências simples nesses componentes são interessantes para serem consideradas. De forma análoga contingências simples em k, ℓ, m ou contingências duplas em kℓ, ℓm e km podem provocar problemas de capacidade de transporte nos componentes em funcionamento, o que sugere a análise também destas contingências.

Os métodos apresentados são analíticos, com varredura de todo o espaço de estados ou de uma parte relevante desse espaço. Foram desenvolvidos outros métodos que consideram uma varredura estatística dos possíveis estados do sistema através da simulação de possíveis cenários de contingências, gerados de forma aleatória e selecionados de acordo com as taxas de indisponibilidade de cada um dos componentes do sistema. Nesta linha, destaca-se o Método de Monte Carlo, que foi amplamente utilizado na literatura científica para a avaliação da confiabilidade de sistemas elétricos de potência, a ser descrito no item 2.3.5.3.

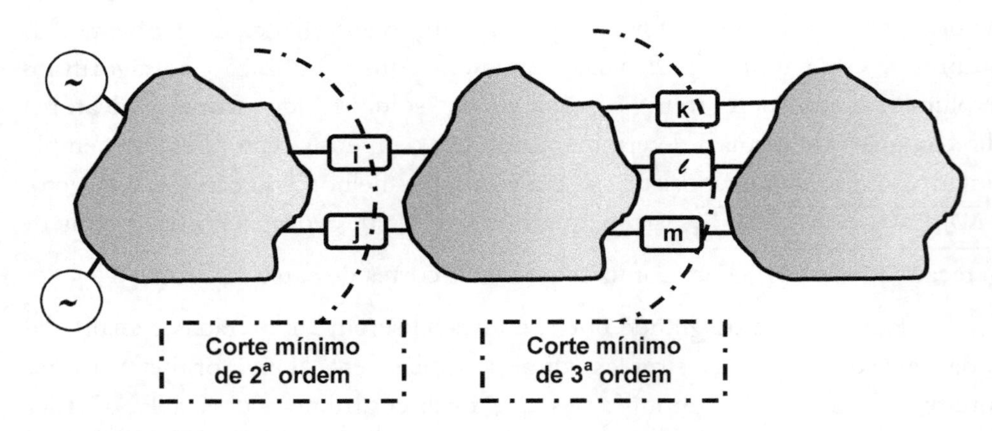

Figura 2.24 – Ilustração de cortes mínimos de 2º e 3º ordem

2.3.5.3 Método de Monte Carlo

O método de Monte Carlo baseia-se na simulação de contingência através do sorteio de números aleatórios. Uma vez estabelecida a taxa de indisponibilidade de um componente j, dada pelo produto de sua taxa de falha, λj, e de seu tempo de restabelecimento, Tj, determina-se a probabilidade, pj, deste componente estar inoperante durante o ano pela relação entre as horas que está inoperante durante o ano e o total de horas do ano. Isto é:

$$p_j = \frac{\lambda_j T_j}{8760} \quad (2.40)$$

Através de sorteio, para o componente j, de um número aleatório, y_j, com distribuição de densidade uniforme no intervalo [0,1], define-se que o componente está na condição de defeito quando $yj \leq pj$ e, alternativamente está operante para $yj > pj$. Sucintamente, o procedimento resume-se nos passos a seguir, conforme também ilustrado no diagrama de blocos da figura 2.25.

Passo 1 - Fixa-se número de grupos de ensaios N_{grupos} e de ensaios por grupo, $N_{ensaios}$;

Passo 2 - Fixa-se um grupo de ensaios, NG;

Passo 3 - Fixa-se um ensaio, NE;

Passo 4 - Seleciona-se um componente, j;

Passo 5 - Sorteia-se um número aleatório com densidade de distribuição uniforme $0 \leq y_j \leq 1$;

Passo 6 - Define-se a situação operativa do componente j. Salva-se seu estado: operante se $p_j > y_j$, ou inoperante se $p_j \leq y_j$;

Passo 7 - Em havendo outro componente a ser sorteado, retorna-se ao passo 3. Caso contrário completou-se o estabelecimento do estado dos componentes da rede para o ensaio NE e passa-se ao passo 8

Passo 8 - Procede-se ao estudo de fluxo de potência com os componentes nos estados definidos no passo 6. Ocorrendo desrespeito aos critérios técnicos, procede-se ao estudo de redespacho da geração acompanhado de corte de carga, se necessário. Não ocorrendo desrespeito aos critérios passa-se ao passo 9;

Passo 9 - Havendo, dentro desse grupo, ainda ensaios a realizar, retorna-se ao passo 3. Tendo-se concluído os ensaios desse grupo, passa-se ao passo 10 ;

Passo 10 - Calcula-se, para o grupo NG, o valor médio dos indicadores e sua variância. Compara-se a variância com a dos grupos precedentes e caso seu desvio seja menor que a tolerância, pré-estabelecida, encerra-se o procedimento. Caso contrário retorna-se ao passo 2 e fixa-se novo grupo de ensaios.

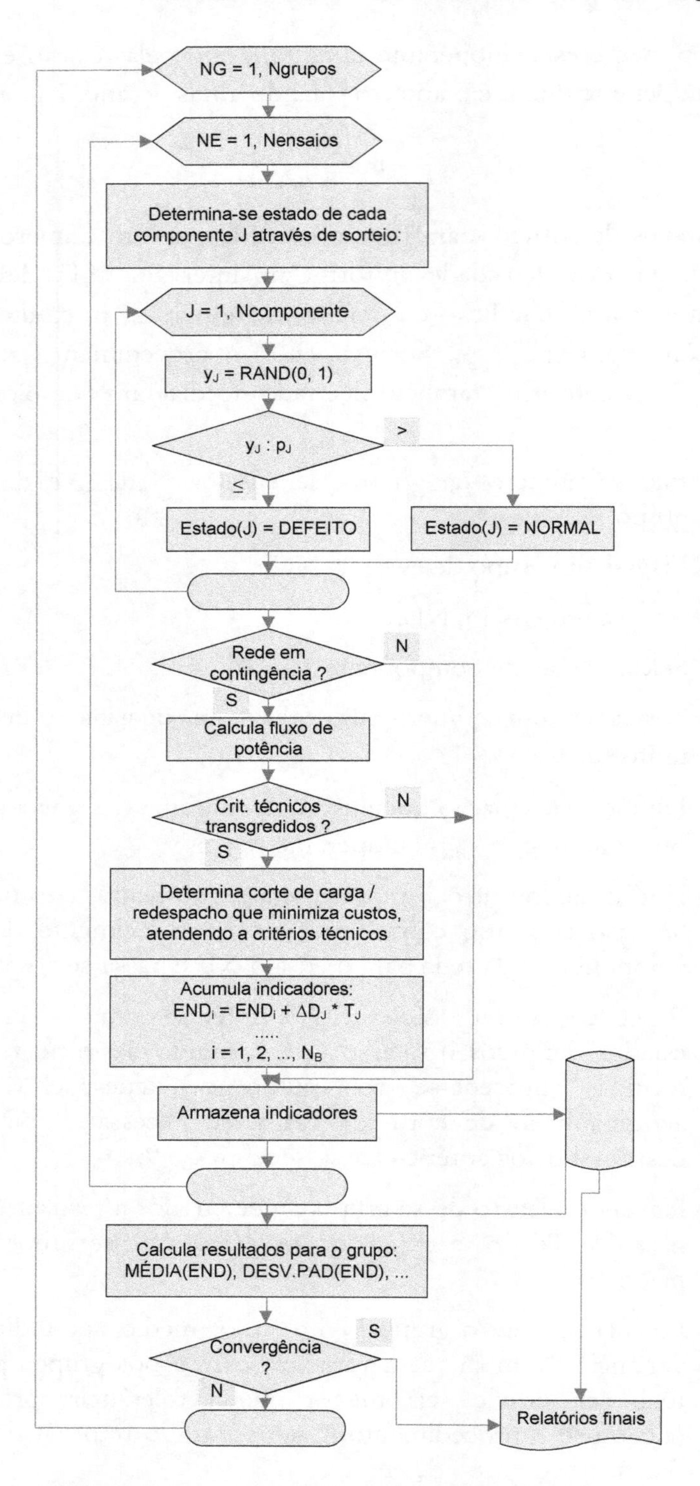

Figura 2.25 – Diagrama de blocos – Método de Monte Carlo

Exemplo 2.8 Para o Exemplo 2.6, rede da Figura 2.26, pede-se estimar os valores de DIC e END para os consumidores C_A e C_B, utilizando o método de Monte Carlo.

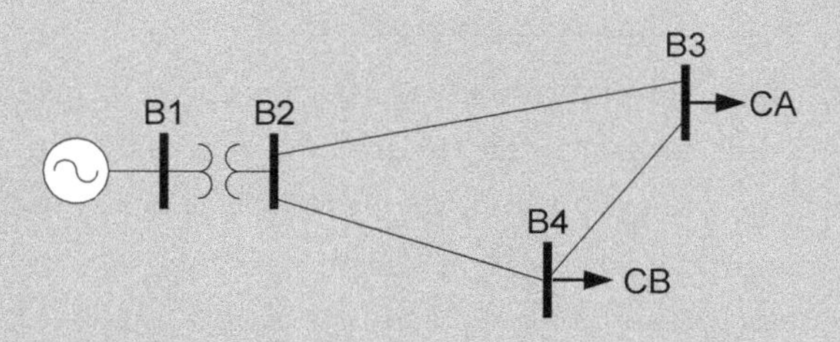

Figura 2.26 – Rede para o exemplo 2.8

Solução:

Conhecendo-se a taxa de falha e o tempo de reparo de cada equipamento, podem ser determinadas as taxas de indisponibilidade ou probabilidades dos equipamentos não operarem, conforme equação 2.18, e apresentadas na Tabela 2.16.

Tabela 2.16 – Taxas de indisponibilidade dos equipamentos da rede

Equipamento	Taxa de falhas (falhas/ano)	Tempo de reparo (h/falha)	Taxa de indisponibilidade
Transformador	2,0	20	0,00457
Linha 2-3	2,0	10	0,00228
Linha 2-4	4,0	8	0,00365
Linha 3-4	6,0	6	0,00411

Foi desenvolvido um simples algoritmo baseado no diagrama de blocos da Figura 2.25. A análise de contingência foi realizada, visando a comparação com a metodologia de cortes mínimos, portanto sem a análise de transgressões de capacidade dos equipamentos quando de contingências na rede. Assim, as regras para análise das contingências foram baseadas em conexão topológica entre cada consumidor e a geração:

- Contingência no transformador provoca interrupção nos dois consumidores;
- Contingências simples nas linhas não provocam interrupção nos consumidores; ou seja, por hipótese, a saída de uma linha não provoca sobrecarga nos demais equipamentos do sistema;

- Contingência dupla nas linhas B2-B3 e B2-B4 provoca interrupção nos dois consumidores; contingência dupla nas linhas B2-B3 e B3-B4 provoca interrupção no consumidor CA; contingência dupla nas linhas B2-B4 e B3-B4 provoca interrupção no consumidor CB.

Neste Exemplo, foram simulados 50 grupos de 10.000 ensaios. A cada ensaio, são sorteados 4 números aleatórios, no intervalo [0,1], cada avaliar o estado de operação de cada componente (transformador, linhas B2-B3, B2-B4 e B3-B4). Sempre que o número gerado é igual ou inferior à taxa de indisponibilidade dada pela Tabela 2.16, corresponde ao equipamento fora de operação, caso contrário, o equipamento está em operação.

Para efeito ilustrativo, a Tabela 2.17 apresenta os resultados relativos aos consumidores CA e CB dos dez primeiros grupos simulados.

Tabela 2.17 – Resultados para os dez primeiros grupos

Grupo	Consumidor CA			Consumidor CB		
	Número de Interrupções	DIC (h/ano)	END (MWh/ano)	Número de Interrupções	DIC (h/ano)	END (MWh/ano)
1	42,00	36,79	2943,36	42,00	36,79	4415,04
2	43,50	38,11	3048,48	43,50	38,11	4572,72
3	43,00	37,67	3013,44	43,00	37,67	4520,16
4	42,00	36,79	2943,36	41,75	36,57	4388,76
5	43,00	37,67	3013,44	42,80	37,49	4499,14
6	46,50	40,73	3258,72	46,33	40,59	4870,56
7	47,00	41,17	3293,76	46,86	41,05	4925,62
8	46,25	40,52	3241,20	46,13	40,41	4848,66
9	47,56	41,66	3332,69	47,44	41,56	4987,36
10	48,40	42,40	3391,87	48,30	42,31	5077,30

A coluna da Tabela 2.17 relativa ao número de interrupções representa o número médio de interrupções (acumulado para todos os grupos até o grupo em questão) em 10.000 ensaios, para cada consumidor. Nota-se que o valor é muito próximo da taxa de indisponibilidade do transformador, que é o corte mínimo de primeira ordem, cuja probabilidade de ocorrência é 0,457% (taxa de indisponibilidade de 0,00457). O valor pouco superior para os 10 ensaios é de 48,40/10.000 = 0,00484 para o consumidor CA e 0,00483 para o consumidor CB, por conta da parcela dos cortes mínimos de segunda ordem.

O valor do DIC dos consumidores CA e CB, apresentado na Tabela 2.17, é diretamente relacionado ao número de interrupções – basta multiplicar o valor pelo número total de horas no ano; por exemplo, o valor de indisponibilidade acumulada na barra do consumidor CA, de 0,00484, multiplicado por 8760 h/ano, resulta no DIC_{CA} igual a 0,00484*8760=42,40 h/ano. O valor da END resulta igual ao produto do DIC pela demanda média da carga; ou seja, para o consumidor CA, no grupo 10, o valor acumulado (médio) da END é $DIC_{CA}*D_{max,CA}*FC_{CA}=42,40*100*0,8=3391,87$MWh/ano. A Figura 2.27 apresenta os valores de taxas de indisponibilidade de cada grupo e médio acumulado, para o consumidor CA. Nota-se que, apesar das variações de valores em cada grupo, o valor de taxa de indisponibilidade tende para uma estabilização e convergência. De forma análoga, a Figura 2.28 apresenta a evolução dos valores de DIC, médios, para cada consumidor e a Figura 2.29 apresenta a evolução dos valores de END, por grupo e acumulados médios, para os dois consumidores.

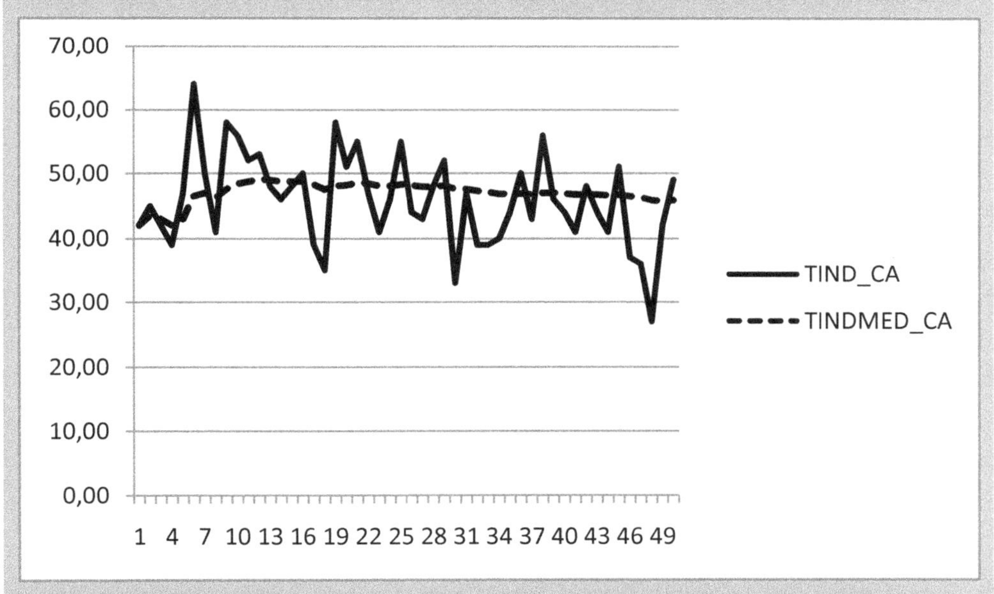

Figura 2.27 – Taxas de indisponibilidade (*10.000) para o consumidor CA – no grupo e acumulado

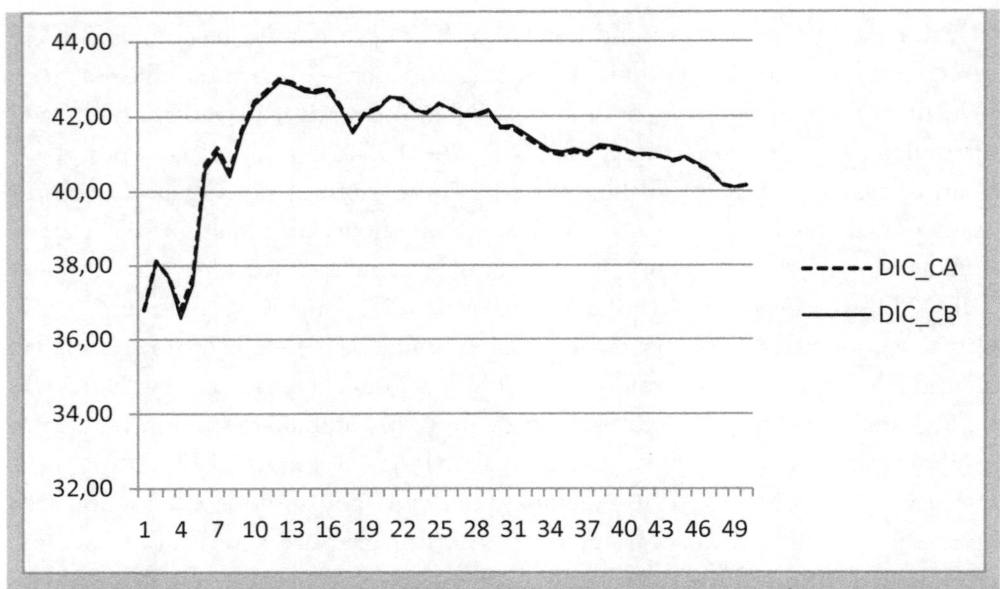

Figura 2.28 – Duração Individual (horas/ano) para os consumidores CA e CB

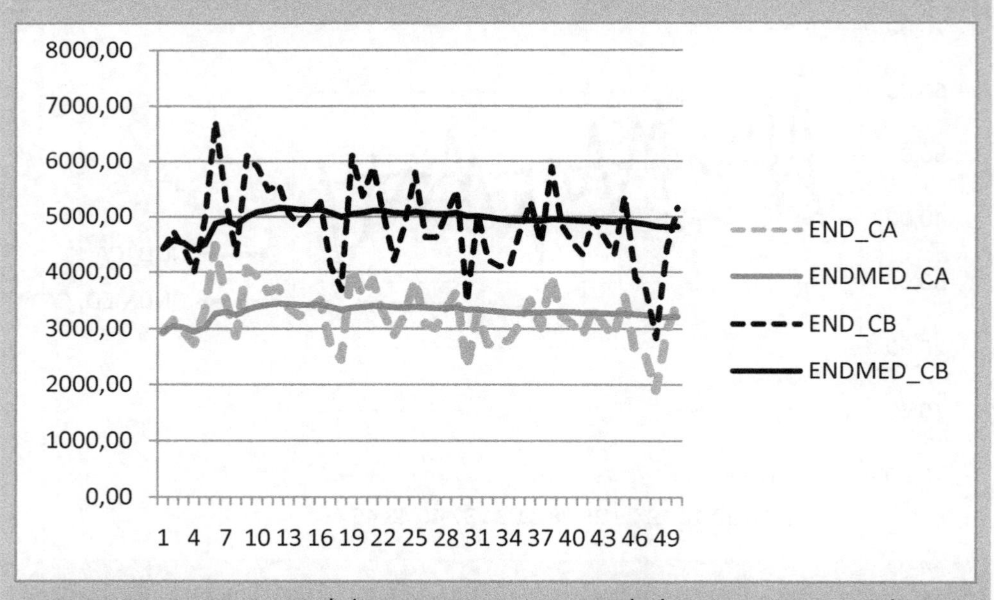

Figura 2.29 – END (MWh/ano), no grupo e acumulado, para os consumidores

REFERÊNCIAS BIBLIOGRÁFICAS

[1] AGÊNCIA NACIONAL DE ENERGIA ELÉTRICA – ANEEL,Resolução ANEEL N° 024, de 27 de janeiro de 2000.

[2] AGÊNCIA NACIONAL DE ENERGIA ELÉTRICA – ANEEL Resolução No 520, de 17 de setembro de 2002.

[3] AGÊNCIA NACIONAL DE ENERGIA ELÉTRICA – ANEEL – Procedimentos de distribuição, PRODIST, 2009.

[4] ELETROBRÁS/GCOI, Relatório SCEL/GTAD 01/92. Principais conclusões. Interpretação e pesquisas sobre custo da interrupção.

[5] ELETROBRÁS/GCOI, Relatório SCEL/GTAD 03/93 – Sistema de avaliação do desempenho.

[6] G. Wacker, R. Billinton, *Customer cost of electrical service interruptions*. IEEE, Proceedings, vol 77 no 6, Jun/89.

[7] W. T. Miller, D. G. Dawson. *Cost of Unreliability to customers*. IEEE Transmission and Distribution, Jun/82.

[8] ELETROBRÁS/GCOI, Relatório SCEL/GTAD 04/93. *Custo da interrupção da energia elétrica. Investigações adicionais.*

[9] A. L. C. Valente. Modelo probabilístico para avaliação do desempenho de redes de distribuição primária. Tese de Doutorado, Escola Politécnica da Universidade de São Paulo, 1997.

[10] M. R. Gouvea. *Bases conceituais para o planejamento de investimentos em sistemas de distribuição de energia elétrica.* Tese de Doutorado, Escola Politécnica da Universidade de São Paulo, 1993.

[11] R. N., Allan; R. Billinton, M. F. De Oliveira – *An efficient algorithm for deducing the minimal cuts and reliability indices of a general network configuration.* IEEE Transactions on Reliability, Vol. R-25, no 4, October 1976.

[12] R. Billinton, R. N. Allan – *Reliability evaluation of engineering systems: concepts and techniques.* 2nd Edition, Springer 1992.

3 Variações de Tensão de Longa Duração

3.1 INTRODUÇÃO

O objetivo deste capítulo é a análise das variações de tensão de longa duração, ou em regime permanente, e dos desequilíbrios de tensão. Quanto ao primeiro, lembra-se que o consumidor ou o conjunto de consumidores supridos por uma barra apresentam demanda variável ao longo do dia, o que ocasionará variação na tensão da barra bem como nas demais barras do sistema. Deste modo, quando a rede não está devidamente dimensionada, podem ocorrer instantes ao longo do dia durante os quais a tensão cai abaixo dos valores aceitáveis. Quanto ao segundo, a grande maioria das cargas nos consumidores residenciais e comerciais dificilmente apresenta carregamentos iguais nas três fases, ou seja, a rede irá suprir uma demanda desequilibrada. Esta situação é sobre modo agravada nos transformadores de distribuição e em ramais monofásicos que suprem carga de pequena monta a partir de redes trifásicas. Evidentemente, esta situação leva a tensões diferentes nas três fases, o que é caracterizado pela existência de uma componente de tensão de seqüência inversa. Na hipótese que essas tensões venham a alimentar um motor trifásico de indução, ter-se-á o surgimento de correntes de seqüência inversa circulando, que são sobre modo prejudiciais ao motor.

A agência reguladora, Agência Nacional de Energia Elétrica, ANEEL, na Resolução N° 505, de 26 de novembro de 2001[1], e no PRODIST [2], estabelece limites aceitáveis para os níveis de tensão. A agência reguladora define:

- *Tensão de Atendimento* (TA): valor eficaz de tensão no ponto de entrega ou de conexão, obtido por meio de medição, podendo ser classificada em *adequada*, *precária* ou *crítica*, de acordo com a leitura efetuada, expresso em V ou kV;

- *Tensão Contratada* (TC): valor eficaz de tensão que deverá ser informado ao consumidor por escrito, ou estabelecido em contrato, expresso em V ou kV;

- *Tensão de Leitura* (TL): valor eficaz de tensão, integralizado a cada 10 (dez) minutos, obtido de medição por meio de equipamentos apropriados, expresso em V ou kV;

- *Tensão Nominal* (TN): valor eficaz de tensão pelo qual o sistema é projetado, expresso em V ou kV;
- *Tensão Nominal de Operação* (TNO): valor eficaz de tensão pelo qual o sistema é designado, expresso em V ou kV;

A ANEEL considerando que, o atendimento com nível de tensão precária ou inadequada é uma condição inaceitável, define ainda:

- *Duração Relativa da Transgressão de Tensão Crítica* (DRC): indicador individual referente à duração relativa das leituras de tensão, nas faixas de tensão críticas, no período de observação definido, expresso em percentual;
- *Duração Relativa da Transgressão de Tensão Precária* (DRP): indicador individual referente à duração relativa das leituras de tensão, nas faixas de tensão precárias, no período de observação definido, expresso em percentual;
- *Duração Relativa da Transgressão Máxima de Tensão Crítica* (DRCM): percentual máximo de tempo admissível para as leituras de tensão, nas faixas de tensão críticas, no período de observação definido;
- *Duração Relativa da Transgressão Máxima de Tensão Precária* (DRPM): percentual máximo de tempo admissível para as leituras de tensão, nas faixas de tensão precárias, no período de observação definido;

Todos esses indicadores serão objeto de detalhamento nos itens subseqüentes.

3.2 DEFINIÇÃO DE INDICADORES PARA A TENSÃO

A ANEEL estabelece que a tensão de atendimento, associada às leituras, deve ser classificada segundo faixas em torno da tensão de referência, TR, que corresponderá à tensão contratada, no caso de unidades atendidas pelo Sistema de Distribuição de Alta Tensão, SDAT, ou pelo Sistema de Distribuição de Média Tensão, SDMT. Já no caso de unidades atendidas pelo Sistema de Distribuição de Baixa Tensão, SDBT, a tensão de referência corresponderá à tensão nominal de operação. A Figura 3.1 ilustra a amplitude das faixas, onde:

- TR representa a tensão de referência;
- A faixa adequada de tensão é definida pelo intervalo TR - ΔAD_{Inf} e TR + ΔAD_{Sup}. Evidentemente ΔAD_{Inf} representa a redução da tensão em relação à TR e ΔAD_{Sup} o aumento da tensão em relação à TR;
- A faixa precária de tensão é definida pelo intervalo TR - ΔAD_{Inf} - ΔPR_{Inf};

– A faixa crítica de tensão é definida pelas tensões inferiores a TR - ΔAD_{Inf} - ΔPRInf ou superiores a TR + ΔAD_{Sup} + ΔPR_{Sup}.

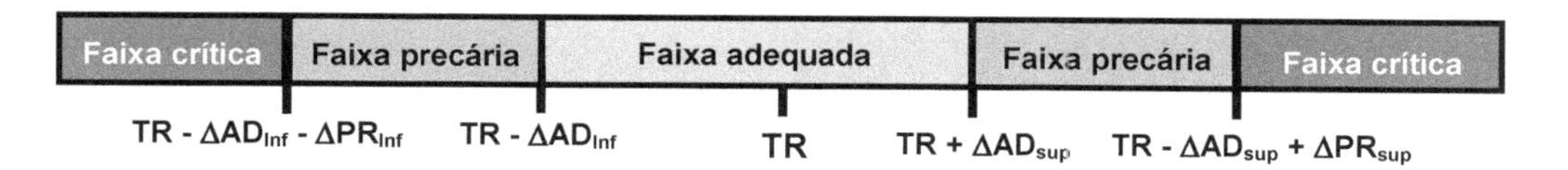

Figura 3.1 – Amplitude das faixas para tensão crítica e precária

A título de exemplo, a Tabela 3.1 apresenta os valores correspondentes às faixas de tensão adequada, precária e crítica. Os valores são extraídos do PRODIST. As faixas de tensão apresentadas no PRODIST referem-se aos seguintes níveis de tensão:

- Não menores que 220 kV;
- Não menores que 69 kV e menores de 220 kV;
- Não menores que 1 kV e menores de 69 kV;
- Menores que 1 kV; 220/127 V;
- Menores que 1 kV; 380/220 V;
- Menores que 1 kV; 254/127 V;
- Menores que 1 kV; 440/220 V;
- Menores que 1 kV; 208/120 V;
- Menores que 1 kV; 230/115 V;
- Menores que 1 kV; 240/120 V;
- Menores que 1 kV; 220/110 V.

Tabela 3.1 – Faixas de admissíveis para as tensões 230/127 V e 230/115 V

Condição operativa	Tensão 230/127 V		Tensão 230/115 V	
	Fase-Fase	Fase-Neutro	Fase-Fase	Fase-Neutro
Adequada	201 ≤ VF ≤ 231	116 ≤ VN ≤ 133	216 ≤ VF ≤ 241	108 ≤ VN ≤ 127
Precária	189 ≤ VF < 201 231< VF ≤ 233	109 ≤ VF < 116 133 < VF ≤ 140	212 ≤ VF < 216 241 < VF ≤ 253	105 ≤ VF < 108 127 < VF ≤ 129
Crítica	VF < 189 VF > 233	VF < 109 VF > 140	VF < 212 VF > 253	VN < 105 VN >129

Devem ser realizadas campanhas de medições de campo da tensão, sempre que um consumidor reclama ou, mesmo, periodicamente, de forma amostral, para o acompanhamento da qualidade do produto. A ANEEL estabelece o equipamento a ser utilizado nas medições conforme transcrito a seguir:

- *As leituras devem ser obtidas por meio de equipamentos que operem segundo o princípio da amostragem digital.*
- *Os equipamentos de medição devem atender os seguintes requisitos mínimos:*
  - *taxa amostral: 16 amostras/ciclo;*
  - *conversor A/D (analógico/digital) de sinal de tensão: 12 bits;*
  - *precisão: até 1% da leitura.*
- *Os equipamentos de medição devem permitir a apuração das seguintes informações:*
  - *valores calculados dos indicadores individuais;*
  - *tabela de medição;*
  - *histograma de tensão.*
- *A medição de tensão deve corresponder ao tipo de ligação da unidade consumidora, abrangendo medições entre todas as fases ou entre todas as fases e o neutro, quando este for disponível.*

Quanto ao procedimento para a medição a ANEEL especifica que:

"O conjunto de leituras para gerar os indicadores individuais deverá compreender o registro de 1008 (mil e oito) leituras válidas obtidas em intervalos consecutivos (período de integralização) de 10 minutos cada, salvo as que eventualmente sejam expurgadas conforme item 2.4.2. No intuito de se obter 1008 (mil e oito) leituras válidas, intervalos adicionais devem ser agregados, sempre consecutivamente."

Observa-se que as 1008 leituras especificadas, com intervalo de integração da leitura de 10 minutos, correspondem a medições efetuadas durante 10080 minutos, isto é, 168 horas ou ainda 7 dias. Assim a medição irá englobar todos os dias úteis e o fim de semana levando em conta as variações diárias de demanda dos consumidores envolvidos. Partindo-se das medições, a ANEEL define:

- o índice de duração relativa da transgressão para tensão precária, DRP com as seguintes expressões:

$$DRP = \frac{nlp}{1008} 100 \quad \% \tag{3.1}$$

- o índice de duração relativa da transgressão para tensão crítica, DRC com as seguintes expressões:

$$DRC = \frac{nlc}{1008} 100 \quad \% \tag{3.2}$$

onde:

- nlp representa o número de leituras situadas nas faixas precárias;
- nlc representa número de leituras situadas nas faixas críticas;
- 1008 representa o número de leituras válidas a cada 10 (dez) minutos no período de observação.

Destaca-se que, no caso de um sistema trifásico com neutro, as medições são realizadas entre os fios de fase e entre os fios de fase e o neutro e para cada intervalo de integração, 10 minutos, assume-se dentre os seis valores obtidos aquele que se apresenta como o mais crítico. Isto é, havendo, num intervalo, tensões de fase nas três faixas, assume-se que nesse intervalo ocorreu uma transgressão crítica.

Quando a medição é efetuada para um conjunto de consumidores contando com NL unidades consumidoras e sendo NC o número de unidades consumidoras com registros de tensões nas faixas críticas, define-se o *Índice de Unidades Consumidoras com Tensão Crítica*, ICC, dado por:

$$ICC = \frac{N_C}{N_L} 100 \tag{3.3}$$

Para a determinação de Índices Equivalentes por Consumidor, devem ser calculados o *índice de duração relativa da transgressão para tensão precária equivalente* (DRPE) e o *índice de duração relativa da transgressão para tensão critica equivalente* (DRCE), de acordo com as seguintes expressões:

$$DRP_E = \frac{\sum_{i=1}^{N_P} DRP_i}{N_L}$$
$$DRC_E = \frac{\sum_{i=1}^{N_C} DRC_i}{N_L} \tag{3.4}$$

onde:

DRP_i	Duração Relativa de Transgressão de Tensão Precária individual da unidade consumidora "*i*";
DRC_i	Duração Relativa de Transgressão de Tensão Crítica individual da unidade consumidora "*i*";
DRP_E	Duração Relativa de Transgressão de Tensão Precária Equivalente;
DRC_E	Duração Relativa de Transgressão de Tensão Crítica Equivalente;
N_L	Número total de unidades consumidoras da amostra;
N_P	Número total de unidades consumidoras da amostra com tensão precária;
N_C	Número total de unidades consumidoras da amostra com tensão crítica.

A ANEEL, no PRODIST, estabelece que o valor da Duração Relativa da Transgressão Máxima de Tensão Precária - DRPM deve ser limitado em 3% e o valor da Duração Relativa da Transgressão Máxima de Tensão Crítica - DRCM em 0,5%. Quando esses limites são excedidos, a ANEEL estabelece prazo para a regularização da tensão que, não sendo atendido, dá lugar a uma penalização da concessionária, ou permissionária, calculada através de:

$$\text{Valor} = [(\text{DRP} - \text{DRPM}) \times k_1 + (\text{DRC} - \text{DRCM}) \times k_2] \times k_3 \tag{3.5}$$

onde:

- k1 = 0, se DRP < DRPM;
- k1 = 3, se DRP > DRPM;
- k2 = 0, se DRC < DRCM;
- k2 = 7, para unidades consumidoras atendidas em Baixa Tensão, se DRC > DRCM;
- k2 = 5, para unidades consumidoras atendidas em Média Tensão, DRC > DRCM;
- k2 = 3, para unidades consumidoras atendidas em Alta Tensão, DRC > DRCM;
- DRP representa o valor do DRP, expresso em %, apurado na última medição;
- DRPM = 3 %;
- DRC representa valor do DRC, expresso em %, apurado na última medição;
- DRCM = 0,5 %;
- k3 = valor do encargo de uso do sistema de distribuição, referente ao mês de apuração.

A compensação deverá ser mantida enquanto o indicador DRP for superior ao DRPM ou o indicador DRC for superior ao DRCM.

Os resultados alcançados podem ser estendidos para os estudos de planejamento onde se substituem os grupos de medições pelas horas que o sistema opera nas faixas críticas e as 1008 medições pela duração, em horas, da curva diária de carga.

Exemplo 3.1 Um conjunto de consumidores apresenta a curva diária de carga da Figura 3.2. Na mesma figura está apresentada a tensão obtida através de fluxo de potência para a barra que supre o conjunto de consumidores. Pede-se determinar:

- Os fatores DRP e DRC;
- O valor da compensação, assumindo-se que o desvio não foi sanado no tempo útil. Estabelecer a compensação em por unidade do encargo.

Solução:

Assume-se que os valores dos extremos inferiores dos níveis precário e crítico sejam 0,9 e 0,85 pu, respectivamente. Os extremos superiores desses níveis não foram considerados, visto que a tensão máxima não excede 1 pu. Nessas condições, observa-se da figura 3.2 que:

- Durante 10,5 horas a tensão encontra-se na faixa precária, intervalo de tempo das 6,5 horas às 17 horas;
- Durante 4 horas a tensão encontra-se na faixa crítica, intervalo de tempo das 17 horas às 21 horas;

Desta forma, tem-se:

$$\text{DRP} = \frac{10{,}5}{24{,}0}100 = 43{,}75\% \quad \text{e} \quad \text{DRC} = \frac{4{,}0}{24{,}0}100 = 16{,}67\%$$

A compensação será dada por:

$$\text{Valor} = [(43{,}75 - 3{,}0)\times 3 + (16{,}67 - 0{,}5)\times 5]\times 1 = 203{,}1\,\text{pu}$$

Destaca-se que foi assumido que o conjunto de consumidores está suprido em média tensão. Poder-se-ia estimar o custo do faturamento e, de conseqüência, poder-se-ia analisar qual o montante que poderia ser investido para sanar essa condição de tensão.

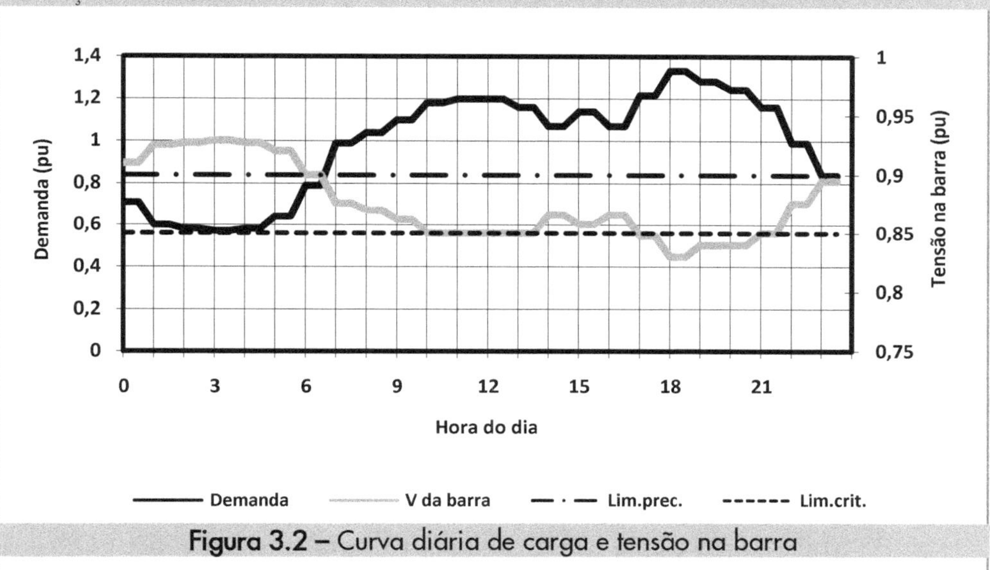

Figura 3.2 – Curva diária de carga e tensão na barra

3.3 DEFINIÇÃO DE INDICADORES PARA DESEQUILÍBRIO DE TENSÃO

Lembrando a definição da transformação de um sistema trifásico de componentes de fase para componentes simétricas tem-se:

$$\begin{bmatrix} \dot{V}_{AB} \\ \dot{V}_{BC} \\ \dot{V}_{CA} \end{bmatrix} = \begin{bmatrix} 1 & 1 & 1 \\ 1 & \alpha^2 & \alpha \\ 1 & \alpha & \alpha^2 \end{bmatrix} \begin{bmatrix} \dot{V}_0 \\ \dot{V}_1 \\ \dot{V}_2 \end{bmatrix} = \left|\dot{T}\right| \begin{bmatrix} \dot{V}_0 \\ \dot{V}_1 \\ \dot{V}_2 \end{bmatrix} \tag{3.6}$$

e

$$\begin{bmatrix} \dot{V}_0 \\ \dot{V}_1 \\ \dot{V}_2 \end{bmatrix} = \frac{1}{3} \begin{bmatrix} 1 & 1 & 1 \\ 1 & \alpha & \alpha^2 \\ 1 & \alpha^2 & \alpha \end{bmatrix} \begin{bmatrix} \dot{V}_{AB} \\ \dot{V}_{BC} \\ \dot{V}_{CA} \end{bmatrix} = \left|\dot{T}\right|^{-1} \begin{bmatrix} \dot{V}_{AB} \\ \dot{V}_{BC} \\ \dot{V}_{CA} \end{bmatrix} \tag{3.7}$$

onde:

$\dot{V}_{AB}, \dot{V}_{BC}, \dot{V}_{CA}$ representam as componentes de fase das tensões de linha, na notação fasorial;

$\dot{V}_0, \dot{V}_1, \dot{V}_2$ representam as componentes simétricas das tensões de linha, na notação fasorial;

$[T]$ representa a matriz de transformação de componentes simétricas;

α é o operador $1\underline{|120^\circ}$

Observa-se que, em se tratando de um trifásico simétrico, as tensões de linha serão dadas por:

$$\dot{V}_{AB} = \dot{V};\ \dot{V}_{BC} = \alpha^2 \dot{V};\ \dot{V}_{CA} = \alpha\, \dot{V}$$

Logo, suas componentes simétricas serão dadas por:

$$\dot{V}_0 = 0\ ; \dot{V}_1 = \dot{V}\ \text{ e } \dot{V}_2 = 0$$

Por outro lado, observa-se que, para as tensões de linha, a componente de seqüência zero é sempre nula. De fato:

$$\dot{V}_{AB} + \dot{V}_{BC} + \dot{V}_{CA} = \dot{V}_{AA} = 0$$

Assim, a componente de seqüência inversa exprime o desequilíbrio do trifásico e a ANEEL define o desequilíbrio através do fator de desequilíbrio, FD (%):

$$FD(\%) = \frac{|\dot{V}_2|}{|\dot{V}_1|} \times 100 \tag{3.8}$$

A ANEEL apresenta como alternativa para o cálculo do FD(%) a equação do CIGRÉ, que é obtida através de transformações algébricas:

$$FD(\%) = 100\sqrt{\frac{1-\sqrt{3-6\beta}}{1+\sqrt{3-6\beta}}} \quad \text{com} \quad \beta = \frac{V_{AB}^4 + V_{BC}^4 + V_{CA}^4}{(V_{AB}^2 + V_{BC}^2 + V_{CA}^2)^2} \tag{3.9}$$

onde V_{AB}, V_{BC}, V_{CA} representam os módulos das tensões de linha.

A ANEEL estabelece que:

"*O valor de referência nos barramentos do sistema de distribuição, com exceção da BT, deve ser igual ou inferior a 2%. Esse valor serve para referência do planejamento elétrico em termos de QEE e que, regulatoriamente, será estabelecido em resolução específica, após período experimental de coleta de dados*".

Exemplo 3.2 Determinar o fator de desequilíbrio para as seguintes tensões de linha, em V:

$$\dot{V}_{AB} = 220\angle 0\ ;\ \dot{V}_{BC} = 210\angle -130^\circ\ ;\ \dot{V}_{CA} = 181{,}95\angle 117{,}86^\circ.$$

Solução:

As componentes de seqüência das tensões fornecidas são:

$$\begin{bmatrix}\dot{V}_0\\ \dot{V}_1\\ \dot{V}_2\end{bmatrix}=\frac{1}{3}\begin{bmatrix}1 & 1 & 1\\ 1 & \alpha & \alpha^2\\ 1 & \alpha^2 & \alpha\end{bmatrix}\cdot\begin{bmatrix}\dot{V}_{AB}\\ \dot{V}_{BC}\\ \dot{V}_{CA}\end{bmatrix}=\frac{1}{3}\begin{bmatrix}1 & 1 & 1\\ 1 & \alpha & \alpha^2\\ 1 & \alpha^2 & \alpha\end{bmatrix}\cdot\begin{bmatrix}220\angle 0\\ 210\angle -130^\circ\\ 181{,}95\angle -117{,}86^\circ\end{bmatrix}$$

$$=\begin{bmatrix}0\\ 203{,}39\angle -4{,}07^\circ\\ 22{,}39\angle 40{,}11^\circ\end{bmatrix}.$$

Logo:
$$FD=\frac{22{,}39}{203{,}39}\times 100=11{,}01\%.$$

Note-se que a componente de seqüência zero resultou nula, conforme esperado. Alternativamente, utilizando as Eqs. (3.9), tem-se:

$$\beta=\frac{220^4+210^4+181{,}9517^4}{(220^2+210^2+181{,}9517^2)^2}=0{,}3412 \qquad FD(\%)=100\sqrt{\frac{1-\sqrt{3-6\cdot 0{,}3412}}{1+\sqrt{3-6\cdot 0{,}3412}}}=11{,}01\%.$$

Este segundo método, além de levar ao mesmo resultado, é bastante conveniente, pois não necessita dos ângulos de fase das tensões, sendo portanto adequado para implementações em medidores.

3.4 CÁLCULO DA TENSÃO E DO DESEQUILÍBRIO EM REDES ELÉTRICAS

3.4.1 Introdução

Para a avaliação da tensão nas barras de uma rede, para a qual se conhece:

- a topologia e as características elétricas das linhas de transmissão, isto é, corrente admissível e sua constantes quilométricas, em termos de componentes de fase ou simétricas;
- os transformadores com suas características, quais sejam, número de enrolamentos, potência nominal, tensões nominais, sua impedância de curto circuito e em vazio, os ajustes de suas derivações e quando dispõem de variador automático de derivação em carga, LTC – "load tap changer", sua faixa de variação e seu passo;
- as características dos geradores, sua tensão, sua capacidade nominal e seu fator de potência para operação à plena;
- a presença de suporte reativo e sua natureza, bancos de capacitores, reatores de barramento, reatores síncronos, etc.;
- as cargas supridas pelas barras da rede definidas através de sua curva de carga diária média em termos de potência ativa e reativa,

procede-se através da análise matricial da rede, representada por sua matriz de admitâncias modais, associada a processos iterativos que levem em conta o caráter não linear da potência, isto é, sua variação com a tensão.

Para melhor definição do problema, seja a rede da Figura 3.3 que representa um trecho de alimentador, alimentado por um sistema trifásico, que supre uma carga representável pelo modelo de impedância constante. Assume-se que:

- As tensões dos geradores são $\dot{V}_{AN}, \dot{V}_{BN}$ e $\dot{V}_{CN}$;
- As impedâncias próprias dos fios de fase e do neutro são dadas por: $\overline{Z}_{AA'}, \overline{Z}_{BB'}, \overline{Z}_{CC'}$ e $\overline{Z}_{NN'}$;
- As impedâncias mútuas entre os fios de fase são dadas por: $\overline{Z}_{AB}, \overline{Z}_{BC}$ e $\overline{Z}_{CA}$;
- As impedâncias mútuas entre os fios de fase e o neutro são dadas por: $\overline{Z}_{AN}, \overline{Z}_{BN}$ e $\overline{Z}_{CN}$;
- As impedâncias próprias da carga são dadas por: $\overline{Z}_A, \overline{Z}_B$ e $\overline{Z}_C$.

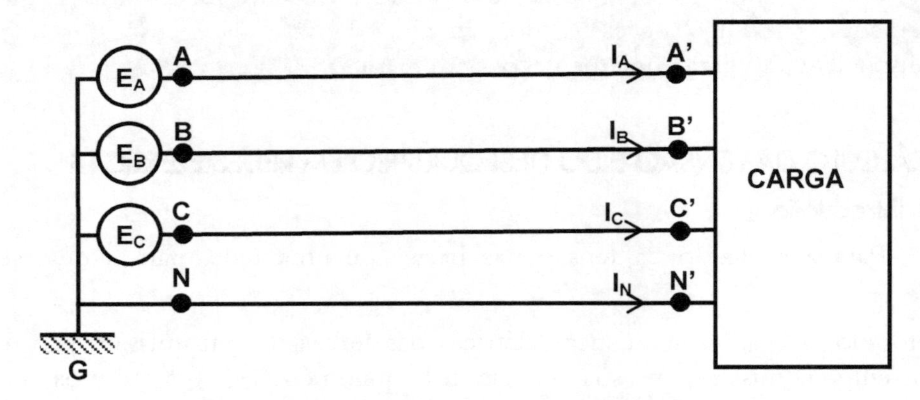

Figura 3.3 – Rede trifásica a quatro fios

A rede pode ser representada pela equação:

$$\begin{bmatrix} \dot{V}_{AG} \\ \dot{V}_{BG} \\ \dot{V}_{CG} \\ \dot{V}_{NG} \end{bmatrix} - \begin{bmatrix} \dot{V}_{A'G} \\ \dot{V}_{B'G} \\ \dot{V}_{C'G} \\ \dot{V}_{N'G} \end{bmatrix} = \begin{bmatrix} \overline{Z}_{AA'} & \overline{Z}_{AB} & \overline{Z}_{AC} & \overline{Z}_{AN} \\ \overline{Z}_{BA} & \overline{Z}_{BB'} & \overline{Z}_{BC} & \overline{Z}_{BN} \\ \overline{Z}_{CA} & \overline{Z}_{CB} & \overline{Z}_{CC'} & \overline{Z}_{CN} \\ \overline{Z}_{NA} & \overline{Z}_{NB} & \overline{Z}_{NC} & \overline{Z}_{NN'} \end{bmatrix} \begin{bmatrix} \dot{I}_A \\ \dot{I}_B \\ \dot{I}_C \\ \dot{I}_N \end{bmatrix}$$

$$\begin{bmatrix} \dot{V}_{A'G} \\ \dot{V}_{B'G} \\ \dot{V}_{C'G} \\ \dot{V}_{N'G} \end{bmatrix} = \begin{bmatrix} \overline{Z}_A & 0 & 0 & 0 \\ 0 & \overline{Z}_B & 0 & 0 \\ 0 & 0 & \overline{Z}_C & 0 \\ 0 & 0 & 0 & \overline{Z}_N \end{bmatrix} \begin{bmatrix} \dot{I}_A \\ \dot{I}_B \\ \dot{I}_C \\ \dot{I}_N \end{bmatrix} \tag{3.10}$$

ou seja:

$$\begin{bmatrix} \dot{V}_{AG} \\ \dot{V}_{BG} \\ \dot{V}_{CG} \\ \dot{V}_{NG} \end{bmatrix} = \left\{ \begin{bmatrix} \bar{Z}_{AA'} & \bar{Z}_{AB} & \bar{Z}_{AC} & \bar{Z}_{AN} \\ \bar{Z}_{BA} & \bar{Z}_{BB'} & \bar{Z}_{BC} & \bar{Z}_{BN} \\ \bar{Z}_{CA} & \bar{Z}_{CB} & \bar{Z}_{CC'} & \bar{Z}_{CN} \\ \bar{Z}_{NA} & \bar{Z}_{NB} & \bar{Z}_{NC} & \bar{Z}_{NN'} \end{bmatrix} + \begin{bmatrix} \bar{Z}_{A} & 0 & 0 & 0 \\ 0 & \bar{Z}_{B} & 0 & 0 \\ 0 & 0 & \bar{Z}_{c} & 0 \\ 0 & 0 & 0 & \bar{Z}_{N} \end{bmatrix} \right\} \begin{bmatrix} \dot{I}_{A} \\ \dot{I}_{B} \\ \dot{I}_{C} \\ I_{N} \end{bmatrix}$$

que pode ser escrita como:

$$[\dot{V}] = \left\{[\bar{Z}_{Linha}] + [\bar{Z}_{Carga}]\right\}[\dot{I}] \qquad (3.11)$$

Na Eq. (3.11), no caso geral, conhecem-se as tensões dos geradores. Logo, é oportuno transformá-la em termos de admitâncias; para tanto, pré-multiplicam-se ambos os membros pela inversa da $[Z_{Linha}]$, que é definida como $[Y_{Linha}]$, resultando portanto:

$$[\bar{Y}_{Linha}][\dot{V}] = \left\{[U] + [\bar{Y}_{Linha}][\bar{Z}_{Carga}]\right\}[\dot{I}]$$

onde $[U]$ é a matriz unitária, resultado do produto $[Z_{Linha}]^{-1}$ $[Z_{Linha}]$. Essa equação pode ser transformada como se segue:

$$[\dot{I}] = \left\{[U] + [\bar{Y}_{Linha}][\bar{Z}_{Carga}]\right\}^{-1}[\bar{Y}_{Linha}][\dot{V}] \qquad (3.12)$$

Por transformações convenientes, pode-se alcançar equacionamento mais cômodo para a resolução, isto é, partindo-se da Eq. (3.11), pode-se proceder como a seguir:

$$\begin{bmatrix} \dot{V}_{AG} \\ \dot{V}_{BG} \\ \dot{V}_{CG} \\ \dot{V}_{NG} \end{bmatrix} = \begin{bmatrix} \dot{V}_{A'G} \\ \dot{V}_{B'G} \\ \dot{V}_{C'G} \\ \dot{V}_{N'G} \end{bmatrix} + \begin{bmatrix} \bar{Z}_{AA'} & \bar{Z}_{AB} & \bar{Z}_{AC} & \bar{Z}_{AN} \\ \bar{Z}_{BA} & \bar{Z}_{BB'} & \bar{Z}_{BC} & \bar{Z}_{BN} \\ \bar{Z}_{CA} & \bar{Z}_{CB} & \bar{Z}_{CC'} & \bar{Z}_{CN} \\ \bar{Z}_{NA} & \bar{Z}_{NB} & \bar{Z}_{NC} & \bar{Z}_{NN'} \end{bmatrix} \begin{bmatrix} \dot{I}_{A} \\ \dot{I}_{B} \\ \dot{I}_{C} \\ I_{N} \end{bmatrix}$$

$$\begin{bmatrix} \dot{I}_{A} \\ \dot{I}_{B} \\ \dot{I}_{C} \\ I_{N} \end{bmatrix} = \begin{bmatrix} \bar{Y}_{A} & 0 & 0 & 0 \\ 0 & \bar{Y}_{B} & 0 & 0 \\ 0 & 0 & \bar{Y}_{C} & 0 \\ 0 & 0 & 0 & \bar{Y}_{N} \end{bmatrix} \begin{bmatrix} \dot{V}_{A'G} \\ \dot{V}_{B'G} \\ \dot{V}_{C'G} \\ \dot{V}_{N'G} \end{bmatrix}$$

$$\begin{bmatrix} \dot{V}_{AG} \\ \dot{V}_{BG} \\ \dot{V}_{CG} \\ \dot{V}_{NG} \end{bmatrix} = \begin{bmatrix} \dot{V}_{A'G} \\ \dot{V}_{B'G} \\ \dot{V}_{C'G} \\ \dot{V}_{N'G} \end{bmatrix} + \begin{bmatrix} \bar{Z}_{AA'} & \bar{Z}_{AB} & \bar{Z}_{AC} & \bar{Z}_{AN} \\ \bar{Z}_{BA} & \bar{Z}_{BB'} & \bar{Z}_{BC} & \bar{Z}_{BN} \\ \bar{Z}_{CA} & \bar{Z}_{CB} & \bar{Z}_{CC'} & \bar{Z}_{CN} \\ \bar{Z}_{NA} & \bar{Z}_{NB} & \bar{Z}_{NC} & \bar{Z}_{NN'} \end{bmatrix} \begin{bmatrix} \bar{Y}_{A} & 0 & 0 & 0 \\ 0 & \bar{Y}_{B} & 0 & 0 \\ 0 & 0 & \bar{Y}_{C} & 0 \\ 0 & 0 & 0 & \bar{Y}_{N} \end{bmatrix} \begin{bmatrix} \dot{V}_{A'G} \\ \dot{V}_{B'G} \\ \dot{V}_{C'G} \\ \dot{V}_{N'G} \end{bmatrix}$$

$$\begin{bmatrix}\dot{V}_{AG}\\ \dot{V}_{BG}\\ \dot{V}_{CG}\\ \dot{V}_{NG}\end{bmatrix} = \left\{ [\,U\,] + \begin{bmatrix}\overline{Z}_{AA'} & \overline{Z}_{AB} & \overline{Z}_{AC} & \overline{Z}_{AN}\\ \overline{Z}_{BA} & \overline{Z}_{BB'} & \overline{Z}_{BC} & \overline{Z}_{BN}\\ \overline{Z}_{CA} & \overline{Z}_{CB} & \overline{Z}_{CC'} & \overline{Z}_{CN}\\ \overline{Z}_{NA} & \overline{Z}_{NB} & \overline{Z}_{NC} & \overline{Z}_{NN'}\end{bmatrix} \begin{bmatrix}\overline{Y}_{A} & 0 & 0 & 0\\ 0 & \overline{Y}_{B} & 0 & 0\\ 0 & 0 & \overline{Y}_{C} & 0\\ 0 & 0 & 0 & \overline{Y}_{N}\end{bmatrix} \right\} \begin{bmatrix}\dot{V}_{A'G}\\ \dot{V}_{B'G}\\ \dot{V}_{C'G}\\ \dot{V}_{N'G}\end{bmatrix}$$

Pré-multiplicando ambos os membros pela inversa da matriz do trecho de rede, resulta:

$$\begin{bmatrix}\overline{Y}_{AA'} & \overline{Y}_{AB} & \overline{Y}_{AC} & \overline{Y}_{AN}\\ \overline{Y}_{BA} & \overline{Y}_{BB'} & \overline{Y}_{BC} & \overline{Y}_{BN}\\ \overline{Y}_{CA} & \overline{Y}_{CB} & \overline{Y}_{CC'} & \overline{Y}_{CN}\\ \overline{Y}_{NA} & \overline{Y}_{NB} & \overline{Y}_{NC} & \overline{Y}_{NN'}\end{bmatrix} \begin{bmatrix}\dot{V}_{AG}\\ \dot{V}_{BG}\\ \dot{V}_{CG}\\ \dot{V}_{NG}\end{bmatrix} = \left\{ \begin{bmatrix}\overline{Y}_{AA'} & \overline{Y}_{AB} & \overline{Y}_{AC} & \overline{Y}_{AN}\\ \overline{Y}_{BA} & \overline{Y}_{BB'} & \overline{Y}_{BC} & \overline{Y}_{BN}\\ \overline{Y}_{CA} & \overline{Y}_{CB} & \overline{Y}_{CC'} & \overline{Y}_{CN}\\ \overline{Y}_{NA} & \overline{Y}_{NB} & \overline{Y}_{NC} & \overline{Y}_{NN'}\end{bmatrix} + \begin{bmatrix}\overline{Y}_{A} & 0 & 0 & 0\\ 0 & \overline{Y}_{B} & 0 & 0\\ 0 & 0 & \overline{Y}_{C} & 0\\ 0 & 0 & 0 & \overline{Y}_{N}\end{bmatrix} \right\} \begin{bmatrix}\dot{V}_{A'G}\\ \dot{V}_{B'G}\\ \dot{V}_{C'G}\\ \dot{V}_{N'G}\end{bmatrix}$$

ou seja:

$$\begin{bmatrix}\dot{V}_{A'G}\\ \dot{V}_{B'G}\\ \dot{V}_{C'G}\\ \dot{V}_{N'G}\end{bmatrix} = \begin{bmatrix}\overline{Y}_{AA'}+\overline{Y}_{A} & \overline{Y}_{AB} & \overline{Y}_{AC} & \overline{Y}_{AN}\\ \overline{Y}_{BA} & \overline{Y}_{BB'}+\overline{Y}_{B} & \overline{Y}_{BC} & \overline{Y}_{BN}\\ \overline{Y}_{CA} & \overline{Y}_{CB} & \overline{Y}_{CC'}+\overline{Y}_{C} & \overline{Y}_{CN}\\ \overline{Y}_{NA} & \overline{Y}_{NB} & \overline{Y}_{NC} & \overline{Y}_{NN'}+\overline{Y}_{N}\end{bmatrix}^{-1} \begin{bmatrix}\overline{Y}_{AA'} & \overline{Y}_{AB} & \overline{Y}_{AC} & \overline{Y}_{AN}\\ \overline{Y}_{BA} & \overline{Y}_{BB'} & \overline{Y}_{BC} & \overline{Y}_{BN}\\ \overline{Y}_{CA} & \overline{Y}_{CB} & \overline{Y}_{CC'} & \overline{Y}_{CN}\\ \overline{Y}_{NA} & \overline{Y}_{NB} & \overline{Y}_{NC} & \overline{Y}_{NN'}\end{bmatrix} \begin{bmatrix}\dot{V}_{AG}\\ \dot{V}_{BG}\\ \dot{V}_{CG}\\ \dot{V}_{NG}\end{bmatrix}$$

resultando:

$$\begin{bmatrix}\dot{V}_{A'G}\\ \dot{V}_{B'G}\\ \dot{V}_{C'G}\\ \dot{V}_{N'G}\end{bmatrix} = |\,\text{MATRIZ}\,| \begin{bmatrix}\dot{V}_{AG}\\ \dot{V}_{BG}\\ \dot{V}_{CG}\\ \dot{V}_{NG}\end{bmatrix} \qquad (3.13)$$

A Eq. (3.13) permite calcular a rede proposta para qualquer condição, isto é, trifásico assimétrico com linha não transposta e carga desequilibrada. Entretanto, há condições que permitem simplificar o cálculo. Seja o caso em que a linha é completamente transposta resultando, portanto, impedâncias próprias iguais entre si e impedâncias mútuas iguais entre si, ou seja:

$$\overline{Z}_{AA'} = \overline{Z}_{BB'} = \overline{Z}_{CC'} = \overline{Z}_{prop} \qquad \overline{Z}_{AB} = \overline{Z}_{BC} = \overline{Z}_{CA} = \overline{Z}_{mut}$$

Além disso, seja a carga equilibrada e por hipótese ligada em estrela com centro estrela aterrado diretamente, isto é:

$$\overline{Z}_{A} = \overline{Z}_{B} = \overline{Z}_{C} = \overline{Z}_{carga} \quad \overline{Z}_{N} = 0 \quad \text{e} \qquad \overline{Y}_{carga} = \frac{1}{\overline{Z}_{carga}} \qquad \overline{Y}_{N} \to \infty$$

Seja, ainda, os geradores trifásicos simétricos e equilibrados e sendo o operador $\alpha = 1\underline{|120^{o}}$, resulta:

$$\begin{bmatrix} \dot{V}_{AG} \\ \dot{V}_{BG} \\ \dot{V}_{CG} \end{bmatrix} = \dot{V} \begin{bmatrix} 1 \\ \alpha^2 \\ \alpha \end{bmatrix}$$

Nessas condições a |MATRIZ| da Eq. (3.13) torna-se simétrica (elementos da diagonal $\overline{D}$ e elementos fora da diagonal $\overline{M}$). Portanto:

$$\begin{bmatrix} \dot{V}_{A'G} \\ \dot{V}_{B'G} \\ \dot{V}_{C'G} \end{bmatrix} = \begin{bmatrix} \overline{D} & \overline{M} & \overline{M} \\ \overline{M} & \overline{D} & \overline{M} \\ \overline{M} & \overline{M} & \overline{D} \end{bmatrix} \begin{bmatrix} 1 \\ \alpha^2 \\ \alpha \end{bmatrix} \dot{V} \qquad (3.14)$$

ou seja:

$$\begin{aligned} \dot{V}_{A'G} &= \dot{V}\left(\overline{D}+\overline{M}\alpha^2+\overline{M}\alpha\right) = \dot{V}\left\{\overline{D}+(\alpha^2+\alpha)\overline{M}\right\} = \dot{V}\left(\overline{D}-\overline{M}\right) \\ \dot{V}_{B'G} &= \alpha^2\,\dot{V}\left(\overline{D}-\overline{M}\right) = \alpha^2\,\dot{V}_{A'G} \\ \dot{V}_{C'G} &= \alpha\,\dot{V}\left(\overline{D}-\overline{M}\right) = \alpha\,\dot{V}_{A'G} \end{aligned} \qquad (3.15)$$

Assim, para se resolver uma rede trifásica simétrica e equilibrada é suficiente resolver uma única fase. Utilizando-se componentes de fase, diz-se que a rede trifásica está sendo resolvida por seu modelo monofásico. Além disso, observa-se que a impedância própria menos a impedância mútua representa a impedância de sequência direta. Ou seja, pela utilização de componentes simétricas se resolve um circuito monofásico equivalente sem mútuas. No caso geral de trifásico assimétrico, a resolução do fluxo de potência é feita através da rede completa com suas três fases e suas mútuas, tratando-se de fluxo de potência com modelagem trifásica da rede.

3.4.2 Fluxo de potência - conceituação

Nos estudos de fluxo de potência, é comum que a carga seja modelada por:

- Carga de potência constante com a tensão de suprimento, quando a potência absorvida pela carga é um invariante com a tensão;
- Carga de corrente constante com a tensão, quando a intensidade de corrente absorvida pela carga é um invariante com a tensão;
- Carga de impedância constante com a tensão, quando a carga é definida por sua impedância;
- Combinação dos três modelos anteriores, quando a carga se constitui por porcentagens fixadas de cada um dos modelos. Evidentemente, a soma das porcentagens dos três modelos deve valer 100 %.

A solicitação da rede é a mais severa no modelo de potência constante, sempre que as tensões na rede sejam inferiores a 1pu; neste modelo, seja qual for a tensão na barra, a potência absorvida é a mesma. Para tensões tendendo a zero, resulta que a corrente absorvida pela carga tende ao infinito, tornando o sistema instável. Para melhor análise dos três modelos, é importante observar que a potência complexa impressa numa barra é dada, em pu, pelo produto da tensão da barra e do complexo conjugado da corrente injetada na barra. Isto é, sendo $\bar{s}_i, \dot{v}_i$ e $\dot{i}_i$, respectivamente, a potência complexa absorvida pela carga, a tensão na barra e a corrente impressa na barra, será:

$$\begin{aligned} \bar{s}_i &= \dot{v}_i \times \dot{i}_i^* = v_i \,|\underline{\theta_i} \times i_i \,|\underline{-\delta_i} = v_i \times i_i \,|\underline{\theta_i - \delta_i} = v_i \times i_i \,|\underline{\varphi_i} \\ s_i &= [\bar{s}_i] = v_i \times i_i \end{aligned} \tag{3.16}$$

Assim, resulta:

- *Potência constante*: s_i é constante, logo a corrente impressa na barra varia com: $i_i = \frac{s_i}{v_i}$. Os motores de indução são um exemplo de carga de potência constante;
- *Corrente constante*: i_i é constante, logo a potência aparente fornecida à carga varia linearmente com a tensão: $s_i = v_i \cdot i_i$. As lâmpadas fluorescentes são exemplo de carga de corrente constante;
- *Impedância constante*: a corrente varia linearmente com a tensão, pois, $i_i = \frac{v_i}{z}$ e a potência varia quadraticamente com a tensão, isto é: $s_i = \frac{v_i^2}{z}$. Os fornos elétricos, os chuveiros elétricos e as lâmpadas incandescentes são exemplos de cargas de impedância constante.

A Figura 3.4(1/2) apresenta a variação da corrente com a tensão para os três modelos e a Figura 3.4(2/2) apresenta a variação da potência aparente fornecida à carga com a tensão.

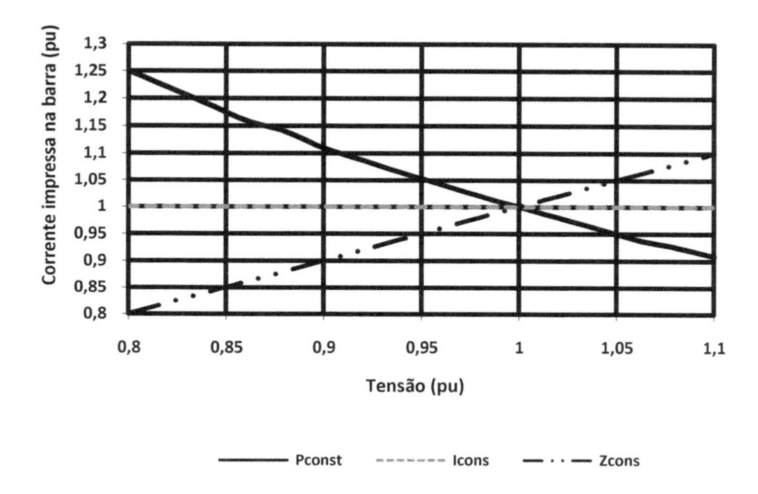

Figura 3.4(1/2) – Variação da corrente impressa na barra com a tensão

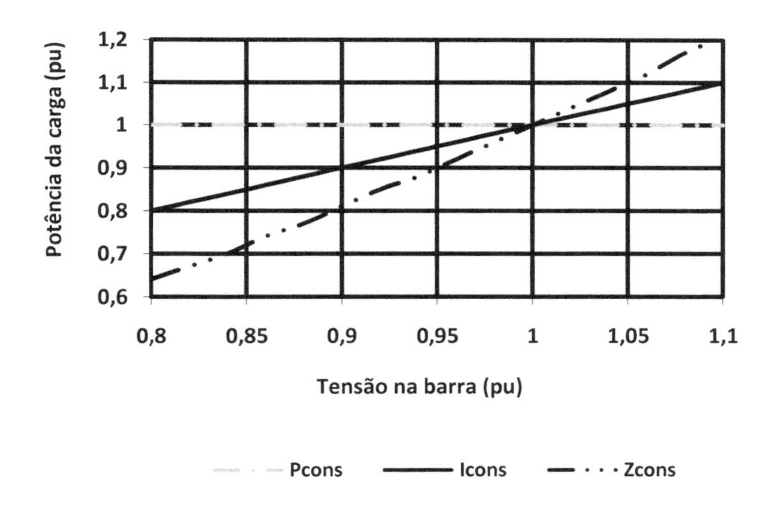

Figura 3.4(2/2) – Variação da potência impressa na barra com a tensão

Observa-se que as grandezas de cada barra do sistema têm dois graus de liberdade, isto é, a tensão da barra, em relação à referência, a corrente impressa na barra e as potências ativa e reativa. Essas quatro grandezas estão relacionadas, em pu, pela equação: $\bar{s}_{Barra} = \dot{v}_{Barra} \times \dot{i}^{*}_{Barra}$. Em conclusão em função das grandezas da barra fixadas, ter-se-á:

- Barra de carga, ou barra P - Q, na qual se fixam as potências, ativa e reativa, restando como incógnitas o módulo da tensão da barra e seu ângulo de fase;
- Barra de tensão controlada, ou barra P - V, na qual se fixam a potência ativa e o módulo da tensão, restando como incógnitas o ângulo de fase da tensão da barra e a potência reativa injetada na barra;
- Barra swing, ou barra V - θ, na qual se fixa o módulo da tensão e seu ângulo de fase, restando como incógnitas as potência ativa e reativa injetadas na barra.

Para o desenvolvimento de fluxo de potência, quer se utilize a representação monofásica da rede, quer se utilize a representação trifásica, há três etapas sucessivas:

- Modelagem dos componentes da rede e montagem da matriz de admitâncias nodais da rede;
- Modelagem dos geradores, barras P – V e V - θ;
- Modelagem das barras de carga, P – Q, estabelecendo-se o tipo de carga suprido pela barra.

Assim, na Figura 3.5 apresenta-se uma rede suprida por n geradores e com m barras de carga.

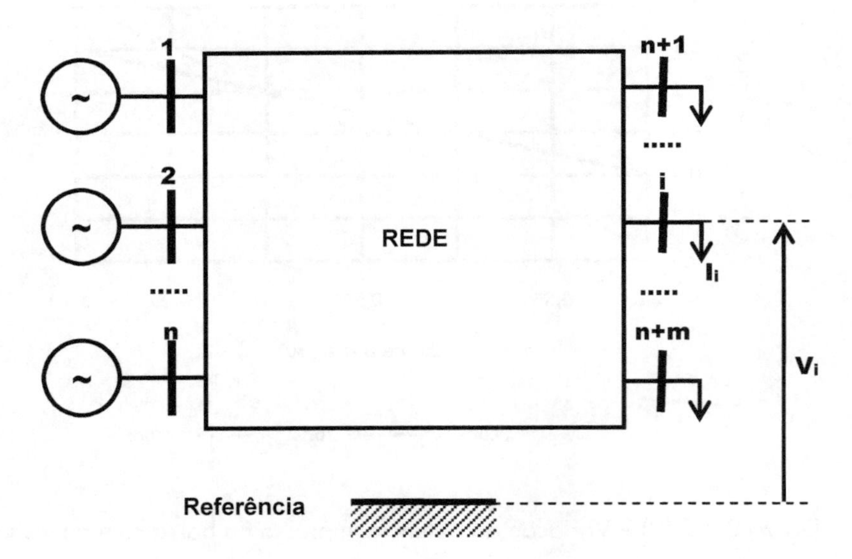

Figura 3.5 – Rede com geração e cargas

A equação geral para a rede é dada por:

$$\begin{bmatrix} \dot{i}_1 \\ \cdots \\ \dot{i}_n \\ \dot{i}_{n+1} \\ \cdots \\ \dot{i}_i \\ \cdots \\ \dot{i}_{n+m} \end{bmatrix} = \begin{bmatrix} \bar{y}_{1,1} & \cdots & \bar{y}_{1,n} & \bar{y}_{1,n+1} & \cdots & \bar{y}_{1,i} & \cdots & \bar{y}_{1,n+m} \\ \cdots & \cdots & \cdots & \cdots & \cdots & \cdots & \cdots & \cdots \\ \bar{y}_{n,1} & \cdots & \bar{y}_{n,n} & \bar{y}_{n,n+1} & \cdots & \bar{y}_{n,i1} & \cdots & \bar{y}_{n,n+m} \\ \bar{y}_{n+1,1} & \cdots & \bar{y}_{n+1,n} & \bar{y}_{n+1,n+1} & \cdots & \bar{y}_{n+1,i} & \cdots & \bar{y}_{n+1,n+m} \\ \cdots & \cdots & \cdots & \cdots & \cdots & \cdots & \cdots & \cdots \\ \bar{y}_{i,1} & \cdots & \bar{y}_{i,n} & \bar{y}_{i,n+1} & & \bar{y}_{i,i} & \cdots & \bar{y}_{i,n+m} \\ \cdots & \cdots & \cdots & \cdots & \cdots & \cdots & \cdots & \cdots \\ \bar{y}_{n+m,1} & \cdots & \bar{y}_{n+m,n} & \bar{y}_{n+m,n+1} & \cdots & \bar{y}_{n+m,i} & \cdots & \bar{y}_{n+m,n+m} \end{bmatrix} \begin{bmatrix} \dot{v}_1 \\ \cdots \\ \dot{v}_n \\ \dot{v}_{n+1} \\ \cdots \\ \dot{v}_i \\ \cdots \\ \dot{v}_{n+m} \end{bmatrix} \tag{3.17}$$

Em se tratando de representação trifásica da rede, cada elemento $y_{i,j}$ será uma matriz 3 x 3, no caso de rede sem o neutro. Para o caso da rede com neutro, o elemento $y_{i,j}$ será uma matriz 4 x 4. A rede da Eq. (3.17) pode ser representada agrupando-se as barras de carga, as barras P – V e as barras V - θ, isto é:

$$\begin{bmatrix} \dot{i}_{PQ} \\ \dot{i}_{PV} \\ \dot{i}_{V\theta} \end{bmatrix} = \begin{bmatrix} \bar{y}_{PQ,PQ} & \bar{y}_{PQ,PV} & \bar{y}_{PQ,V\theta} \\ \bar{y}_{PV,PQ} & \bar{y}_{PV,PV} & \bar{y}_{PV,V\theta} \\ \bar{y}_{V\theta,PQ} & \bar{y}_{V\theta,PV} & \bar{y}_{V\theta,V\theta} \end{bmatrix} \begin{bmatrix} \dot{v}_{PQ} \\ \dot{v}_{PV} \\ \dot{v}_{V\theta} \end{bmatrix} \tag{3.18}$$

Para a resolução do sistema de equações, observa-se que nas barras do tipo V-θ a tensão é conhecida, em módulo e fase, nas barras P-V conhece-se o módulo da tensão e seu ângulo de fase é uma das incógnitas a ser determinada, nas barras P-Q as incógnitas são o módulo e a fase da tensão. Nessas condições é oportuno remanejar-se as Eqs. (3.18) obtendo-se:

$$\left|\dot{i}_{P,Q}\right| = \left|\bar{y}_{PQ,PQ}\right|\left|\dot{v}_{PQ}\right| + \left|\bar{y}_{PQ,PV}\right|\left|\dot{v}_{PV}\right| + \left|\bar{y}_{PQ,V\theta}\right|\left|\dot{v}_{PQ}\right| \tag{3.19}$$

Ou:

$$\left|\dot{i}_{P,Q}\right| - \left|\bar{y}_{PQ,PV}\right|\left|\dot{v}_{PV}\right| - \left|\bar{y}_{PQ,V\theta}\right|\left|\dot{v}_{PQ}\right| = \left|\bar{y}_{PQ,PQ}\right|\left|\dot{v}_{PQ}\right| \tag{3.20}$$

O procedimento geral pode ser resumido nos passos a seguir:

1. Inicializam-se as tensões nas barras de carga, por exemplo, com módulo de 1 pu e fase 0;
2. Utilizando-se as tensões fixadas nas barras de carga calculam-se suas correntes impressas;
3. Estimam-se as fases das barras P-V;
4. Utilizando-se a Eq. (3.20), calculam-se as correções a serem aplicadas às correntes impressas nas barras de carga:

$$\left|\dot{i}_{P,Q\_Corrig}\right| = \left|\dot{i}_{P,Q}\right| - \left|\bar{y}_{PQ,PV}\right|\left|\dot{v}_{PV}\right| - \left|\bar{y}_{PQ,V\theta}\right|\left|\dot{v}_{PQ}\right| \tag{3.21}$$

resultando:

$$\left|\dot{i}_{P,Q\_Corrig}\right| = \left|\bar{y}_{PQ,PQ}\right|\left|\dot{v}_{PQ}\right| \quad \text{ou} \quad \left|\dot{v}_{PQ}\right| = \left|\bar{y}_{PQ,PQ}\right|^{-1}\left|\dot{i}_{P,Q\_Corrig}\right| \tag{3.22}$$

5. Ao invés de inverter-se a matriz $\left|\bar{y}_{PQ,PQ}\right|$, procede-se à sua triangularização e, por substituição de trás para frente, obtêm-se as tensões $\left|\dot{v}_{PQ}\right|$ da iteração "k";
6. Quando os desvios nas tensões de duas iterações sucessivas são menores que a tolerância, encerra-se o processo iterativo e calculam-se as incógnitas das barras P-V e V-θ. Caso o desvio seja maior que a tolerância, fixam-se as tensões das barras nos valores calculados e retorna-se ao passo 2.

3.5 FLUXO DE POTÊNCIA – REDES RADIAIS

Nos estudos de fluxo de potência em redes radiais, lança-se mão de simplificações implícitas pelo fato da rede ser radial [3]. O procedimento usual pode ser resumido nos passos a seguir:

1. Fixam-se as tensões em todas as barras da rede e calculam-se as correntes impressas;
2. Parte-se das barras extremas da rede e procede-se no sentido de alcançar-se o ponto de suprimento. Em cada trecho, calcula-se a queda de tensão e transfere-se a corrente do trecho para o trecho precedente;
3. Uma vez alcançado o ponto de suprimento, retorna-se no sentido das barras extremas da rede, determinando a tensão na barra terminal de cada trecho pela diferença entre a tensão na barra inicial do trecho e a queda de tensão do trecho, calculada no passo 2;
4. Quando os desvios nas tensões das barras em duas iterações sucessivas são menores que a tolerância, encerra-se o processo iterativo. Caso o desvio seja maior que a tolerância, fixam-se as tensões das barras nos valores calculados e retorna-se ao passo 2. Caso contrário, o processo alcançou convergência O procedimento é repetido até um número máximo de iterações.

Sendo:

- $\bar{Z} = R + jX$ a impedância de um trecho genérico;
- $\dot{i} = I(\cos\varphi - j\operatorname{sen}\varphi)$ a corrente que flui pelo trecho genérico;
- $\dot{V}_{Inic} = V_i \mid \underline{0}$ a tensão na barra inicial do trecho;
- $\dot{V}_{Fim} = V_f \mid \underline{\theta}$ a tensão na barra final do trecho;

resultará:

$$\dot{V}_{Fim} = \dot{V}_{Inic} - \bar{z} \times \dot{i} = V_i - (IR\cos\varphi + IX\operatorname{sen}\varphi) - j(-IR\operatorname{sen}\varphi + IX\cos\varphi)$$

Por outro lado, a parcela $(-IR\text{sen}\,\varphi + IX\cos\varphi)$ é desprezível face à parcela $V_i - (IR\cos\varphi + IX\text{sen}\,\varphi)$, logo resulta:

$$\Delta V = V_i - V_f = IR\cos\varphi + IX\text{sen}\,\varphi \tag{3.23}$$

Observa-se que, utilizando o procedimento descrito para redes radiais e assumindo as cargas de corrente constante, o procedimento torna-se direto, isto é, não iterativo, pois que, não há rotação de fase nas barras.

Como frisado no caso anterior, o procedimento é válido quer se esteja tratando de rede trifásica simétrica com carga equilibrada, quer se esteja tratando de rede assimétrica com carga desequilibrada. No segundo caso, quando o sistema é trifásico a quatro fios, na equação $\dot{V}_{Fim} = \dot{V}_{Inic} - \bar{z} \times \dot{i}$ em cada trecho, $\dot{V}_{Fim}, \dot{V}_{Inic}, \dot{i}$ passam a ser vetores de 4 posições (fases A, B, C e neutro) e $\bar{z}$ passa a ser uma matriz 4 x 4. Ou quando o sistema é trifásico a três fios, os vetores serão de 3 posições e a matriz $\bar{z}$ será de dimensão 3 x 3.

Exemplo 3.3 Determinar a tensão em todos os nós da rede da Figura 3.6. Sabe-se que a tensão nominal do sistema é 13,2 kV, a impedância de todos os cabos é (0,17424 + j 0,34848) Ω/km, as cargas são todas de impedância constante e a tensão operacional na barra 4 é 1,0 pu.

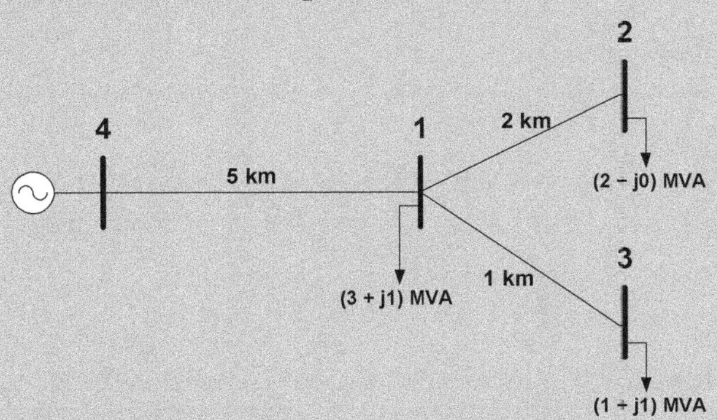

Figura 3.6 - Rede para cálculo de fluxo de potência

Solução. Adotando inicialmente tensão de base igual à tensão nominal e potência de base igual a 100 MVA, tem-se para a impedância de base o valor (13,2 * 13,2 / 100) = 1,7424 Ω. A Tabela 3.2 apresenta os valores de impedância em pu para cada trecho da rede.

Tabela 3.2 - Impedância dos trechos de rede

Trecho	Impedância (pu)
4 - 1	(0,5 + j1,0)
1 - 2	(0,2 + j0,4)
1 - 3	(0,1 + j0,2)

A Tabela 3.3 apresenta o cálculo da corrente absorvida pelas cargas em função da tensão de alimentação.

Tabela 3.3 - Cargas: impedância e corrente absorvida

Barra	Impedância constante (pu)	Tensão atual (pu)	Corrente absorvida (pu)
1	$\bar{z}_{nom1} = \frac{v_{nom}^2}{\bar{s}_{nom1}^*} = \frac{1}{0{,}03 - j0{,}01}$	$\dot{v}_1 = v_1\angle\theta_1 = v_{1R} + jv_{1I}$	$\dot{i}_1 = i_{1R} + i_{1I} = \frac{\dot{v}_1}{z_1} = (0{,}03v_{1R} + 0{,}01v_{1I}) + j(0{,}03v_{1I} - 0{,}01v_{1R})$
2	$\bar{z}_{nom2} = \frac{1}{0{,}02}$	$\dot{v}_2 = v_2\angle\theta_2 = v_{2R} + jv_{2I}$	$\dot{i}_2 = i_{2R} + i_{2I} = 0{,}02v_{1R} + j0{,}02v_{1I}$
3	$\bar{z}_{nom3} = \frac{1}{0{,}01 - j0{,}01}$	$\dot{v}_3 = v_3\angle\theta_3 = v_{3R} + jv_{3I}$	$\dot{i}_3 = i_{3R} + i_{3I} = (0{,}01v_{3R} + 0{,}01v_{3I}) + j(0{,}01v_{3I} - 0{,}01v_{3R})$

A tensão nas barras 1, 2 e 3 é inicializada com o mesmo valor da tensão na barra 4 ((1 + j0) pu). A Tabela 3.4 mostra o procedimento de cálculo na primeira iteração.

Tabela 3.4 - Cálculo de tensões na primeira iteração

Barra	Barra anterior	Imped. trecho (pu)	Corrente da barra (pu)	Corrente acumulada na barra (pu)	Queda de tensão no trecho (pu)	Tensão na barra (pu)
4	-	-	-	-	-	$1\angle 0$
1	4	0,5 + j1,0	0,03 - j0,01	0,06 - j0,02	0,05 + j0,05	$0{,}9513\angle -3{,}01°$
2	1	0,2 + j0,4	0,02	0,02	0,004 + j 0,008	$0{,}9478\angle -3{,}51°$
3	1	0,1 + j0,2	0,01 - j0,01	0,01 - j0,01	0,003 + j 0,001	$0{,}9484\angle -3{,}08°$

Nesta tabela, a coluna "Corrente da barra" é calculada utilizando-se as expressões da Tabela 3.3. Por exemplo, para a barra 1 tem-se:

$$i_1 = (0{,}03*1{,}0 + 0{,}01*0{,}0) + j(0{,}03*0{,}0 - 0{,}01*1{,}0) = (0{,}03 - j0{,}01)\ pu.$$

A coluna "Corrente acumulada na barra" é inicializada copiando-se os correspondentes valores da coluna "Corrente da barra". Em seguida, a coluna é percorrida de baixo para cima a partir da última linha. Em cada célula toma-se o valor existente e acumula-se este valor na barra "pai", a qual é fácil identificar através da coluna "Barra anterior". Desta forma calcula-se corretamente a corrente acumulada em cada barra, que é igual à corrente da carga própria somada com a corrente total de todas as barras que estão a sua jusante. A seguir é mostrado o percurso completo da coluna:

1. Estado inicial: conteúdo da coluna "Corrente acumulada na barra" idêntico ao da coluna "Corrente da barra".

Barra	Barra anterior	Corrente da barra (pu)	Corrente acumulada na barra (pu)
4	-	-	-
1	4	0,03 - j0,01	0,03 - j0,01
2	1	0,02	0,02
3	1	0,01 - j0,01	0,01 - j0,01

2. Processamento da última linha (barra 3): soma de sua corrente na linha de sua barra "pai" (linha 1).

Barra	Barra anterior	Corrente da barra (pu)	Corrente acumulada na barra (pu)
4	-	-	-
1	4	0,03 - j0,01	0,03 - j0,01 + 0,01 - j0,01 = 0,04 - j0,02
2	1	0,02	0,02
3	1	0,01 - j0,01	0,01 - j0,01

3. Processamento da penúltima linha (barra 2): soma de sua corrente na linha de sua barra "pai" (linha 1).

Barra	Barra anterior	Corrente da barra (pu)	Corrente acumulada na barra (pu)
4	-	-	-
1	4	0,03 - j0,01	0,04 - j0,02+0,02 = 0,06 - j0,02
2	1	0,02	0,02
3	1	0,01 - j0,01	0,01 - j0,01

Voltando à Tabela 3.4, a coluna "Queda de tensão no trecho" é calculada multiplicando-se, em cada linha, a impedância do trecho pela corrente acumulada no mesmo. Por exemplo, para o trecho 4-1 tem-se:

$$\Delta\dot{v}_{4-1} = (0{,}5 + j1{,}0) * (0{,}06 - j0{,}02) = (0{,}05 + j0{,}05)\ pu\,.$$

Finalmente, a tensão em cada barra é calculada percorrendo-se a coluna "Tensão na barra" de cima para baixo a partir da segunda linha. Em cada célula a tensão correspondente será igual à diferença entre a tensão da barra inicial do trecho (barra "pai") e a queda de tensão do mesmo. Por exemplo, para a barra 1 tem-se:

$$\dot{v}_1 = \dot{v}_4 - \Delta\dot{v}_{4-1} = (1{,}0 + j0{,}0) - (0{,}05 + j0{,}05) = (0{,}95 - j0{,}05) = 0{,}9513\angle -3{,}01^\circ\ pu.\,.$$

Adotando-se tolerância de 10^{-6} pu para a tensão nas barras conclui-se que o processo iterativo não convergiu (as tensões na iteração atual, da ordem de 0,95 pu, devem ser comparadas uma a uma com as tensões na iteração anterior, todas iguais a 1 pu). A convergência é alcançada após 5 iterações, nas quais o procedimento é idêntico ao descrito acima, tomando-se o cuidado de calcular a corrente das cargas sempre com as tensões obtidas na iteração mais atual. A Tabela 3.5 apresenta os resultados finais do cálculo.

Tabela 3.5 - Cálculo de tensões após quinta iteração (convergência)

Barra	Barra anterior	Imped. trecho (pu)	Corrente da barra (pu)	Corrente acumulada na barra (pu)	Queda de tensão no trecho (pu)	Tensão na barra (pu)
4	-	-	-	-	-	$1\angle 0$
1	4	0,5 + j1,0	0,028054 - j0,010854	0,055988 - j0,021834	0,049828 + j0,045071	$0{,}9512\angle -2{,}72^\circ$
2	1	0,2 + j0,4	0,018919 - j0,001049	0,018919 - j0,001049	0,004203 + j0,007358	$0{,}9474\angle -3{,}17^\circ$
3	1	0,1 + j0,2	0,009014 - j0,009932	0,009014 - j0,009932	0,002888 + j0,000810	$0{,}9484\angle -2{,}77^\circ$

3.6 FLUXO DE POTÊNCIA – REDES EM MALHA

3.6.1 Considerações gerais

A análise desenvolvida nos itens precedentes explora a característica radial das redes elétricas. Desta forma, os algoritmos de cálculo resultam muito eficientes do ponto de vista computacional.

Quando a rede elétrica não é radial (rede em malha) os algoritmos desenvolvidos não mais se aplicam, porque o sentido do fluxo de potência não é conhecido a priori. Outras técnicas de análise devem então ser utilizadas; neste item será abordada a formulação nodal utilizando a chamada *Matriz de Admitâncias Nodais* (Y_{nodal}) [3, 4]. Inicialmente será tratado o caso de redes e cargas equilibradas e posteriormente o caso geral de redes e cargas desequilibradas.

3.6.2 Redes equilibradas

3.6.2.1 Método de Gauss Matricial - Redes com barras PQ e Vθ

Conforme Eq. (3.17), a matriz Y_{nodal} relaciona as *tensões nodais* com as *correntes nodais* através da seguinte equação:

$$\begin{bmatrix} I_1 \\ I_2 \\ \dots \\ I_n \end{bmatrix} = \begin{bmatrix} Y_{11} & Y_{12} & \dots & Y_{1n} \\ Y_{21} & Y_{22} & \dots & Y_{2n} \\ \dots & \dots & \dots & \dots \\ Y_{n1} & Y_{n2} & \dots & Y_{nn} \end{bmatrix} \cdot \begin{bmatrix} V_1 \\ V_2 \\ \dots \\ V_n \end{bmatrix}, \tag{3.24}$$

em que o vetor coluna no primeiro membro contém a corrente injetada externamente em cada um dos *n* nós da rede e o vetor coluna no segundo membro contém a correspondente tensão nodal (tensão do nó em relação a um nó de referência previamente estabelecido). A montagem da matriz Y_{nodal} é feita através de algoritmos bastante simples [3, 5] que permitem considerar todas as situações encontradas na prática (trechos de rede com impedância mútua, transformadores fora do tap nominal, transformadores defasadores, transformadores de 3 enrolamentos, etc.).

Na Eq. (3.24) distinguem-se os nós de carga e os nós de geração ou de suprimento. Nos nós de carga conhece-se a potência complexa absorvida em uma dada tensão de referência e deseja-se conhecer o valor final da tensão. Já para os nós de geração/suprimento conhece-se a tensão na barra externa e deseja-se calcular a corrente e a potência complexa fornecida pelos mesmos. Esta observação sugere o agrupamento de todos os nós de carga seguidos de todos os nós de geração, e ainda o particionamento do sistema de equações segundo a linha/coluna do último nó de carga, fornecendo o seguinte sistema equivalente:

$$\begin{bmatrix} I_{c1} \\ I_{c2} \\ \dots \\ I_{cm} \\ \hline I_{g1} \\ I_{g2} \\ \dots \\ I_{gn} \end{bmatrix} = \left[\begin{array}{cccc|cccc} Y_{c1,c1} & Y_{c1,c2} & \dots & Y_{c1,cm} & Y_{c1,g1} & Y_{c1,g2} & \dots & Y_{c1,gn} \\ Y_{c2,c1} & Y_{c2,c2} & \dots & Y_{c2,cm} & Y_{c2,g1} & Y_{c2,g2} & \dots & Y_{c2,gn} \\ \dots & \dots & \dots & \dots & \dots & \dots & \dots & \dots \\ Y_{cm,c1} & Y_{cm,c2} & \dots & Y_{cm,cm} & Y_{cm,g1} & Y_{cm,g2} & \dots & Y_{cm,gn} \\ \hline Y_{g1,c1} & Y_{g1,c2} & \dots & Y_{g1,cm} & Y_{g1,g1} & Y_{g1,g2} & \dots & Y_{g1,gn} \\ Y_{g2,c1} & Y_{g2,c2} & \dots & Y_{g2,cm} & Y_{g2,g1} & Y_{g2,g2} & \dots & Y_{g2,gn} \\ \dots & \dots & \dots & \dots & \dots & \dots & \dots & \dots \\ Y_{gn,c1} & Y_{gn,c2} & \dots & Y_{gn,cm} & Y_{gn,g1} & Y_{gn,g2} & \dots & Y_{gn,gn} \end{array}\right] \cdot \begin{bmatrix} V_{c1} \\ V_{c2} \\ \dots \\ V_{cm} \\ \hline V_{g1} \\ V_{g2} \\ \dots \\ V_{gn} \end{bmatrix}. \tag{3.25}$$

Neste exemplo existem *m* nós de carga e *n* nós de geração (total de nós igual a (*m+n*)). O sistema (3.25) pode ser escrito de uma forma mais compacta:

$$\begin{bmatrix} I_C \\ I_G \end{bmatrix} = \begin{bmatrix} Y_{CC} & Y_{CG} \\ Y_{GC} & Y_{GG} \end{bmatrix} \cdot \begin{bmatrix} V_C \\ V_G \end{bmatrix}, \tag{3.26}$$

em que as submatrizes indicadas relacionam os nós de carga e os nós de geração de acordo com os índices (CC, CG, GC e GG). Com este particionamento o sistema (3.26) pode ser escrito como:

$$[I_C] = [Y_{CC}] \cdot [V_C] + [Y_{CG}] \cdot [V_G] \quad \text{e} \tag{3.27}$$

$$[I_G] = [Y_{GC}] \cdot [V_C] + [Y_{GG}] \cdot [V_G]. \tag{3.28}$$

As incógnitas do problema (vetores $[V_C]$ e $[I_G]$) são calculadas em duas etapas. Primeiro calcula-se as tensões nos nós de carga através de processo iterativo aplicado à Eq. (3.27), a qual pode ser rescrita da seguinte forma:

$$[V_C] = [Y_{CC}]^{-1} \cdot \{[I_C] - [Y_{CG}] \cdot [V_G]\}. \tag{3.29}$$

A partir de uma estimativa inicial para a tensão em um determinado nó de carga, da potência complexa nominal da carga do nó e do correspondente modelo de carga (potência, corrente ou impedância constante, ou ainda qualquer combinação destes), calcula-se a corrente injetada no nó através de:

$$\dot{i}_{abs} = -\dot{i}_{inj} = (p_S - jq_S) \cdot \frac{1}{\dot{v}^*} + (p_I - jq_I) \cdot \frac{\dot{v}}{|\dot{v}|} + (p_Z - jq_Z) \cdot \dot{v}, \tag{3.30}$$

em que:

$\dot{i}_{abs} = -\dot{i}_{inj}$ é a corrente absorvida pela carga, igual ao negativo da corrente injetada (pu);

p_S , q_S são as parcelas de potência ativa e reativa de potência constante absorvidas pela carga (pu);

p_I , q_I são as parcelas de potência ativa e reativa de corrente constante absorvidas pela carga (pu);

p_Z , q_Z são as parcelas de potência ativa e reativa de impedância constante absorvidas pela carga (pu);

$\dot{v}$ é a tensão complexa atual na carga (pu).

Desta forma monta-se o vetor $[I_C]$. A Eq. (3.29) fornece então o novo valor da tensão nos nós de carga, o qual é comparado com a tensão anterior. Se a diferença for inferior a uma tolerância pré-estabelecida, o processo iterativo é encerrado; caso contrário, com as novas tensões calcula-se um novo vetor $[I_C]$ e resolve-se novamente a Eq. (3.29).

Uma vez alcançada a convergência para o sistema (3.29), calcula-se o vetor de correntes injetadas pelos geradores através da Eq. (3.28). Este último cálculo é direto (não-iterativo), porque neste momento são conhecidas todas as tensões (nos nós de carga e nos nós de geração).

A resolução do sistema de equações (3.29) exige a inversão da matriz $[Y_{CC}]$. Normalmente a inversa desta matriz não é calculada explicitamente; a matriz é triangularizada (ou *fatorada*) para resolução do sistema pelo método de eliminação de Gauss. Por outro lado, a carga da rede varia ao longo do tempo, sendo necessário resolver os sistemas de equações (3.29) e (3.28) várias vezes durante um determinado período de tempo (dia, semana, mês, etc.). Se nesse período a rede se mantiver constante (isto é, sem alterações topológicas), então a matriz $[Y_{CC}]$ deve ser fatorada uma única vez. Este cuidado permite obter ganhos significativos no tempo de processamento, pois no método de Gauss a fatoração da matriz demanda uma fração bastante elevada do tempo total de processamento. Esta característica é muito importante para o cálculo dos indicadores de tensão, que exige solução de fluxo de potência para diversos intervalos de tempo consecutivos, em geral com topologia da rede constante.

3.6.2.2 Método de Newton-Raphson - Redes com barras PQ, PV e Vθ

Observa-se que o método da matriz Y_{nodal} serve para tratar nós de geração do tipo V-θ, nos quais conhece-se a tensão complexa (módulo e ângulo). Em sistemas de potência é usual representar-se os geradores utilizando também o chamado modelo P-V. Neste caso, para cada gerador conhece-se a potência ativa injetada (P) e o módulo da tensão (V). A incorporação do modelo P-V na formulação nodal desenvolvida acima não é trivial, devendo-se nesse caso utilizar outras formulações tais como o método de Newton-Raphson [5, 6].

Da Eq. (3.18), pode-se obter a equação genérica para um sistema com m barras de carga, i = 1,.. m, n barras de tensão controlada, i = m+1,... m+n, e uma barra swing, i= n+m+1, qual seja:

$$\dot{i}_i = \sum_{i=1}^{n+m+1} \bar{y}_{i,j}\, \dot{v}_j \tag{3.31}$$

Lembrando que a potência é dada por $\bar{s}_i = p_i + jq_i = \dot{v}_i \dot{i}_i^*$, ou ainda $\bar{s}_i^* = p_i - jq_i = \dot{v}_i^* \dot{i}_i$, e multiplicando-se ambos os membros da Eq. (3.31) por $\dot{v}_i^*$ resulta:

$$
\begin{aligned}
p_i - jq_i &= \dot{v}_i^* \sum_{j=1}^{n+m+1} \bar{y}_{i,j}\,\dot{v}_j = \sum_{j=1}^{n+m+1} \bar{y}_{i,j}\,\dot{v}_j \dot{v}_i^* \\
p_i &= \Re\left\{ \sum_{j=1}^{n+m+1} \bar{y}_{i,j}\,\dot{v}_j \dot{v}_i^* \right\} \\
q_i &= \Im\left\{ \sum_{j=1}^{n+m+1} \bar{y}_{i,j}\,\dot{v}_j \dot{v}_i^* \right\}
\end{aligned}
\qquad (3.32)
$$

Para esse sistema ter-se-ão *2m* incógnitas no módulo e fase das tensões das barras de carga, *2n* incógnitas na potência reativa e no ângulo de fase da tensão nas barras de tensão controlada e 2 incógnitas na potência injetada na barra swing. Destaca-se que:

– a potência na barra swing é excluída do processo iterativo, pois que, é calculada após a determinação das tensões em todas as barras;
– a potência reativa das barras de tensão controlada é excluída do processo iterativo, pois que, depende unicamente do conhecimento da tensão.

Nessas condições ter-se-á um conjunto de *2n + m* equações que são resolvidas através do sistema de equações a seguir:

a. Barras de carga, para $i = 1,....,n$ montam-se $2n$ equações:

$$
\begin{aligned}
p_i &= \Re\left\{ \sum_{j=1}^{n+m} \bar{y}_{i,j}\,\dot{v}_j \dot{v}_i^* \right\} \quad (i = 1,\ldots,n) \\
q_i &= \Im\left\{ \sum_{j=1}^{n+m} \bar{y}_{i,j}\,\dot{v}_j \dot{v}_i^* \right\} \quad (i = 1,\ldots,n)
\end{aligned}
\qquad (3.33)
$$

b. Barras de tensão controlada, para $i = n+1,....,n+m$, montam-se m equações:

$$
p_i = \Re\left\{ \sum_{j=1}^{n+m+1} \bar{y}_{i,j}\,\dot{v}_j \dot{v}_i^* \right\} \quad (i = n+1,\ldots., n+m) \qquad (3.34)
$$

Utilizando-se o método de Newton Raphson deve-se montar um conjunto de equações lineares estabelecendo as relações entre as variações da potência ativa e da reativa com o módulo e a fase das tensões nas barras. Assumindo-se as tensões expressas na forma polar, isto é, $\dot{v}_i = v_i \underline{|\theta_i}$, resulta o sistema de equações:

$$\begin{bmatrix} \Delta p \\ \hdashline \Delta q \end{bmatrix} = \begin{bmatrix} J_1 & \vdots & J_2 \\ \hdashline J_3 & \vdots & J_4 \end{bmatrix} \begin{bmatrix} \Delta\theta \\ \hdashline \Delta v \end{bmatrix} \tag{3.35}$$

onde os termos do jacobiano são obtidos diferenciando-se as equações de potência, ativa e reativa, em relação a θ e a v. Destaca-se que as incógnitas em termos de ângulo de fase são *n+m* e as em termos de módulo da tensão são *n*, logo J_1 tem dimensão *n+m* x *n+m* e J_2 tem dimensão *n* x *n*. A equação geral é:

$$\begin{bmatrix} \Delta p_1 \\ \cdots \\ \Delta p_n \\ \Delta p_{n+1} \\ \cdots \\ \Delta p_{n+m} \\ \hdashline \Delta q_1 \\ \cdots \\ \Delta q_n \end{bmatrix} = \begin{bmatrix} \frac{\partial p_1}{\partial \theta_1} & \cdots & \frac{\partial p_1}{\partial \theta_n} & \frac{\partial p_1}{\partial \theta_{n+1}} & \cdots & \frac{\partial p_1}{\partial \theta_{n+m}} & \frac{\partial p_1}{\partial v_1} & \cdots & \frac{\partial p_1}{\partial v_n} \\ \cdots & \cdots & \cdots & \cdots & \cdots & \cdots & \cdots & \cdots & \cdots \\ \frac{\partial p_n}{\partial \theta_1} & \cdots & \frac{\partial p_n}{\partial \theta_n} & \frac{\partial p_n}{\partial \theta_{n+1}} & \cdots & \frac{\partial p_n}{\partial \theta_{n+m}} & \frac{\partial p_n}{\partial v} & \cdots & \frac{\partial p_n}{\partial v} \\ \frac{\partial p_{n+1}}{\partial \theta_1} & \cdots & \frac{\partial p_{n+1}}{\partial \theta_n} & \frac{\partial p_{n+1}}{\partial \theta_{n+1}} & \cdots & \frac{\partial p_{n+1}}{\partial \theta_{n+m}} & \frac{\partial p_{n+1}}{\partial v_1} & \cdots & \frac{\partial p_{n+1}}{\partial v_n} \\ \cdots & \cdots & \cdots & \cdots & \cdots & \cdots & \cdots & \cdots & \cdots \\ \frac{\partial p_{n+m}}{\partial \theta_1} & \cdots & \frac{\partial p_{n+m}}{\partial \theta_n} & \frac{\partial p_{n+m}}{\partial \theta_{n+1}} & \cdots & \frac{\partial p_{n+m}}{\partial \theta_{n+m}} & \frac{\partial p_{n+m}}{\partial v_1} & \cdots & \frac{\partial p_{n+m}}{\partial v_v} \\ \hdashline \frac{\partial q_1}{\partial \theta_1} & \cdots & \frac{\partial q_1}{\partial \theta_n} & \frac{\partial q_1}{\partial \theta_{n+1}} & \cdots & \frac{\partial q_1}{\partial \theta_{n+m}} & \frac{\partial q_1}{\partial v_1} & \cdots & \frac{\partial q_1}{\partial v_n} \\ \cdots & \cdots & \cdots & \cdots & \cdots & \cdots & \cdots & \cdots & \cdots \\ \frac{\partial q_n}{\partial \theta_1} & \cdots & \frac{\partial q_n}{\partial \theta_n} & \frac{\partial q_n}{\partial \theta_{n+1}} & \cdots & \frac{\partial q_n}{\partial \theta_{n+m}} & \frac{\partial q_n}{\partial v_1} & \cdots & \frac{\partial q_n}{\partial v_n} \end{bmatrix} \begin{bmatrix} \Delta \theta_1 \\ \cdots \\ \Delta \theta_n \\ \Delta \theta_{n+1} \\ \cdots \\ \Delta \theta_{n+m} \\ \hdashline \Delta v_1 \\ \cdots \\ \Delta v_n \end{bmatrix} \tag{3.36}$$

Os termos do jacobiano são obtidos derivando-se as equações a seguir em relação a θi e v1:

$$p_i = \Re\left\{ \sum_{j=1}^{n+m+1} \bar{y}_{i,j}\, v_j v_i \left[\cos(\theta_j - \theta_i) + j\,\text{sen}(\theta_j - \theta_i)\right] \right\} \quad (i = 1,\ldots,n)$$

$$p_i = \Re\left\{ \sum_{j=1}^{n+m+1} \bar{y}_{i,j}\, v_j v_i \left[\cos(\theta_j - \theta_i) + j\,\text{sen}(\theta_j - \theta_i)\right] \right\} \quad (i = n+1,\ldots,n+m) \tag{3.37}$$

$$q_i = \Im\left\{ \sum_{j=1}^{n+m+1} \bar{y}_{i,j}\, v_j v_i \left[\cos(\theta_j - \theta_i) + j\,\text{sen}(\theta_j - \theta_i)\right] \right\} \quad (i = 1,\ldots,n)$$

Após a resolução do sistema de Eqs. (3.36), determinam-se, por solução direta, as potências reativas injetadas pelas barras de tensão e a potência, ativa e reativa, injetada pela barra swing.

Os dois métodos apresentados são válidos para modelagem monofásica da rede trifásica, em termos da seqüência direta, e para a modelagem trifásica da rede, em termos de componentes de fase.

Exemplo 3.4 Determinar a tensão em todos os nós na rede do Exemplo 3.3, utilizando a formulação nodal.

Solução. Adota-se neste caso os mesmos valores de base que no Exemplo 3.3. A Tabela 3.2 apresenta os valores de impedância e admitância em pu para cada trecho da rede.

Tabela 3.2 - Impedância e admitância dos trechos de rede

Trecho	Impedância (pu)	Admitância (pu)
4 - 1	(0,5 + j1,0)	(0,4 - j0,8)
1 - 2	(0,2 + j0,4)	(1,0 - j2,0)
1 - 3	(0,1 + j0,2)	(2,0 - j4,0)

Sendo as cargas de impedância constante, elas podem ser inseridas diretamente na matriz $[Y_{CC}]$. Isto significa tratar as cargas como elementos de rede e não como injeções externas de corrente. As admitâncias das cargas devem ser somadas aos correspondentes elementos da diagonal. As correntes injetadas externamente nas barras de carga (1, 2 e 3) se tornam nulas e o termo conhecido na Eq. (3.29) resulta constante. De conseqüência, esta equação só precisa ser resolvida apenas uma vez (resolução direta, não-iterativa). A Tabela 3.3 apresenta o valor da admitância em pu para cada carga.

Tabela 3.3 - Admitância das cargas

Barra	Admitância (pu)
1	$y = \frac{\bar{s}^*}{v^2} = \frac{0{,}03 - j0{,}01}{1} = (0{,}03 - j0{,}01)$
2	(0,02 -j0)
3	(0,01 -j 0,01)

Nestas condições resultam os seguintes vetores e matrizes conhecidos (linhas e colunas seguem a mesma numeração das barras da rede):

$$Y_{CC} = \begin{bmatrix} (3{,}4 - j6{,}8) + (0{,}03 - j0{,}01) & (-1 + j2) & (-2 + j4) \\ (-1 + j2) & (1 - j2) + (0{,}02 - j0) & 0 \\ (-2 + j4) & 0 & (2 - j4) + (0{,}01 - j0{,}01) \end{bmatrix}$$

$$Y_{CG} = \begin{bmatrix} -0,4 + j0,8 \\ 0 \\ 0 \end{bmatrix} \qquad Y_{GC} = [(-0,4 + j0,8) \quad 0 \quad 0] \qquad Y_{GG} = [0,4 - j0,8]$$

$$I_C = \begin{bmatrix} I_1 \\ I_2 \\ I_3 \end{bmatrix} = \begin{bmatrix} 0 \\ 0 \\ 0 \end{bmatrix} \qquad V_G = [V_4] = [1 + j0] \,,$$

e a Eq. (3.29) fornece então:

$$[V_C] = \begin{bmatrix} V_1 \\ V_2 \\ V_3 \end{bmatrix} = [Y_{CC}]^{-1} \cdot \{[I_C] - [Y_{CG}] \cdot [V_G]\} = \begin{bmatrix} 0,951240\angle -2,7158° \\ 0,947420\angle -3,1723° \\ 0,948395\angle -2,7729° \end{bmatrix} \text{ pu,}$$

que são os mesmos valores obtidos através do algoritmo de resolução de redes radiais (Exemplo 3.3).

Finalmente, a corrente injetada pelo gerador é calculada através da Eq. (3.28):

$$[I_G] = [I_4] = [Y_{GC}] \cdot [V_C] + [Y_{GG}] \cdot [V_G] = [0,0600947\angle -21,3047°] \text{ pu.}$$

3.6.3 Redes desequilibradas

3.6.3.1 Considerações gerais

No caso de redes e cargas desequilibradas, a formulação nodal deve ser adaptada para representar cada uma das três fases do sistema trifásico, bem como o fio neutro se ele existir. De uma forma geral, cada barra da rede equilibrada (cf. Eq. (3.24)) é convertida em 3 ou 4 nós, para representar as fases A, B, C e eventualmente o fio neutro. A matriz Y_{nodal} é modificada de forma a representar adequadamente os vínculos elétricos existentes entre todas as fases de todos os nós.

A Figura 3.7 apresenta a estrutura da matriz Y_{nodal} para uma rede trifásica a 4 fios com *m* barras de carga e *n* barras de geração. Nos próximos itens serão apresentados os modelos trifásicos para os principais componentes da rede (trechos, transformadores, cargas e geradores) e sua contribuição na matriz Y_{nodal}.

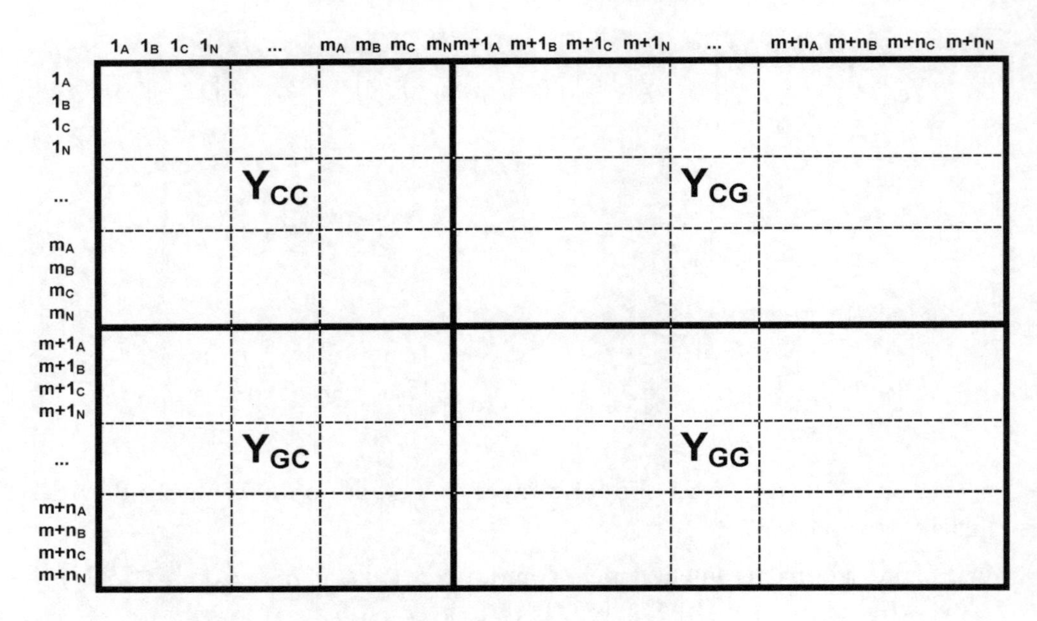

Figura 3.7 - Estrutura da matriz Y_{nodal} para rede trifásica a 4 fios

3.6.3.2 Representação de trechos de rede

A Figura 3.8 mostra o modelo a 4 fios que será utilizado para representar os trechos de rede. Na figura estão indicadas as tensões nodais da fase A no início e no fim do trecho (V_A e $V_{A'}$), bem como a queda de tensão na mesma fase ($V_{AA'}$).

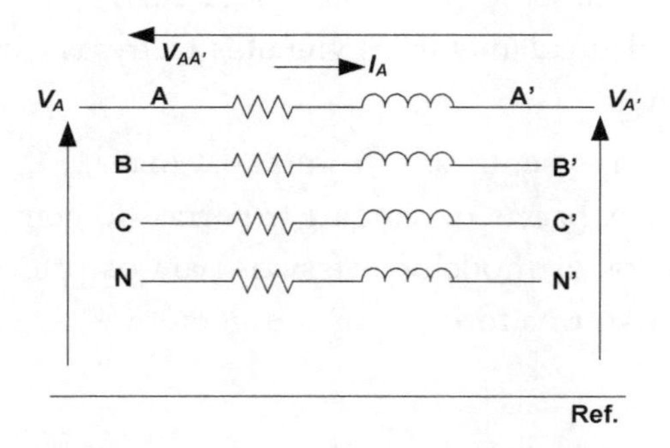

Figura 3.8 - Modelo de trecho de rede a 4 fios

Neste modelo as quedas de tensão em cada fase estão relacionadas com as respectivas correntes através da equação:

$$\begin{bmatrix} V_{AA'} \\ V_{BB'} \\ V_{CC'} \\ V_{NN'} \end{bmatrix} = \begin{bmatrix} V_A - V_{A'} \\ V_B - V_{B'} \\ V_C - V_{C'} \\ V_N - V_{N'} \end{bmatrix} = \begin{bmatrix} Z_{AA} & Z_{AB} & Z_{AC} & Z_{AN} \\ Z_{BA} & Z_{BB} & Z_{BC} & Z_{BN} \\ Z_{CA} & Z_{CB} & Z_{CC} & Z_{CN} \\ Z_{NA} & Z_{NB} & Z_{NC} & Z_{NN} \end{bmatrix} \cdot \begin{bmatrix} I_A \\ I_B \\ I_C \\ I_N \end{bmatrix} \qquad (3.38)$$

em que a matriz, chamada de *matriz de impedâncias de elementos*, contém as impedâncias próprias e mútuas do trecho, conhecidas a priori [6]. O problema que se coloca é o de determinar a contribuição da matriz de impedâncias de elementos na matriz de admitâncias nodais da rede completa.

Invertendo-se a matriz de impedâncias de elementos obtém-se a *matriz de admitâncias de elementos* do trecho de rede. A Eq. (3.38) pode então ser escrita como:

$$\begin{bmatrix} I_A \\ I_B \\ I_C \\ I_N \end{bmatrix} = \begin{bmatrix} Y_{AA} & Y_{AB} & Y_{AC} & Y_{AN} \\ Y_{BA} & Y_{BB} & Y_{BC} & Y_{BN} \\ Y_{CA} & Y_{CB} & Y_{CC} & Y_{CN} \\ Y_{NA} & Y_{NB} & Y_{NC} & Y_{NN} \end{bmatrix} \cdot \begin{bmatrix} V_A - V_{A'} \\ V_B - V_{B'} \\ V_C - V_{C'} \\ V_N - V_{N'} \end{bmatrix} . \qquad (3.39)$$

A primeira equação do sistema (3.39) é reproduzida a seguir:

$$I_A = Y_{AA}V_A + Y_{AB}V_B + Y_{AC}V_C + Y_{AN}V_N - Y_{AA}V_{A'} - Y_{AB}V_{B'} - Y_{AC}V_{C'} - Y_{AN}V_{N'} .$$

Esta equação é a própria equação nodal da corrente injetada no nó A em função das tensões nodais dos nós eletricamente conectados ao mesmo. Notando que no nó A' a corrente injetada é igual a $I_{A'} = -I_A$, escreve-se imediatamente a equação nodal do nó A':

$$I_{A'} = -I_A = -Y_{AA}V_A - Y_{AB}V_B - Y_{AC}V_C - Y_{AN}V_N + Y_{AA}V_{A'} + Y_{AB}V_{B'} + Y_{AC}V_{C'} + Y_{AN}V_{N'} .$$

A contribuição dos nós A e A' na equação nodal da rede completa é indicada a seguir:

$$\begin{bmatrix} I_A \\ I_B \\ I_C \\ I_N \\ I_{A'} = -I_A \\ I_{B'} = -I_B \\ I_{C'} = -I_B \\ I_{N'} = -I_N \end{bmatrix} = \begin{bmatrix} Y_{AA} & Y_{AB} & Y_{AC} & Y_{AN} & -Y_{AA} & -Y_{AB} & -Y_{AC} & -Y_{AN} \\ & & & & & & & \\ & & & & & & & \\ & & & & & & & \\ -Y_{AA} & -Y_{AB} & -Y_{AC} & -Y_{AN} & Y_{AA} & Y_{AB} & Y_{AC} & Y_{AN} \\ & & & & & & & \\ & & & & & & & \\ & & & & & & & \end{bmatrix} . \begin{bmatrix} V_A \\ V_B \\ V_C \\ V_N \\ V_{A'} \\ V_{B'} \\ V_{C'} \\ V_{N'} \end{bmatrix}$$

Estendendo o raciocínio acima para as demais fases, obtém-se a desejada contribuição do trecho de rede na matriz de admitâncias nodais da rede completa:

$$\begin{bmatrix} I_A \\ I_B \\ I_C \\ I_N \\ I_{A'} \\ I_{B'} \\ I_{C'} \\ I_{N'} \end{bmatrix} = \begin{bmatrix} +Y_{elem} & -Y_{elem} \\ -Y_{elem} & +Y_{elem} \end{bmatrix} . \begin{bmatrix} V_A \\ V_B \\ V_C \\ V_N \\ V_{A'} \\ V_{B'} \\ V_{C'} \\ V_{N'} \end{bmatrix} \quad (3.40)$$

em que $[Y_{elem}]$ é a matriz de admitâncias de elementos da Eq. (3.39).

Para representar o efeito capacitivo do dielétrico existente (ar ou materiais isolantes dos cabos) pode-se utilizar o modelo a parâmetros concentrados representado na Figura 3.9. Neste modelo, à barra inicial é associada uma capacitância igual à metade da correspondente capacitância total do trecho (a outra metade é associada à barra terminal do trecho).

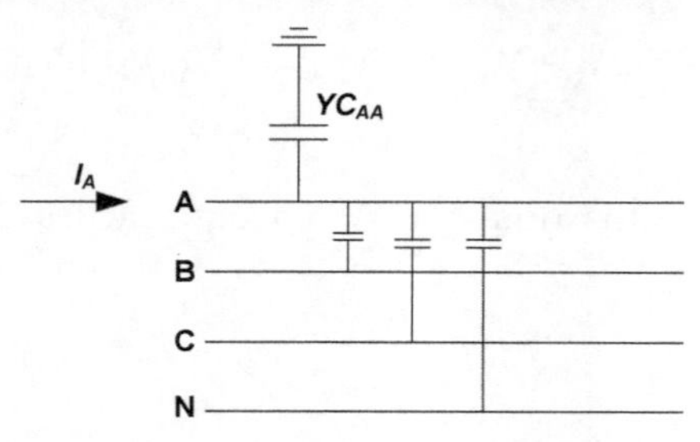

Figura 3.9 - Inclusão das capacitâncias

A equação nodal do nó A considerando somente as capacitâncias indicadas na Figura 3.9 é:

$$\begin{aligned} I_A &= YC_{AA} \cdot V_A + YC_{AB} \cdot (V_A - V_B) + YC_{AC} \cdot (V_A - V_C) + YC_{AN} \cdot (V_A - V_N) \\ &= (YC_{AA} + YC_{AB} + YC_{AC} + YC_{AN}) \cdot V_A - YC_{AB} \cdot V_B - YC_{AC} \cdot V_C - YC_{AN} \cdot V_N \end{aligned} \tag{3.41}$$

em que YC_{jk} denota metade da admitância capacitiva total entre fase/neutro *j* e fase/neutro *k*. A contribuição de cada admitância capacitiva na matriz de admitâncias nodais da rede completa é imediata em vista da Eq. (3.41).

3.6.3.3 Representação de transformadores

A Figura 3.10 mostra um modelo de transformador trifásico ligado em estrela aterrada nos enrolamentos primário e secundário.

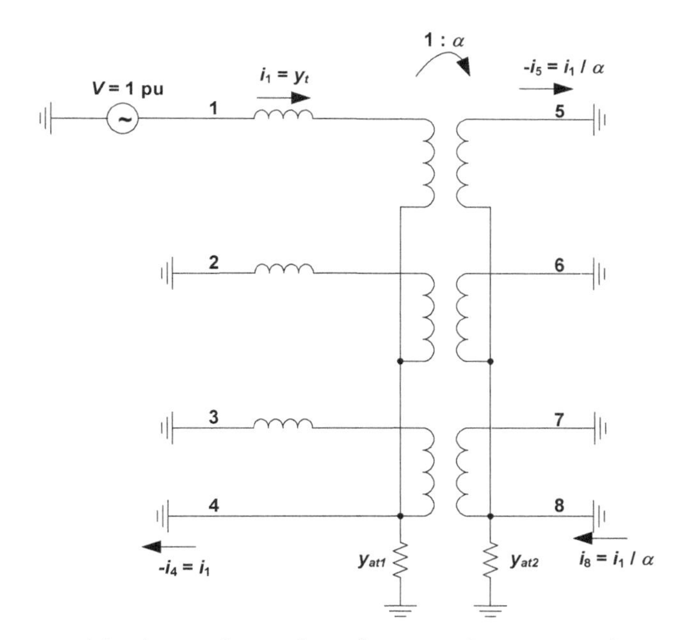

Figura 3.10 - Modelo de transformador trifásico na ligação estrela aterrada - estrela aterrada

Nesta figura os símbolos possuem o significado indicado a seguir:

- α : tap do transformador (modelo 1:α) (pu);

- $y_t = \dfrac{1}{r_t + jx_t}$: inverso da impedância de curto-circuito do transformador (pu);
- $y_{at1} = \dfrac{1}{r_{at1} + jx_{at1}}$: inverso da impedância de aterramento do enrolamento primário (pu);
- $y_{at2} = \dfrac{1}{r_{at2} + jx_{at2}}$: inverso da impedância de aterramento do enrolamento secundário (pu).

A Figura 3.10 mostra o transformador já na situação adequada para determinação da primeira linha/coluna de sua matriz de admitâncias nodais (um gerador de tensão 1 pu está conectado ao nó 1 (fase A do primário) e todos os demais nós estão curto-circuitados ao nó de referência). Nestas condições, a equação do nó 1 é:

$$I_1 = y_t V_1 - y_t V_4 - \frac{y_t}{\alpha} V_5 + \frac{y_t}{\alpha} V_8 \, . \tag{3.42}$$

A matriz nodal completa do transformador é apresentada a seguir (as colunas da matriz correspondem às tensões $V_1, V_2, ..., V_8$):

$$[Y_{YY}] = \begin{bmatrix} y_t & 0 & 0 & -y_t & -\frac{1}{\alpha}y_t & 0 & 0 & \frac{1}{\alpha}y_t \\ 0 & y_t & 0 & -y_t & 0 & -\frac{1}{\alpha}y_t & 0 & \frac{1}{\alpha}y_t \\ 0 & 0 & y_t & -y_t & 0 & 0 & -\frac{1}{\alpha}y_t & \frac{1}{\alpha}y_t \\ -y_t & -y_t & -y_t & 3y_t + y_{at1} & \frac{1}{\alpha}y_t & \frac{1}{\alpha}y_t & \frac{1}{\alpha}y_t & -\frac{3}{\alpha}y_t \\ -\frac{1}{\alpha}y_t & 0 & 0 & \frac{1}{\alpha}y_t & \frac{1}{\alpha^2}y_t & 0 & 0 & -\frac{1}{\alpha^2}y_t \\ 0 & -\frac{1}{\alpha}y_t & 0 & \frac{1}{\alpha}y_t & 0 & \frac{1}{\alpha^2}y_t & 0 & -\frac{1}{\alpha^2}y_t \\ 0 & 0 & -\frac{1}{\alpha}y_t & \frac{1}{\alpha}y_t & 0 & 0 & \frac{1}{\alpha^2}y_t & -\frac{1}{\alpha^2}y_t \\ \frac{1}{\alpha}y_t & \frac{1}{\alpha}y_t & \frac{1}{\alpha}y_t & -\frac{3}{\alpha}y_t & -\frac{1}{\alpha^2}y_t & -\frac{1}{\alpha^2}y_t & -\frac{1}{\alpha^2}y_t & \frac{3}{\alpha^2}y_t + y_{at2} \end{bmatrix}$$

Através de procedimento análogo obtém-se a matriz de admitâncias nodais do transformador na ligação triângulo - estrela aterrada:

$$[Y_{\Delta Y}]=\begin{bmatrix} \frac{2}{3\alpha^2}y_t & -\frac{1}{3\alpha^2}y_t & -\frac{1}{3\alpha^2}y_t & -\frac{1}{\sqrt{3}\alpha}y_t & 0 & \frac{1}{\sqrt{3}\alpha}y_t & 0 \\ -\frac{1}{3\alpha^2}y_t & \frac{2}{3\alpha^2}y_t & -\frac{1}{3\alpha^2}y_t & \frac{1}{\sqrt{3}\alpha}y_t & -\frac{1}{\sqrt{3}\alpha}y_t & 0 & 0 \\ -\frac{1}{3\alpha^2}y_t & -\frac{1}{3\alpha^2}y_t & \frac{2}{3\alpha^2}y_t & 0 & \frac{1}{\sqrt{3}\alpha}y_t & -\frac{1}{\sqrt{3}\alpha}y_t & 0 \\ -\frac{1}{\sqrt{3}\alpha}y_t & \frac{1}{\sqrt{3}\alpha}y_t & 0 & y_t & 0 & 0 & -y_t \\ 0 & -\frac{1}{\sqrt{3}\alpha}y_t & \frac{1}{\sqrt{3}\alpha}y_t & 0 & y_t & 0 & -y_t \\ \frac{1}{\sqrt{3}\alpha}y_t & 0 & -\frac{1}{\sqrt{3}\alpha}y_t & 0 & 0 & y_t & -y_t \\ 0 & 0 & 0 & -y_t & -y_t & -y_t & 3y_t+y_{at2} \end{bmatrix}.$$

Note-se que neste caso a matriz possui dimensão 7x7, já que no primário do transformador existem apenas 3 nós (não existe o fio neutro).

3.6.3.4 Representação das cargas

Conforme mencionado anteriormente, as cargas são representadas por geradores de corrente vinculados à tensão da barra em que estão conectadas. Este vínculo pode ser de um dos seguintes tipos: potência, corrente ou impedância constante, ou, ainda, qualquer combinação deles. Além disso, as cargas podem ser monofásicas, bifásicas ou trifásicas, conforme indicado na Tabela 3.4.

Tabela 3.4 - Ligações possíveis para as cargas

Tipo da carga	Conexões possíveis
Monofásica	AN, BN ou CN
Bifásica	AB, BC, CA, ABN, BCN ou CAN
Trifásica	ABC em triângulo ou ABC em estrela aterrada

3.6.3.5 Representação de geradores e suprimentos

Os geradores e suprimentos são representados por sua barra externa, na qual são conhecidas todas as tensões. A Figura 3.11 ilustra o modelo de gerador/suprimento, onde é possível verificar que as tensões do gerador são as próprias tensões nodais a serem utilizadas na resolução da rede.

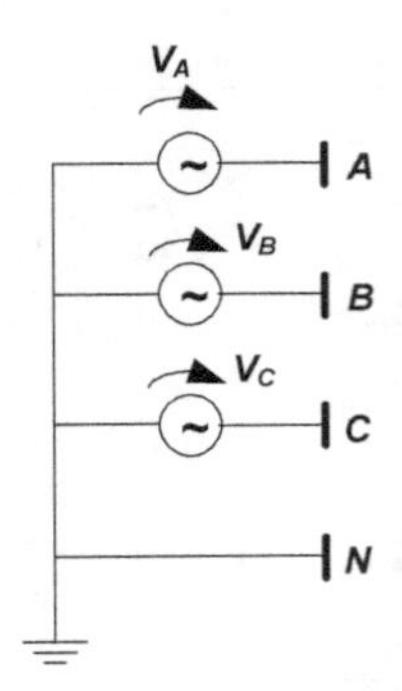

Figura 3.11 - Modelo de gerador ou suprimento

Exemplo 3.5 Determinar a tensão na carga e as correntes fornecidas pelo gerador na rede da Figura 3.12. Sabe-se que o transformador possui potência nominal 1 MVA, reatância de curto-circuito igual a 4,17%, primário ligado em triângulo - tensão nominal 13,2 kV, secundário ligado em estrela solidamente aterrada - tensão nominal 440 V, e tap nominal. A tensão operacional no gerador é igual à tensão nominal do primário e a carga está ligada entre fase A e neutro e absorve 1200 kW quando alimentada por tensão nominal.

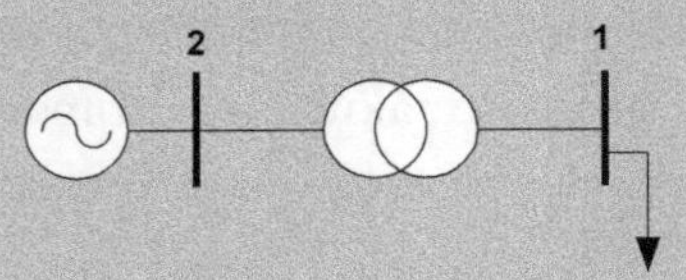

Figura 3.12 - Rede para cálculo de fluxo de potência

Solução. Adota-se inicialmente valores de base iguais aos nominais do transformador (13,2kV, 440V e 1MVA). A admitância do transformador será igual a $y_t = \frac{1}{j0{,}0417} = -j24\,\text{pu}$. Assumindo-se ainda que a carga seja de impedância constante, ela poderá ser incluída diretamente em Y_{nodal}. Sua admitância será igual a $y = 3 \cdot \frac{\bar{s}^*}{v^2} = 3 \cdot \frac{1{,}2 - j0}{1} = (3{,}6 - j0)$ pu (o fator 3 se deve ao fato de a carga ser monofásica enquanto que o sistema pu adotado é trifásico). Esta admitância deverá ser incluída com sinal positivo nos elementos (1A, 1A) e (1N, 1N) e com sinal negativo nos elementos (1A, 1N) e (1N, 1A). Nestas condições resultam os seguintes vetores e matrizes conhecidos:

$$Y_{CC} = \begin{bmatrix} 3{,}6-j24 & 0 & 0 & -3{,}6+j24 \\ 0 & -j24 & 0 & j24 \\ 0 & 0 & -j24 & j24 \\ -3{,}6+j24 & j24 & j24 & 3{,}6+10^8-j72 \end{bmatrix} \begin{matrix} 1A \\ 1B \\ 1C \\ 1N \end{matrix}$$

(colunas: 1A, 1B, 1C, 1N)

$$Y_{CG} = \begin{bmatrix} j13{,}8564 & -j13{,}8564 & 0 \\ 0 & j13{,}8564 & -j13{,}8564 \\ -j13{,}8564 & 0 & j13{,}8564 \\ 0 & 0 & 0 \end{bmatrix} \begin{matrix} 1A \\ 1B \\ 1C \\ 1N \end{matrix}$$

(colunas: 2A, 2B, 2C)

$$Y_{GC} = \begin{bmatrix} j13{,}8564 & 0 & -j13{,}8564 & 0 \\ -j13{,}8564 & j13{,}8564 & 0 & 0 \\ 0 & -j13{,}8564 & j13{,}8564 & 0 \end{bmatrix} \begin{matrix} 2A \\ 2B \\ 2C \end{matrix}$$

(colunas: 1A, 1B, 1C, 1N)

$$Y_{GG} = \begin{bmatrix} -j16 & j8 & j8 \\ j8 & -j16 & j8 \\ j8 & j8 & -j16 \end{bmatrix} \begin{matrix} 2A \\ 2B \\ 2C \end{matrix}$$

(colunas: 2A, 2B, 2C)

$$I_C = \begin{bmatrix} I_{1A} \\ I_{1B} \\ I_{1C} \\ I_{1N} \end{bmatrix} = \begin{bmatrix} 0 \\ 0 \\ 0 \\ 0 \end{bmatrix} \qquad V_G = \begin{bmatrix} V_{2A} \\ V_{2B} \\ V_{2C} \end{bmatrix} = \begin{bmatrix} 1\angle 0 \\ 1\angle -120^\circ \\ 1\angle 120^\circ \end{bmatrix} \text{ pu}.$$

Note-se que na matriz $[Y_{CC}]$ foi adicionado o valor 10^8 no elemento da diagonal 1N (uma admitância muito elevada), de forma a impor a condição de neutro solidamente aterrado no secundário do transformador. É interessante observar que, sem esta consideração, a matriz $[Y_{CC}]$ resultaria singular porque não haveria nenhuma conexão entre os nós de carga e a referência (e a matriz não poderia ser invertida). A Eq. (3.26) fornece então:

$$[V_C] = \begin{bmatrix} V_{1A} \\ V_{1B} \\ V_{1C} \\ V_{1N} \end{bmatrix} = [Y_{CC}]^{-1} \cdot \{[I_C] - [Y_{CG}] \cdot [V_G]\} = \begin{bmatrix} 0{,}988936\angle 21{,}4692^\circ \\ 1\angle -90^\circ \\ 1\angle 150^\circ \\ 0 \end{bmatrix} \text{pu}.$$

Nesta solução é possível verificar a defasagem de 30° entre as tensões do primário e do secundário, introduzida pelo transformador na ligação ΔY. Para calcular o fator de desequilíbrio (FD) das tensões na carga é preciso obter previamente as componentes de seqüência destas tensões:

$$\begin{bmatrix} V_{1\_0} \\ V_{1\_1} \\ V_{1\_2} \end{bmatrix} = \frac{1}{3}\begin{bmatrix} 1 & 1 & 1 \\ 1 & \alpha & \alpha^2 \\ 1 & \alpha^2 & \alpha \end{bmatrix} \cdot \begin{bmatrix} V_{1A} \\ V_{1B} \\ V_{1C} \end{bmatrix} = \frac{1}{3}\begin{bmatrix} 1 & 1 & 1 \\ 1 & \alpha & \alpha^2 \\ 1 & \alpha^2 & \alpha \end{bmatrix} \cdot \begin{bmatrix} 0{,}988936\angle 21{,}4692° \\ 1\angle -90° \\ 1\angle 150° \end{bmatrix}$$

$$= \begin{bmatrix} 0{,}0494470\angle -68{,}5309° \\ 0{,}993869\angle 27{,}1798° \\ 0{,}0494470\angle -68{,}5309° \end{bmatrix}.$$

Finalmente tem-se: $FD = \dfrac{|V_{1\_2}|}{|V_{1\_1}|} \cdot 100 = \dfrac{0{,}0494470}{0{,}993869} \cdot 100 = 4{,}975\%$.

As correntes injetadas pelo gerador são calculadas através da Eq. (3.28):

$$[I_G] = \begin{bmatrix} I_{2A} \\ I_{2B} \\ I_{2C} \end{bmatrix} = [Y_{GC}] \cdot [V_C] + [Y_{GG}] \cdot [V_G] = \begin{bmatrix} 2{,}055456\angle 21{,}4687° \\ 2{,}055456\angle -158{,}5313° \\ 0 \end{bmatrix} \text{pu.}$$

A corrente fornecida pelo gerador na fase A resultou igual em módulo à corrente fornecida pela fase B e com sinal oposto. Isto se deve à ligação do transformador: uma carga monofásica entre fase e neutro no lado em estrela é vista pelo lado em triângulo como uma carga ligada entre fases. O valor da corrente equivale a $2{,}055456 * \dfrac{1000}{\sqrt{3} * 13{,}2} = 89{,}903$ A.

3.7 ESTIMAÇÃO DE ESTADOS

3.7 Considerações iniciais

Em sistemas elétricos de potência, é importante que as medições realizadas em vários pontos do sistema sejam consistentes para formar uma situação o mais próximo do real, em cada instante de tempo.

Estimação de estados é uma técnica utilizada para atribuir um valor a uma variável de estado do sistema, que é desconhecida, baseado nas medições realizadas. Tais medições podem apresentar erros, que são função de diferentes causas, como os transdutores utilizados (TPs, TCs), os medidores em si, e o processo de medição (por exemplo, intervalo de medição, valores médios quadráticos, etc.).

A partir de um conjunto de medições, em geral redundantes, é possível a estimação de estados do sistema, com a utilização de um critério estatístico que determina uma solução o mais próximo do real estado, através da minimização de um determinado critério. É comum o uso do critério de minimização dos desvios quadrados das diferenças entre os valores estimados e os valores reais (medidos) das grandezas monitoradas.

Num sistema elétrico, as variáveis de estado são basicamente as magnitudes das tensões e os ângulos de fase nas barras do sistema elétrico. As medições determinam grandezas, em tempo real ou armazenadas em determinados intervalos de tempo, que podem ser basicamente:

- Potência ativa e potência reativa em ligações da rede, isto é, componentes da rede (trechos de rede, alimentadores, transformadores, etc.)
- Potência ativa e potência reativa de injeções no sistema (medições em barras de fronteira, em cargas do sistema, etc.)
- Corrente ou potência aparente medida em determinadas ligações ou injeções da rede;
- Tensões, em módulo e/ou fase, em determinadas barras do sistema.

A partir destas grandezas, o estimador deve fornecer o "melhor" estado do sistema, isto é, os valores de tensões (módulo e fase) das barras do sistema, reconhecendo as redundâncias e possíveis imperfeições das medições realizadas. Só a partir deste estado definido que são disponibilizadas informações em centros de controle e de despacho dos sistemas elétricos de potência.

Os indicadores de qualidade relativos às variações de tensão de longa duração dependem basicamente de medição da tensão ou da utilização de métodos de simulação, como os algoritmos de fluxo de potência apresentados nos itens 3.4, 3.5 e 3.6.

A estimação de estados permite com que sejam utilizadas as medições disponíveis no sistema em conjunto com algoritmos que levam em conta as equações de fluxo de potência. O objetivo é a determinação de um estado da rede em cada intervalo de medição, por exemplo, os 10 minutos da Resolução ANEEL, cf. item 3.2. Desta forma, aplicando-se o método de estimação de estados para cada patamar de carga, é possível se estimar os indicadores de variações de tensão de longa duração, por exemplo, DRP e DRC, em qualquer consumidor/ barra da rede.

3.7.2 Método de Estimação de Estados

3.7.2.1 Exemplo em sistema elétrico

Da aproximação explicitada no item 3.5, cf. Eq. (3.23), para redes radiais, a queda de tensão num trecho de rede pode ser dada pela seguinte relação:

$$\Delta V = V_i - V_f = IR\cos\varphi + IX\,\text{sen}\,\varphi$$

Conforme visto anteriormente, nesta equação, é desprezada a diferença de ângulo de fase entre as tensões no início e no final do trecho de rede. Colocando a corrente como função da queda de tensão, tem-se:

$$I = \frac{1}{R\cos\varphi + X\,\text{sen}\,\varphi}\Delta V = y_{eq}\Delta V = y_{eq}(V_i - V_f)$$

$$\text{com } z_{eq} = R\cos\varphi + X\,\text{sen}\,\varphi \quad \text{e} \quad y_{eq} = \frac{1}{z_{eq}} = \frac{1}{R\cos\varphi + X\,\text{sen}\,\varphi}$$

Assumindo ainda, por exemplo, que todas as cargas têm o mesmo fator de potência, as impedâncias equivalentes z_{eq} de cada trecho podem ser facilmente obtidas, permitindo a análise nodal e solução do problema de fluxo de potência pela Eq. (3.29) para redes radiais ou em malha, na qual todos os vetores e matrizes são formados por números reais (não complexos).

Exemplo 3.6 Seja a rede da Figura 3.13, na qual são conhecidas as correntes injetadas nas barras 1 e 2 e a tensão na barra 3, igual a 1 pu. As impedâncias equivalentes de cada trecho são apresentadas, em pu, na figura.

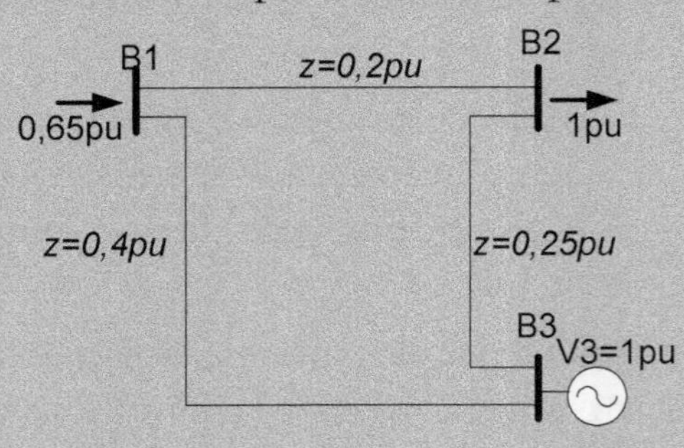

Figura 3.13 – Exemplo de Sistema de 3 barras

Solução:

O problema exposto pode ser resolvido pela Eq. (3.29), pois são conhecidas as correntes de carga e a tensão no gerador. No entanto, resolvendo de forma alternativa, pode-se aplicar superposição à rede da Figura 3.13, conforme apresentado na Figura 3.14.

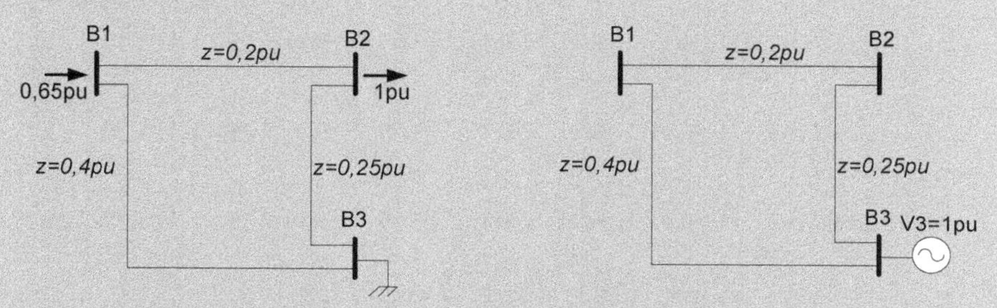

a. Rede só com injeções de corrente b. rede só com gerador de tensão

Figura 3.14 – Superposição de efeitos

As tensões são avaliadas por superposição dos resultados nas duas redes da Figura 3.14. As tensões nas barras B1 e B2 na rede da Figura 3.14b são iguais à tensão V_3, ou seja, 1pu. E as tensões nas barras B1 e B2, na rede da Figura 3.14a, denominadas ΔV_1 e ΔV_2, podem ser calculadas pela solução da equação abaixo, onde a barra B3 passa a ser referência para a montagem da matriz de admitâncias nodais:

$$\begin{bmatrix} I_1 \\ I_2 \end{bmatrix} = \begin{bmatrix} Y_{11} & Y_{12} \\ Y_{21} & Y_{22} \end{bmatrix} \begin{bmatrix} \Delta V_1 \\ \Delta V_2 \end{bmatrix} \Rightarrow \begin{bmatrix} 0{,}65 \\ -1{,}00 \end{bmatrix} = \begin{bmatrix} 0{,}2^{-1} + 0{,}4^{-1} & -0{,}2^{-1} \\ -0{,}2^{-1} & 0{,}2^{-1} + 0{,}25^{-1} \end{bmatrix} \begin{bmatrix} \Delta V_1 \\ \Delta V_2 \end{bmatrix} = \begin{bmatrix} 7{,}5 & -5{,}0 \\ -5{,}0 & -0{,}0 \end{bmatrix} \begin{bmatrix} \Delta V_1 \\ \Delta V_2 \end{bmatrix}$$

Logo:

$$\begin{bmatrix} \Delta V_1 \\ \Delta V_2 \end{bmatrix} = \begin{bmatrix} 7{,}5 & -5{,}0 \\ -5{,}0 & -0{,}0 \end{bmatrix}^{-1} \begin{bmatrix} 0{,}65 \\ -1{,}00 \end{bmatrix} = \begin{bmatrix} 0{,}2118 & 0{,}1176 \\ 0{,}1176 & 0{,}1765 \end{bmatrix} \begin{bmatrix} 0{,}65 \\ -1{,}00 \end{bmatrix} = \begin{bmatrix} 0{,}02 \\ -0{,}10 \end{bmatrix} pu$$

Ou seja, a tensão na barra B1 vale 1,02pu e a tensão na barra B2 vale 0,9pu. As correntes nos trechos valem:

$$i_{12} = \frac{1}{z_{12}}(\Delta V_1 - \Delta V_2) = 0{,}2^{-1}.(0{,}02 + 0{,}1) = 0{,}60pu$$

$$i_{13} = \frac{1}{z_{13}}(\Delta V_1 - \Delta V_3) = 0{,}4^{-1}.(0{,}02 - 0) = 0{,}05pu$$

$$i_{32} = \frac{1}{z_{32}}(\Delta V_3 - \Delta V_2) = 0{,}25^{-1}.(0 + 0{,}1) = 0{,}40pu$$

Suponha que, na rede da Figura 3.13, são disponibilizados três medidores de corrente, instalados nas ligações B1-B2, B1-B3 e B3-B2, respectivamente denominados M12, M13 e M32.

Supondo agora que os medidores apresentem pequenos erros, por exemplo, i_{12}=0,62pu, i_{13}=0,06pu e i_{32}=0,37pu. Nestas condições:

- Assumindo somente M13 e M32, as tensões nas barras B1 e B2 podem ser determinadas da seguinte forma:

$$i_{13} = \frac{1}{z_{13}}(\Delta V_1 - 0) \Rightarrow \Delta V_1 = z_{13}.i_{13} = 0{,}4 \times 0{,}06 = 0{,}024\text{pu}$$

$$i_{32} = \frac{1}{z_{32}}(0 - \Delta V_2) \Rightarrow \Delta V_2 = -z_{32}.i_{32} = 0{,}25 \times 0{,}37 = -0{,}0925\text{pu}$$

resultando a corrente entre as barras B1 e B2 igual a:

$$i_{12} = \frac{1}{z_{12}}(\Delta V_1 - \Delta V_2) = 5.(0{,}024 + 0{,}0925) = 0{,}5825\text{pu}$$

que é diferente dos 0,62pu (leitura em M12) ou mesmo do valor de 0,60pu calculado no Exemplo 3.6.

- Ignorando M13 e levando em conta os medidores M12 e M32, resulta, com raciocínio análogo, o valor de i_{13} igual a 0,0788pu (diferente do 0,06pu lido por M13 e do 0,05pu calculado no Exemplo 3.6)

As três medições são redundantes para estimação das (duas) variáveis de estado (ΔV_1 e ΔV_2).

Somente duas medições seriam necessárias, porém a terceira medição pode ser útil para melhor se determinar o estado do sistema e, portanto, não deve ser descartada.

A Estimação de Estados possibilita, então, a determinação do estado do sistema, dado um conjunto de medições imperfeitas feitas em componentes do sistema.

3.7.2.2 Critérios para Estimação de estados:

São conhecidos três critérios para estimação [7]:

- *Máxima verossimilhança* de que a estimativa seja o valor real das variáveis de estado
- *Mínimos quadrados* ponderados entre as grandezas medidas e estimadas
- *Mínima variância*, que minimiza o valor esperado da soma dos quadrados dos desvios das componentes estimadas em relação aos valores reais.

Para erros de medição normalmente distribuídos, os três métodos acima resultam em valores iguais de estimação. A pergunta que se coloca é a seguinte: *Qual é a probabilidade de se obter as medições estimadas?*

Esta probabilidade depende dos erros aleatórios de medição e transdução. Para determinar a estimativa que maximiza esta probabilidade, devem ser assumidas distribuições de densidade de probabilidade dos erros aleatórios. O erro de medição aleatório pode ser dado pela seguinte expressão:

$$z_{med} = z_{real} + \eta \tag{3.43}$$

Assumindo distribuição normal, conforme Figura 3.15, o erro η varia da seguinte forma:

$$\text{PDF}(\eta) = \frac{1}{\sigma\sqrt{2\pi}} e^{\left(-\eta^2/2\sigma^2\right)} \tag{3.44}$$

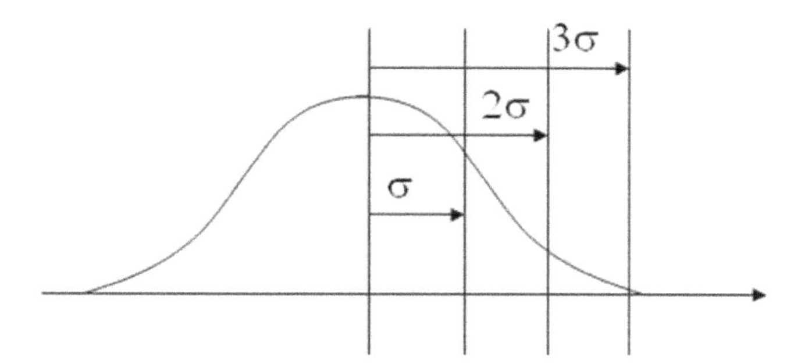

Figura 3.15 – Erro η com distribuição normal

O critério de máxima verossimilhança leva à maximização de PDF, ou seja:

$$\max \text{PDF}(\eta) = \max \frac{1}{\sigma\sqrt{2\pi}} e^{\left(-\eta^2/2\sigma^2\right)}$$

Tomando o $\max(\ln(\text{PDF}(\eta)))$, resulta numa mesma solução:

$$\max(\ln(\text{PDF}(\eta))) = \max\left(\ln\frac{1}{\sigma\sqrt{2\pi}} - \left(\eta^2/2\sigma^2\right)\right) = \min\left(\eta^2/2\sigma^2\right)$$

Sendo $\eta = z_{med} - z_{real}$, o termo a ser minimizado passa a ser:

$$\min\frac{\left(z_{med} - z_{real}\right)^2}{2\sigma^2} \tag{3.46}$$

Ou seja, o critério é equivalente ao método de minimização de ponderação de desvios quadráticos.

Exemplo 3.7 Suponha que se deseja obter a medida de tensão na fonte, x, a partir de 2 amperímetros M1 e M2, com medidas z_1 e z_2, conforme Figura 3.16. Determine:

a) o valor estimado de x em função das medidas de corrente, seus desvios e dos parâmetros r1 e r2.

b) o valor estimado de x, assumindo r1=r2=10Ω, z_1=10A, z_2=12A, σ_1=0,1A, σ_2=1A.

Solução:

a) Aplicando o critério, tem-se:

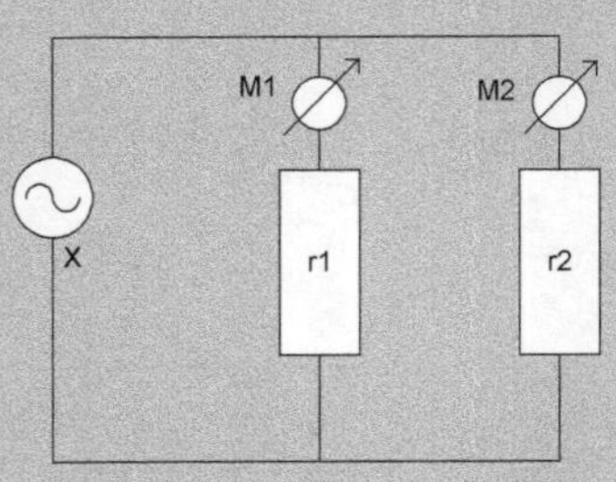

Figura 3.16 – Determinação da Tensão x a partir de dois medidores

$$z_{1med} = z_{1real} + \eta_1 \qquad z_{2med} = z_{2real} + \eta_2$$

$$\max(\text{prob}(z_{1med})\,\text{e}\,(z_{2med})) = \min(\eta_1^2 / 2\sigma_1^2 + \eta_2^2 / 2\sigma_2^2)$$

E sendo: $z_{1real} = \frac{x}{r_1}$ e $z_{2real} = \frac{x}{r_2}$, então:

$$\min \frac{\left(z_{1med} - \frac{x}{r_1}\right)^2}{2\sigma_1^2} + \frac{\left(z_{2med} - \frac{x}{r_2}\right)^2}{2\sigma_2^2}$$

$$\frac{d}{dx}\frac{\left(z_{1med} - \frac{x}{r_1}\right)^2}{2\sigma_1^2} + \frac{d}{dx}\frac{\left(z_{2med} - \frac{x}{r_2}\right)^2}{2\sigma_2^2} = \frac{-\left(z_{1med} - \frac{x}{r_1}\right)}{r_1\sigma_1^2} - \frac{\left(z_{2med} - \frac{x}{r_2}\right)}{r_2\sigma_2^2} = 0$$

$$x_{est} = \frac{\frac{z_{1med}}{r_1\sigma_1^2} + \frac{z_{2med}}{r_2\sigma_2^2}}{\frac{1}{r_1^2\sigma_1^2} + \frac{1}{r_2^2\sigma_2^2}}$$

b) Para os valores dados, o valor estimado de x será:

$$x_{est} = \frac{\frac{10}{1\cdot 0{,}1^2} + \frac{12}{1\cdot 1^2}}{\frac{1}{1^2\cdot 0{,}1^2} + \frac{1}{1^2\cdot 1^2}} = 10{,}12\text{V}$$

Assim, a partir de dois amperímetros, pode-se ter uma melhor informação sobre a grandeza monitorada, neste caso a variável de estado tensão, x_{est}. O medidor M1 é bem mais preciso, isto é, $\sigma_1 <<< \sigma_2$, resultando o valor de estimação da tensão muito mais próxima de $z_{1med}.r_1 = 1 \cdot 10 = 10V$, como era de se esperar.

O critério de máxima verossimilhança, para o caso de distribuição normal, equivale a um critério de ponderação dos mínimos quadrados dos valores medidos e reais (expresso a partir das variáveis de estado desconhecidas). Para uma única variável de estado x, tem-se:

$$\min_x J(x) = \sum_{i=1}^{N_m} \frac{(z_{imed} - f_i(x))^2}{\sigma^2} \quad (3.47)$$

Onde:

f_i é uma função para cálculo do valor da i-ésima medição

J(x) é o resíduo de medição

N_m é o número de medições independentes

Para o caso de N_s variáveis de estado, a variável escalar x passa a ser um vetor $\mathbf{X} = [x_1\ x_1 .. x_{Ns}]$.

Assumindo que as funções f_i são lineares, ou seja:

$$f_i(\mathbf{X}) = f_i(x_1, x_2, ..., x_{Ns}) = h_{i1}x_1 + h_{i2}x_2 + ... + h_{iNs}x_{Ns}$$

$$\mathbf{f}(\mathbf{X}) = \begin{bmatrix} f_1(\mathbf{X}) \\ f_2(\mathbf{X}) \\ ... \\ f_{Nm}(\mathbf{X}) \end{bmatrix} = \begin{bmatrix} h_{11} & h_{12} & h_{1Ns} \\ h_{21} & h_{22} & h_{2Ns} \\ & & \\ h_{Nm1} & h_{Nm2} & h_{NmNs} \end{bmatrix} = [\mathbf{H}]\mathbf{X} \quad (3.48)$$

Resulta que $\min_x J(\mathbf{X}) = \sum_{i=1}^{N_m} \frac{(z_{imed} - f_i(\mathbf{X}))^2}{\sigma^2}$ pode ser escrito matricialmente como:

$$\min_x J(\mathbf{X}) = [\mathbf{z_{med}} - \mathbf{f}(\mathbf{X})]^T [\mathbf{R}]^{-1} [\mathbf{z_{med}} - \mathbf{f}(\mathbf{X})] \quad (3.49)$$

onde:

$$\mathbf{z_{med}} = [z_{1med}\ z_{2med} \ldots z_{Nm,med}]^T$$

$$[\mathbf{R}] = \begin{bmatrix} \sigma_1^2 & & \\ & \sigma_2^2 & \\ & & \\ & & \sigma_{Nm}^2 \end{bmatrix} \quad (3.50)$$

E:

$$\min_x J(\mathbf{x}) = [\mathbf{z}_{med} - \mathbf{f}(\mathbf{x})]^T \mathbf{R}^{-1} [\mathbf{z}_{med} - \mathbf{f}(\mathbf{x})] = [\mathbf{z}_{med} - \mathbf{H}.\mathbf{x}]^T \mathbf{R}^{-1} [\mathbf{z}_{med} - \mathbf{H}.\mathbf{x}]$$
$$= \mathbf{z}^T_{med} \mathbf{R}^{-1} \mathbf{z}_{med} - \mathbf{x}^T \mathbf{H}^T \mathbf{R}^{-1} \mathbf{z}_{med} - \mathbf{z}_{med} \mathbf{R}^{-1} \mathbf{H}.\mathbf{x} + \mathbf{x}^T \mathbf{H}^T \mathbf{R}^{-1} \mathbf{H}.\mathbf{x}$$

A solução da formulação acima pode ser obtida fazendo:

$$\frac{\partial J(\mathbf{x})}{\partial x_i} = 0, \; i = 1, \ldots, N_S$$

O que equivale a dizer que o gradiente de J é nulo:

$$\nabla J(\mathbf{x}) = \begin{bmatrix} \frac{\partial J(\mathbf{x})}{\partial x_1} \\ \ldots \\ \frac{\partial J(\mathbf{x})}{\partial x_{Ns}} \end{bmatrix} = \mathbf{0}$$

$$\nabla J(\mathbf{x}) = -\nabla\left(\mathbf{x}^T \mathbf{H}^T \mathbf{R}^{-1} \mathbf{z}_{med}\right) - \nabla\left(\mathbf{z}^T_{med} \mathbf{R}^{-1} \mathbf{H}.\mathbf{x}\right) + \nabla\left(\mathbf{x}^T \mathbf{H}^T \mathbf{R}^{-1} \mathbf{H}.\mathbf{x}\right) =$$
$$= -\mathbf{H}^T \mathbf{R}^{-1} \mathbf{z}_{med} - \mathbf{H}^T \mathbf{R}^{-1} \mathbf{z}_{med} + 2.\mathbf{H}^T \mathbf{R}^{-1} \mathbf{H}.\mathbf{x} = -2\mathbf{H}^T \mathbf{R}^{-1} \mathbf{z}_{med} + 2.\mathbf{H}^T \mathbf{R}^{-1} \mathbf{H}.\mathbf{x} = 0$$

Ou seja, a solução do problema acima se dá com:

$$\mathbf{x} = \left[\mathbf{H}^T \mathbf{R}^{-1} \mathbf{H}\right]^{-1} \mathbf{H}^T \mathbf{R}^{-1} \mathbf{z}_{med} \quad (3.51)$$

Que é uma solução válida quando $N_m > N_s$, ou seja, problema sobre-determinado. Quando $N_m = N_s$ a solução é direta (problema completamente determinado):

$$\mathbf{x} = \left[\mathbf{H}^T \mathbf{R}^{-1} \mathbf{H}\right]^{-1} \mathbf{H}^T \mathbf{R}^{-1} \mathbf{z}_{med} = \mathbf{H}^{-1} \mathbf{R}.\mathbf{H}^{T^{-1}}.\mathbf{H}^T.\mathbf{R}^{-1} \mathbf{z}_{med}$$

Ou seja,

$$\mathbf{x} = \mathbf{H}^{-1} \mathbf{z}_{med} \quad (3.52)$$

Quando $N_m < N_s$ (problema sub-determinado), uma solução pode ser obtida por:

$$\mathbf{x} = \mathbf{H}^T \left[\mathbf{H}.\mathbf{H}^T\right]^{-1} \mathbf{z}_{med} \quad (3.53)$$

que minimiza o quadrado da soma dos valores de x_i.

3.7.2.3 Aplicação a redes de distribuição

Conforme os itens anteriores, a estimação de estados permite, a partir de um conjunto de medições, avaliar o estado da rede mais consistente com a configuração e características elétricas do sistema. A partir daí, tem-se não somente um melhor ajuste das medições face aos erros de cada local, mas também estimações de demais grandezas elétricas em pontos não monitorados da rede, como é o caso de carregamentos de equipamentos, níveis de tensão e perdas técnicas.

As variáveis de estado do sistema consistem basicamente nas tensões em todos os nós da rede. Estimadas as tensões em todas as barras, todas as demais grandezas elétricas são facilmente avaliadas por simples equacionamento do fluxo de potência.

No caso de aplicação aos sistemas de distribuição de alta tensão, ou sistemas de subtransmissão, a aplicação da metodologia exposta é direta, pois são conhecidas (em geral) as medições nas barras de fronteira, nas subestações de distribuição e nos grandes consumidores.

Porém, para aplicação da metodologia em redes de média e baixa tensão (MT e BT), devem ser feitas algumas adaptações específicas. Tais adaptações baseiam-se em medições de curvas de carga ao longo da rede, em consumidores ou nas curvas típicas de carga, cuja descrição e aplicação para sistemas de distribuição de energia elétrica é disponível em [3].

Assim, para ilustração do problema, seja o circuito primário da Figura 3.17.

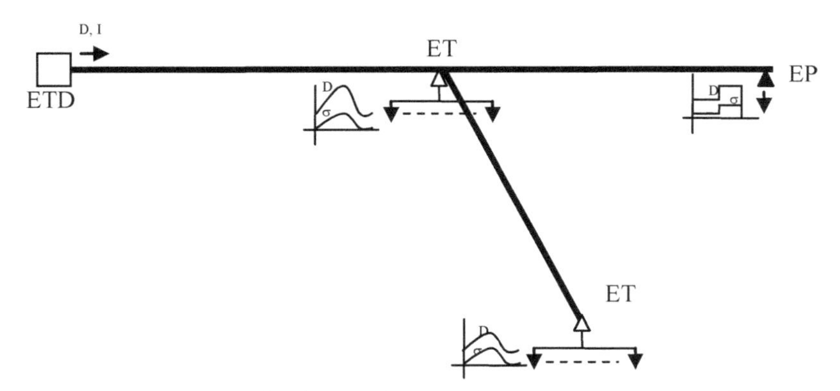

Figura 3.17 – Exemplo de um alimentador primário com transformadores de distribuição (ET) e consumidores particulares (EP)

Na ilustração da figura 3.17, notam-se três tipos de medição:

a) *Medição no início do alimentador*, na ETD, onde são monitoradas as grandezas elétricas, corrente e, em geral, os valores de potência ativa e reativa. Para estas medições, assumir-se-á conhecido também o valor de desvio padrão relativo a possíveis erros de medição/transdução.

b) *Medição de energia nos consumidores de baixa tensão*: esta medição, que consiste no consumo mensal, em kWh, é realizada para o faturamento, e transferida aos sistemas técnicos da empresa. As curvas típicas em pu, determinam os valores de demanda e de desvio padrão, em intervalos de demanda de 15min, com base na demanda média do alimentador. Ou seja, basta tomar os valores de demanda em pu da curva e multiplicar pela relação $\varepsilon/730$, onde ε representa o consumo mensal de cada consumidor. O mesmo ocorre para os valores de desvio padrão. Desta forma, tem-se as curvas médias e de desvio de cada consumidor alimentado por uma ET. Uma forma de agregação dos consumidores na ET é realizada pela soma de demandas médias e das variâncias [3], ou seja:

$$D_{ET} = \sum_{j=1}^{ncons} D_j, \qquad \sigma^2{}_{ET} = \sum_{j=1}^{ncons} \sigma^2{}_j \tag{3.54}$$

c) *Medição de demanda nos consumidores particulares*, consumidores primários, em MT. Em geral, para estes consumidores, são conhecidos os valores de demanda e fator de potência. Também, para este caso, pode-se avaliar, em função do sistema de medição e transdução, os erros máximos e correspondente desvio padrão.

Para solução do problema e ilustração da aplicação da metodologia na rede MT, assume-se, inicialmente, que o fator de potência de todas as correntes medidas é o mesmo. Essa hipótese é depois eliminada.

Lembrando que o estado **x** da rede pode ser obtido a partir de um conjunto de medições z_{med} pela seguinte equação:

$$\mathbf{x} = \left[\mathbf{H}^T \mathbf{R}^{-1} \mathbf{H}\right]^{-1} \mathbf{H}^T \mathbf{R}^{-1} \mathbf{z}_{\mathbf{med}}$$

Onde **H** representa uma matriz que relaciona o valor das grandezas medidas (estimadas) como função das variáveis de estado, isto é, $\mathbf{z}_{est} = \mathbf{f(x)} = \mathbf{H.x}$ e $\mathbf{R}^{-1}$ é a matriz diagonal, onde cada elemento corresponde ao inverso do quadrado do desvio-padrão de cada medição. Assim, a rede da Figura 3.17 pode ser ilustrada como na Figura 3.18, onde são medidos (direta ou indiretamente) os valores de corrente nos nós de carga (ETs e EPs) e nó de suprimento (início do alimentador).

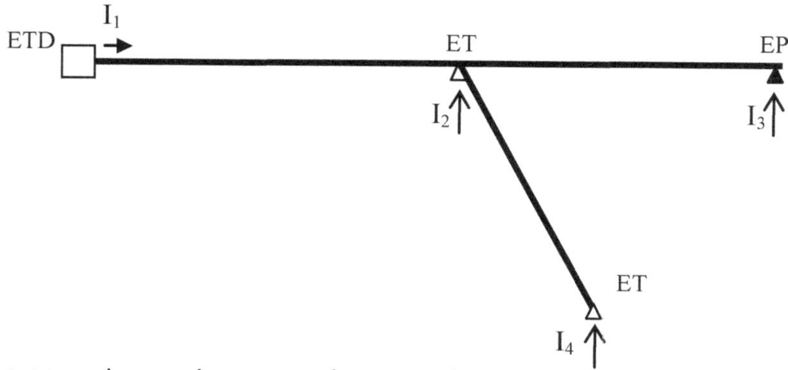

Figura 3.18 – Alimentador com medição na subestação de distribuição e medição indireta nos transformadores de distribuição

No problema em questão, os vetores e matrizes são dados por:

$$\mathbf{x} = \begin{bmatrix} \Delta V_2 \\ \Delta V_3 \\ \Delta V_4 \end{bmatrix} \qquad \mathbf{z}_{\mathbf{med}} = \begin{bmatrix} I_{med1} \\ I_{med2} \\ I_{med3} \\ I_{med4} \end{bmatrix} \qquad \mathbf{R}^{-1} = \begin{bmatrix} \frac{1}{\sigma_1^2} & & & \\ & \frac{1}{\sigma_2^2} & & \\ & & \frac{1}{\sigma_3^2} & \\ & & & \frac{1}{\sigma_4^2} \end{bmatrix}$$

$$\mathbf{z}_{\mathbf{est}} = \begin{bmatrix} I_{est1} \\ I_{est2} \\ I_{est3} \\ I_{est4} \end{bmatrix} = \mathbf{f(x)} = \mathbf{H.x} = \begin{bmatrix} Y_{12} & Y_{13} & Y_{14} \\ Y_{22} & Y_{23} & Y_{24} \\ Y_{32} & Y_{33} & Y_{34} \\ Y_{42} & Y_{43} & Y_{44} \end{bmatrix} \begin{bmatrix} \Delta V_2 \\ \Delta V_3 \\ \Delta V_4 \end{bmatrix}$$

Onde a matriz **H** é determinada a partir dos elementos da matriz de admitâncias nodais, ou seja, basicamente formada a partir das impedâncias da rede. Sendo a impedância entre dois nós quaisquer i e j igual a z_{ij}, então, tem-se a matriz **H** é dada por:

$$\mathbf{H} = \begin{bmatrix} Y_{12} & Y_{13} & Y_{14} \\ Y_{22} & Y_{23} & Y_{24} \\ Y_{32} & Y_{33} & Y_{34} \\ Y_{42} & Y_{43} & Y_{44} \end{bmatrix} = \begin{bmatrix} -\frac{1}{z_{12}} & 0 & 0 \\ \frac{1}{z_{12}} + \frac{1}{z_{13}} + \frac{1}{z_{14}} & -\frac{1}{z_{23}} & -\frac{1}{z_{24}} \\ -\frac{1}{z_{23}} & \frac{1}{z_{23}} & 0 \\ -\frac{1}{z_{24}} & 0 & \frac{1}{z_{14}} \end{bmatrix}$$

Os elementos com i=j (diagonal da matriz de admitâncias nodais) são determinados pela soma dos inversos das impedâncias que chegam no nó i e os elementos fora da diagonal, por exemplo, o elemento ij, é determinado pelo inverso da impedância entre os nós i e j, com sinal negativo.

Notar que o vetor de variáveis de estado foi definido como sendo as quedas de tensão das barras da rede em relação à barra da SE.

Exemplo 3.8 Na rede da Figura 3.18, tem-se as seguintes medições e dados das grandezas elétricas, todas já convertidas em pu numa dada base:

$$\begin{bmatrix} I_{med1} \\ I_{med2} \\ I_{med3} \\ I_{med4} \end{bmatrix} = \begin{bmatrix} -2 \\ 0 \\ -0{,}9 \\ -0{,}9 \end{bmatrix} pu, \quad \begin{bmatrix} \sigma_1 \\ \sigma_2 \\ \sigma_3 \\ \sigma_4 \end{bmatrix} = \begin{bmatrix} 0{,}01 \\ 0{,}0001 \\ 0{,}2 \\ 0{,}2 \end{bmatrix} pu$$

$$z_{12} = (r\cos\varphi + x\text{sen}\varphi)L_{12} = 0{,}02pu$$

$$z_{23} = (r\cos\varphi + x\text{sen}\varphi)L_{23} = 0{,}01pu$$

$$z_{24} = (r\cos\varphi + x\text{sen}\varphi)L_{24} = 0{,}01pu$$

Determinar:

a) o valor estimado das tensões e correntes na rede

b) a nova estimação quando o desvio padrão da medição 4 cai a 50%.

Solução:

a) as matrizes **H** e $\mathbf{R}^{-1}$ são dadas por:

$$\mathbf{H} = \begin{bmatrix} Y_{12} & Y_{13} & Y_{14} \\ Y_{22} & Y_{23} & Y_{24} \\ Y_{32} & Y_{33} & Y_{34} \\ Y_{42} & Y_{43} & Y_{44} \end{bmatrix} = \begin{bmatrix} -\frac{1}{z_{12}} & 0 & 0 \\ \frac{1}{z_{12}} + \frac{1}{z_{13}} + \frac{1}{z_{14}} & -\frac{1}{z_{23}} & -\frac{1}{z_{24}} \\ -\frac{1}{z_{23}} & \frac{1}{z_{23}} & 0 \\ -\frac{1}{z_{24}} & 0 & \frac{1}{z_{14}} \end{bmatrix} = \begin{bmatrix} -50 & 0 & 0 \\ 250 & -100 & -100 \\ -100 & 100 & 0 \\ -100 & 0 & 100 \end{bmatrix} pu$$

$$\mathbf{R}^{-1} = \begin{bmatrix} \frac{1}{\sigma_1^2} & & & \\ & \frac{1}{\sigma_2^2} & & \\ & & \frac{1}{\sigma_3^2} & \\ & & & \frac{1}{\sigma_4^2} \end{bmatrix} = \begin{bmatrix} 10000 & & & \\ & 100000000 & & \\ & & 25 & \\ & & & 25 \end{bmatrix}$$

Resulta o seguinte produto matricial:

$$\mathbf{x} = \begin{bmatrix} \Delta V_2 \\ \Delta V_3 \\ \Delta V_4 \end{bmatrix} = \left[\mathbf{H}^T \mathbf{R}^{-1} \mathbf{H}\right]^{-1} \mathbf{H}^T \mathbf{R}^{-1} \mathbf{z}_{\mathbf{med}} = \begin{bmatrix} -0,04 \\ -0,05 \\ -0,05 \end{bmatrix} \text{pu}$$

e

$$\mathbf{I_{est}} = \begin{bmatrix} I_{est1} \\ I_{est2} \\ I_{est3} \\ I_{est4} \end{bmatrix} = \mathbf{H.x} = \begin{bmatrix} -50 & 0 & 0 \\ 250 & -100 & -100 \\ -100 & 100 & 0 \\ -100 & 0 & 100 \end{bmatrix} \begin{bmatrix} -0,04 \\ -0,05 \\ -0,05 \end{bmatrix} = \begin{bmatrix} 2,0 \\ 0 \\ -1,0 \\ -1,0 \end{bmatrix} \text{pu}$$

Conforme se pode notar, as duas cargas com medição de demanda de 0,9 pu, e desvio padrão 0,2 pu, somam uma corrente total de 1,8 pu, inferior à corrente de 2 pu medida na SE, com desvio padrão 0,01 pu. Desta forma, a medição da SE, muito mais precisa, mantém-se no mesmo valor, de forma que a diferença (0,2pu) é distribuída igualmente nas duas cargas, com demanda ajustada para 1,0 pu.

b) O próximo caso mostra situação quando as medições são as mesmas, porém as cargas apresentam desvios padrão diferentes entre si:

$$\begin{bmatrix} I_{med1} \\ I_{med2} \\ I_{med3} \\ I_{med4} \end{bmatrix} = \begin{bmatrix} -2 \\ 0 \\ -0,9 \\ -0,9 \end{bmatrix} pu, \quad \begin{bmatrix} \sigma_1 \\ \sigma_2 \\ \sigma_3 \\ \sigma_4 \end{bmatrix} = \begin{bmatrix} 0,01 \\ 0,0001 \\ 0,2 \\ 0,1 \end{bmatrix} pu$$

$$\mathbf{x} = \begin{bmatrix} \Delta V_2 \\ \Delta V_3 \\ \Delta V_4 \end{bmatrix} = \left[\mathbf{H}^T \mathbf{R}^{-1} \mathbf{H}\right]^{-1} \mathbf{H}^T \mathbf{R}^{-1} \mathbf{z}_{\mathbf{med}} = \begin{bmatrix} -0,0400 \\ -0,05059 \\ -0,04939 \end{bmatrix} pu$$

e

$$\mathbf{I_{est}} = \begin{bmatrix} I_{est1} \\ I_{est2} \\ I_{est3} \\ I_{est4} \end{bmatrix} = \mathbf{H.x} = \begin{bmatrix} -50 & 0 & 0 \\ 250 & -100 & -100 \\ -100 & 100 & 0 \\ -100 & 0 & 100 \end{bmatrix} \begin{bmatrix} -0,0400 \\ -0,05059 \\ -0,04939 \end{bmatrix} = \begin{bmatrix} 2,0 \\ 0 \\ -1,06 \\ -0,94 \end{bmatrix} pu$$

Neste segundo caso, quando o desvio padrão da carga 1 é de 0,2 pu e o da carga 2 é de 0,1 pu, nota-se ajustes distintos para as duas cargas, ou seja, a primeira carga teve ajuste de 0,9 para 1,06 pu (17,7%), enquanto a segunda carga variou de 0,9 para 0,94 pu (4,4%). Estes resultados estão de acordo com a interpretação de menores ajustes para medições mais precisas.

No caso geral, principalmente quando existe medição de potência ativa e reativa nos consumidores (como é comum nos consumidores primários e nas subestações), é necessário levar em conta que o fator de potência das cargas é diferente para cada medição.

Neste caso, a nova formulação deve considerar a parte real e a parte imaginária das correntes e tensões da rede, ou seja:

$$\mathbf{x} = \begin{bmatrix} \Delta V_{r2} \\ \Delta V_{r3} \\ \Delta V_{r4} \\ \hline \Delta V_{i2} \\ \Delta V_{i3} \\ \Delta V_{i4} \end{bmatrix} \qquad \mathbf{z_{med}} = \begin{bmatrix} I_{med\_r1} \\ I_{med\_r2} \\ I_{med\_r3} \\ I_{med\_r4} \\ \hline I_{med\_i1} \\ I_{med\_i2} \\ I_{med\_i3} \\ I_{med\_i4} \end{bmatrix}$$

Onde

ΔV_{rj} e ΔV_{ij} – representam, respectivamente, a parte real e a parte imaginária da queda de tensão na barra j.

$I_{med\ rj}$ e $I_{med\ ij}$ – representam, respectivamente, a parte real e a parte imaginária corrente injetada, medida na barra j.

O valor das correntes estimadas pode ser avaliado a partir das quedas de tensão nas barras da rede:

$$\mathbf{z_{est}} = \begin{bmatrix} \dot{I}_{est1} \\ \dot{I}_{est2} \\ \dot{I}_{est3} \\ \dot{I}_{est4} \end{bmatrix} = \begin{bmatrix} \overline{Y}_{12} & \overline{Y}_{13} & \overline{Y}_{14} \\ \overline{Y}_{22} & \overline{Y}_{23} & \overline{Y}_{24} \\ \overline{Y}_{32} & \overline{Y}_{33} & Y_{34} \\ Y_{42} & \overline{Y}_{43} & Y_{44} \end{bmatrix} \begin{bmatrix} \Delta\dot{V}_2 \\ \Delta\dot{V}_3 \\ \Delta\dot{V}_4 \end{bmatrix}$$

A equação acima, que passa a ser relação entre o fasor das correntes estimadas e o valor dos fasores das tensões (variáveis de estado), pode ser reescrita em parte real e parte imaginária, como:

$$\begin{bmatrix} I_{estr\_1} + jI_{esti\_1} \\ I_{estr\_2} + jI_{esti\_2} \\ I_{estr\_3} + jI_{esti\_3} \\ I_{estr\_4} + jI_{esti\_4} \end{bmatrix} = \mathbf{f(x)} = \mathbf{H.x} = \left\{ \begin{bmatrix} G_{12} & G_{13} & G_{14} \\ G_{22} & G_{23} & G_{24} \\ G_{32} & G_{33} & G_{34} \\ G_{42} & G_{43} & G_{44} \end{bmatrix} + j \begin{bmatrix} B_{12} & B_{13} & B_{14} \\ B_{22} & B_{23} & B_{24} \\ B_{32} & B_{33} & B_{34} \\ B_{42} & B_{43} & B_{44} \end{bmatrix} \right\} \begin{bmatrix} \Delta V_{r2} + j\Delta V_{i2} \\ \Delta V_{r3} + j\Delta V_{i3} \\ \Delta V_{r4} + j\Delta V_{i4} \end{bmatrix}$$

que, matricialmente, pode ser escrita como:

$$\begin{bmatrix} \mathbf{I}_{est,r} \\ \mathbf{I}_{est,i} \end{bmatrix} = \mathbf{f(x)} = \mathbf{H.x} = \begin{bmatrix} \mathbf{G} & -\mathbf{B} \\ \mathbf{B} & \mathbf{G} \end{bmatrix} \begin{bmatrix} \mathbf{\Delta V_r} \\ \mathbf{\Delta V_i} \end{bmatrix} \quad (3.55)$$

onde:

$$\mathbf{I}_{est,r} = \begin{bmatrix} I_{estr\_1} \\ I_{estr\_2} \\ I_{estr\_3} \\ I_{estr\_4} \end{bmatrix} \quad \mathbf{I}_{est,i} = \begin{bmatrix} I_{esti\_1} \\ I_{esti\_2} \\ I_{esti\_3} \\ I_{esti\_4} \end{bmatrix} \quad \mathbf{G} = \begin{bmatrix} G_{12} & G_{13} & G_{14} \\ G_{22} & G_{23} & G_{24} \\ G_{32} & G_{33} & G_{34} \\ G_{42} & G_{43} & G_{44} \end{bmatrix} \quad \mathbf{B} = \begin{bmatrix} B_{12} & B_{13} & B_{14} \\ B_{22} & B_{23} & B_{24} \\ B_{32} & B_{33} & B_{34} \\ B_{42} & B_{43} & B_{44} \end{bmatrix}$$

$$\mathbf{\Delta V_r} = \begin{bmatrix} \Delta V_{r2} \\ \Delta V_{r3} \\ \Delta V_{r4} \end{bmatrix} \quad \mathbf{\Delta V_i} = \begin{bmatrix} \Delta V_{i2} \\ \Delta V_{i3} \\ \Delta V_{i4} \end{bmatrix}$$

E a solução do problema se dá na mesma forma, obtendo-se uma estimativa dos fasores das tensões e dos fasores das correntes estimadas.

Exemplo 3.9 Seja a rede de distribuição AT da figura 3.19, na qual as correntes medidas apresentam valores de fator de potência distintos.

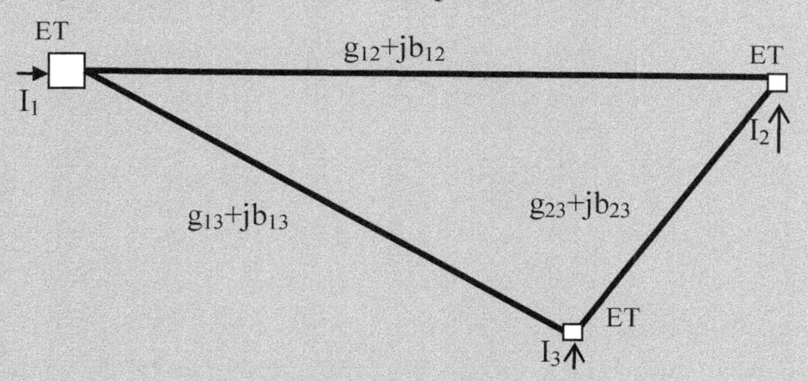

Figura 3.19 – Rede para o Exemplo 3.9

Na rede da Figura 3.19, sabe-se que as linhas 12, 13 e 23 apresentam admitâncias série iguais a (2-j20)pu, (2-j20)pu e (4-j40)pu, respectivamente. Além disso, sabe-se que as correntes I1, I2, e I3 medidas apresentam respectivamente valores 2,0pu, -0,8pu e -0,8pu, com fator de potência 0,8 indutivo e com desvios-padrão de 0,01pu, 0,2pu e 0,1pu, respectivamente.

Neste caso, com as três correntes medidas injetadas nas barras 1, 2 e 3, e sendo as variáveis de estado as quedas de tensão em relação à barra 1, ou seja, nas barras 2 e 3, tem-se:

$$\begin{bmatrix} I_{estr\_1} + jI_{esti\_1} \\ I_{estr\_2} + jI_{esti\_2} \\ I_{estr\_3} + jI_{esti\_3} \end{bmatrix} = \left\{ \begin{bmatrix} G_{12} & G_{13} \\ G_{22} & G_{23} \\ G_{32} & G_{33} \end{bmatrix} + j \begin{bmatrix} B_{12} & B_{13} \\ B_{22} & B_{23} \\ B_{32} & B_{33} \end{bmatrix} \right\} \begin{bmatrix} \Delta V_{r2} + j\Delta V_{i2} \\ \Delta V_{r3} + j\Delta V_{i3} \end{bmatrix}$$

Logo:

$$\mathbf{H} = \begin{bmatrix} -2 & -2 & -20 & -20 \\ +6 & -4 & +60 & -40 \\ -4 & +6 & -40 & +60 \\ \hline +20 & +20 & -2 & -2 \\ -60 & +40 & +6 & -4 \\ +40 & -60 & -4 & +6 \end{bmatrix} \quad R^{-1} = \begin{bmatrix} 10000 & & & & & \\ & 25 & & & & \\ & & 100 & & & \\ \hline & & & 10000 & & \\ & & & & 25 & \\ & & & & & 100 \end{bmatrix} \quad z_{med} = \begin{bmatrix} +1{,}60 \\ -0{,}64 \\ -0{,}64 \\ \hline -1{,}20 \\ +0{,}48 \\ +0{,}48 \end{bmatrix} pu$$

Resulta:

$$\mathbf{x} = \begin{bmatrix} \Delta V_{r2} \\ \Delta V_{r3} \\ \hline \Delta V_{i2} \\ \Delta V_{i3} \end{bmatrix} = \left[\mathbf{H}^T \mathbf{R}^{-1} \mathbf{H}\right]^{-1} \mathbf{H}^T \mathbf{R}^{-1} \mathbf{z}_{\mathbf{med}} = \begin{bmatrix} -0{,}0345 \\ -0{,}0328 \\ \hline -0{,}0375 \\ -0{,}0357 \end{bmatrix} pu$$

e

$$\mathbf{I}_{\mathbf{est}} = \begin{bmatrix} I_{estr\_1} \\ I_{estr\_2} \\ I_{estr\_3} \\ \hline I_{esti\_1} \\ I_{esti\_2} \\ I_{esti\_3} \end{bmatrix} = \mathbf{H}.\mathbf{x} = \begin{bmatrix} -2 & -2 & -20 & -20 \\ +6 & -4 & +60 & -40 \\ -4 & +6 & -40 & +60 \\ \hline +20 & +20 & -2 & -2 \\ -60 & +40 & +6 & -4 \\ +40 & -60 & -4 & +6 \end{bmatrix} \begin{bmatrix} -0{,}0345 \\ -0{,}0328 \\ \hline -0{,}0375 \\ -0{,}0357 \end{bmatrix} = \begin{bmatrix} 1{,}6000 \\ -0{,}8955 \\ -0{,}7039 \\ \hline -1{,}2000 \\ +0{,}6716 \\ +0{,}5279 \end{bmatrix} pu$$

Nota-se, portanto, valores dos módulos das correntes nas barras 1, 2 e 3, de respectivamente, 2,0 pu, 1,12pu e 0,88 pu, cujos ajustes em relação aos valores medidos estão diretamente relacionados às precisões de medições (ou seja, o desvio padrão do erro).

Quando também é disponível a medição em alguns trechos da rede, esta informação pode ser utilizada para melhoria do estimador. A informação da corrente medida no trecho altera a matriz **H**. Mas esta alteração é muito simples, provocando uma linha adicional na matriz, que corresponde ao produto entre a admitância e a queda de tensão do trecho, ou seja, para um trecho genérico *ks*, tem-se:

$$\dot{I}_{ks} = \bar{y}_{ks}(\Delta\dot{V}_k - \Delta\dot{V}_s) = \bar{y}_{ks}\Delta\dot{V}_k - \bar{y}_{ks}\Delta\dot{V}_s \,, \qquad (3.56)$$

resultando, para um sistema com referência na barra 1:

$$\mathbf{H.x} = \begin{bmatrix} Y_{12} & -- & Y_{1k} & -- & Y_{1s} & -- \\ -- & -- & -- & -- & -- & -- \\ Y_{n2} & -- & Y_{nk} & -- & Y_{ns} & -- \\ 0 & -- & y_{ks} & -- & -y_{ks} & -- \\ 0 & -- & -- & -- & -- & -- \end{bmatrix} \begin{bmatrix} \Delta V_2 \\ -- \\ \Delta V_k \\ -- \\ \Delta V_s \\ -- \end{bmatrix} \quad (3.57)$$

Exemplo 3.10 Seja a rede da figura 3.19, cujos dados são os mesmos já apresentados para o Exemplo 3.9. Também é conhecida a medição da corrente no trecho 12, de valor (0,8-j0,6)pu, com desvio padrão 0,1pu. Pede-se reavaliar as estimações de quedas de tensão e de correntes.

Solução:

As matrizes H e R, com a inclusão da medição de corrente de trecho, passam a ser as seguintes:

$$\mathbf{H} = \left[\begin{array}{cc|cc} -2 & -2 & -20 & -20 \\ +6 & -4 & +60 & -40 \\ -4 & +6 & -40 & +60 \\ -2 & 0 & -20 & 0 \\ \hline +20 & +20 & -2 & -2 \\ -60 & +40 & +6 & -4 \\ +40 & -60 & -4 & +6 \\ +20 & 0 & -2 & 0 \end{array}\right] \quad R^{-1} = \left[\begin{array}{cccc|cccc} 10000 & & & & & & & \\ & 25 & & & & & & \\ & & 100 & & & & & \\ & & & 100 & & & & \\ \hline & & & & 10000 & & & \\ & & & & & 25 & & \\ & & & & & & 100 & \\ & & & & & & & 100 \end{array}\right] \quad z_{med} = \left[\begin{array}{c} 1,6 \\ -0,64 \\ -0,64 \\ 0,8 \\ \hline -1,20 \\ 0,48 \\ 0,48 \\ -0,6 \end{array}\right] pu$$

Resulta então os valores das estimações:

$$\mathbf{x} = \left[\begin{array}{c} \Delta V_{r2} \\ \Delta V_{r3} \\ \hline \Delta V_{i2} \\ \Delta V_{i3} \end{array}\right] = \left[\mathbf{H}^T\mathbf{R}^{-1}\mathbf{H}\right]^{-1}\mathbf{H}^T\mathbf{R}^{-1}\mathbf{z}_{\mathbf{med}} = \left[\begin{array}{c} -0,0345 \\ -0,0328 \\ \hline -0,0375 \\ -0,0357 \end{array}\right] \text{pu}$$

e

$$\mathbf{I}_{\mathbf{est}} = \left[\begin{array}{c} I_{estr\_1} \\ I_{estr\_2} \\ I_{estr\_3} \\ \hline I_{esti\_1} \\ I_{esti\_2} \\ I_{esti\_3} \end{array}\right] = \mathbf{H.x} = \left[\begin{array}{cc|cc} -2 & -2 & -20 & -20 \\ +6 & -4 & +60 & -40 \\ -4 & +6 & -40 & +60 \\ -2 & 0 & -20 & 0 \\ \hline +20 & +20 & -2 & -2 \\ -60 & +40 & +6 & -4 \\ +40 & -60 & -4 & +6 \\ +20 & 0 & -2 & 0 \end{array}\right] \left[\begin{array}{c} -0,0345 \\ -0,0328 \\ \hline -0,0375 \\ -0,0357 \end{array}\right] = \left[\begin{array}{c} 1,6 \\ -0,8925 \\ -0,7068 \\ 0,8182 \\ \hline -1,2 \\ +0,6694 \\ +0,5300 \\ -0,6136 \end{array}\right] \text{pu}$$

Quando se dispõe também de medições de tensão em barras do sistema, esta informação pode ser agregada ao método de estimação. Neste caso, a nova formulação deve considerar a medição de tensão em uma ou mais barras da rede. Por exemplo, para a rede da Figura 3.19, supondo a medição de tensão (real e imaginária, $\Delta V_{med\_r2}+j\Delta V_{med\_i2}$) na barra 2, pode-se escrever que:

$$\mathbf{x} = \begin{bmatrix} \Delta V_{r2} \\ \Delta V_{r3} \\ \Delta V_{r4} \\ \hline \Delta V_{i2} \\ \Delta V_{i3} \\ \Delta V_{i4} \end{bmatrix} \qquad \mathbf{z_{med}} = \begin{bmatrix} I_{med\_r1} \\ I_{med\_r2} \\ I_{med\_r3} \\ I_{med\_r4} \\ \Delta V_{med\_r2} \\ \hline I_{med\_i1} \\ I_{med\_i2} \\ I_{med\_i3} \\ I_{med\_i4} \\ \Delta V_{med\_i2} \end{bmatrix}$$

Os valores estimados podem ser dados por:

$$\mathbf{z_{est}} = \begin{bmatrix} \dot{I}_{est1} \\ \dot{I}_{est2} \\ \dot{I}_{est3} \\ \dot{I}_{est4} \\ \Delta\dot{V}_2 \end{bmatrix} = \begin{bmatrix} \overline{Y}_{12} & \overline{Y}_{13} & \overline{Y}_{14} \\ \overline{Y}_{22} & \overline{Y}_{23} & \overline{Y}_{24} \\ \overline{Y}_{32} & \overline{Y}_{33} & Y_{34} \\ \overline{Y}_{42} & \overline{Y}_{43} & Y_{44} \\ 1 & & \end{bmatrix} \begin{bmatrix} \Delta\dot{V}_2 \\ \Delta\dot{V}_3 \\ \Delta\dot{V}_4 \end{bmatrix}$$

que pode ser reescrita em partes real e imaginária, como:

$$\begin{bmatrix} I_{estr\_1} + jI_{esti\_1} \\ I_{estr\_2} + jI_{esti\_2} \\ I_{estr\_3} + jI_{esti\_3} \\ I_{estr\_4} + jI_{esti\_4} \\ \Delta V_{est\_r2} + \Delta V_{est\_i2} \end{bmatrix} = \mathbf{f(x)} = \mathbf{H.x} = \left\{ \begin{bmatrix} G_{12} & G_{13} & G_{14} \\ G_{22} & G_{23} & G_{24} \\ G_{32} & G_{33} & G_{34} \\ G_{42} & G_{43} & G_{44} \\ 1 & & \end{bmatrix} + j \begin{bmatrix} B_{12} & B_{13} & B_{14} \\ B_{22} & B_{23} & B_{24} \\ B_{32} & B_{33} & B_{34} \\ B_{42} & B_{43} & B_{44} \\ 0 & & \end{bmatrix} \right\} \begin{bmatrix} \Delta V_{r2} + j\Delta V_{i2} \\ \Delta V_{r3} + j\Delta V_{i3} \\ \Delta V_{r4} + j\Delta V_{i4} \end{bmatrix}$$

E que, matricialmente, pode ser escrita como:

$$\begin{bmatrix} \mathbf{I_{est,r}} \\ \mathbf{I_{est,i}} \\ \Delta V_{r2} \\ \Delta V_{i2} \end{bmatrix} = \mathbf{f(x)} = \mathbf{H.x} = \begin{bmatrix} \mathbf{G} & -\mathbf{B} \\ \mathbf{B} & \mathbf{G} \\ \mathbf{A} & 0 \end{bmatrix} \begin{bmatrix} \mathbf{\Delta V_r} \\ \mathbf{\Delta V_i} \end{bmatrix} \tag{3.58}$$

com:

$$\mathbf{I}_{est,r} = \begin{bmatrix} \mathbf{I}_{estr\_1} \\ \mathbf{I}_{estr\_2} \\ \mathbf{I}_{estr\_3} \\ \mathbf{I}_{estr\_4} \end{bmatrix} \quad \mathbf{I}_{est,i} = \begin{bmatrix} \mathbf{I}_{esti\_1} \\ \mathbf{I}_{esti\_2} \\ \mathbf{I}_{esti\_3} \\ \mathbf{I}_{esti\_4} \end{bmatrix} \quad \mathbf{G} = \begin{bmatrix} \mathbf{G}_{12} & \mathbf{G}_{13} & \mathbf{G}_{14} \\ \mathbf{G}_{22} & \mathbf{G}_{23} & \mathbf{G}_{24} \\ \mathbf{G}_{32} & \mathbf{G}_{33} & \mathbf{G}_{34} \\ \mathbf{G}_{42} & \mathbf{G}_{43} & \mathbf{G}_{44} \end{bmatrix} \quad \mathbf{B} = \begin{bmatrix} \mathbf{B}_{12} & \mathbf{B}_{13} & \mathbf{B}_{14} \\ \mathbf{B}_{22} & \mathbf{B}_{23} & \mathbf{B}_{24} \\ \mathbf{B}_{32} & \mathbf{B}_{33} & \mathbf{B}_{34} \\ \mathbf{B}_{42} & \mathbf{B}_{43} & \mathbf{B}_{44} \end{bmatrix}$$

$$\mathbf{\Delta V}_r = \begin{bmatrix} \mathbf{\Delta V}_{r2} \\ \mathbf{\Delta V}_{r3} \\ \mathbf{\Delta V}_{r4} \end{bmatrix} \quad \mathbf{\Delta V}_i = \begin{bmatrix} \mathbf{\Delta V}_{i2} \\ \mathbf{\Delta V}_{i3} \\ \mathbf{\Delta V}_{i4} \end{bmatrix}$$

e a matriz **A** formada por elementos 1 e 0 que igualam o valor do termo independente aos correspondentes no termo $\begin{bmatrix} \mathbf{\Delta V}_r \\ \mathbf{\Delta V}_i \end{bmatrix}$.

A solução do problema se dá na mesma forma, obtendo-se uma estimativa dos fasores das tensões e dos fasores das correntes estimadas.

As análises realizadas para estimação das variáveis de estado, tensões (ou quedas de tensão) nas barras da rede, assumiram como hipótese que as correntes injetadas, real e imaginária, são conhecidas. Isto nem sempre é o caso na prática. É bem mais comum um dos modelos de carga já apresentados anteriormente neste capítulo no item 3.4.2 e na Eq. (3.30). De forma análoga, em geral não se conhece o valor da medição das partes real e imaginária da tensão, mas sim só o módulo da tensão. O método apresentado é válido, porém torna-se iterativo. Assume-se um valor inicial das tensões, como é comum em problemas de fluxo de potência, e o método de estimação pode ser utilizado da mesma forma. O processo é descrito nos passos a seguir:

1. Assumem-se inicialmente todas as tensões com ângulo de fase nulo e zera-se o contador de iterações;
2. Determinam-se as correntes absorvidas utilizando os correspondentes modelos de carga, ou seja, de corrente, potência ou impedância constante (ou algum outro modelo alternativo);
3. Compõem-se os vetores de grandezas medidas, $\mathbf{z}_{med}$, de correntes e tensões medidas, em suas partes real e imaginária, $\mathbf{I}_{med\_r}$, $\mathbf{I}_{med\_i}$, $\mathbf{\Delta V}_{med\_r}$, $\mathbf{\Delta V}_{med\_i}$.
4. Calcula-se o vetor de variáveis de estado:

$$\mathbf{x} = \begin{bmatrix} \mathbf{\Delta V}_r \\ \mathbf{\Delta V}_i \end{bmatrix} = \left[\mathbf{H}^T\mathbf{R}^{-1}\mathbf{H}\right]^{-1}\mathbf{H}^T\mathbf{R}^{-1}\mathbf{z}_{med}$$

5. Compara-se as tensões obtidas no passo 4. com as tensões na iteração anterior. Se, para todas as barras, estas estão próximas dentro de uma

tolerância, passa-se ao passo 6. Se o número de iterações é menor que o máximo, este é incrementado de 1 e passa-se ao passo 2. Caso contrário, o processo não converge no número de iterações máximo fornecido.

6. Em se tendo o valor das variáveis de estado, podem ser calculadas estimativas de tensão e corrente em quaisquer componentes da rede, em particular os valores estimados das medições:

$$\begin{bmatrix} \mathbf{I}_{est,r} \\ \mathbf{I}_{est,i} \\ \Delta\mathbf{V}_{est,r} \\ \Delta\mathbf{V}_{est,i} \end{bmatrix} = \mathbf{f}(\mathbf{x}) = \mathbf{H}.\mathbf{x} = \begin{bmatrix} \mathbf{G} & -\mathbf{B} \\ \mathbf{B} & \mathbf{G} \\ \mathbf{A} & 0 \end{bmatrix} \begin{bmatrix} \Delta\mathbf{V}_r \\ \Delta\mathbf{V}_i \end{bmatrix}. \quad (3.59)$$

REFERÊNCIAS BIBLIOGRÁFICAS

[1] AGÊNCIA NACIONAL DE ENERGIA ELÉTRICA – ANEEL Resolução Nº 505, de 26 de novembro de 2001.

[2] AGÊNCIA NACIONAL DE ENERGIA ELÉTRICA – ANEEL – Procedimentos de distribuição, PRODIST, 2009.

[3] N. Kagan, C. C. B. de Oliveira, E. J. Robba: Introdução aos sistemas de distribuição de energia elétrica. São Paulo, Brasil: Edgard Blücher, 2005, V. 1. 328p.

[4] L. Q. Orsini, D. Consonni: Curso de circuitos elétricos, 2a edição. São Paulo, Brasil: Edgard Blücher, 2004, V. 2.

[5] A. Monticelli: *Fluxo de carga em redes de energia elétrica*, Ed. Edgard Blücher, São Paulo, 1983.

[6] W. D. Stevenson Jr.: *Elementos de análise de sistemas de potência.* McGraw-Hill, São Paulo, 1986.

[7] A. J. Wood, B. F. Wollenberg: *Power generation, operation, and control*, 2a Ed., NY: John Wiley & Sons, Inc., 1996, 569p.

4 Variações de Tensão de Curta Duração

4.1 INTRODUÇÃO

Este capítulo trata das Variações de Tensão de Curta Duração (VTCDs). Este fenômeno de qualidade de energia elétrica merece atenção especial, tendo demandado grande esforço por parte dos pesquisadores, pelo fato que pode provocar sérios prejuízos para os consumidores.

As variações de tensão de curta duração podem ser classificadas em afundamentos de tensão e elevações de tensão.

Segundo o IEEE, afundamentos de tensão (em inglês, "voltage sags" ou "voltage dips") correspondem à uma diminuição do valor eficaz da tensão para 0,1 a 0,9 pu, durante um intervalo de tempo entre 0,5 ciclo (da freqüência fundamental) até 1 minuto. Elevações de tensão (em inglês, "voltage swells") são definidas como aumentos do valor da tensão eficaz para 1,1 a 1,8 pu, durante 0,5 ciclo a 1 minuto.

Quando a tensão eficaz cai abaixo de 0,1 pu, considera-se o evento como interrupção de curta duração.

O PRODIST [1], em seu módulo 8, classifica as VTCDs em variações momentâneas de tensão, para durações até 3 s, e em variações temporárias de tensão, para durações entre 3 s e 3 min. No caso das elevações de tensão, não se impõe o limite máximo de 1,8 pu, isto é, qualquer variação de tensão acima de 1,1 pu, com duração até 3 min, é considerada uma elevação de tensão.

As VTCDs ocorrem devido a duas causas principais, quais sejam:

a) A conexão de cargas de grande porte no sistema, que provocam quedas de tensão pronunciadas no sistema elétrico

b) curtos-circuitos, que podem provocar afundamentos ou elevações de tensão, até que a proteção do sistema isole o defeito.

Os principais problemas relacionados às VTCDs ocorrem devido à segunda causa, isto é, faltas na rede de energia elétrica. A conexão de grandes blocos de carga é um problema de projeto e compatibilidade entre a rede de suprimento e a carga em consideração. Um exemplo típico é a partida de grandes motores, o que provoca altas correntes, entre 6 a 10 vezes a corrente nominal. Se o sistema de suprimento apresentar alta impedância equivalente (ou seja, baixa potência de curto circuito) e se o método de partida do motor não for adequado, a queda de tensão durante a partida do motor, que pode levar até alguns segundos, pode provocar afundamentos de tensão, conforme ilustrado na Figura 4.1.

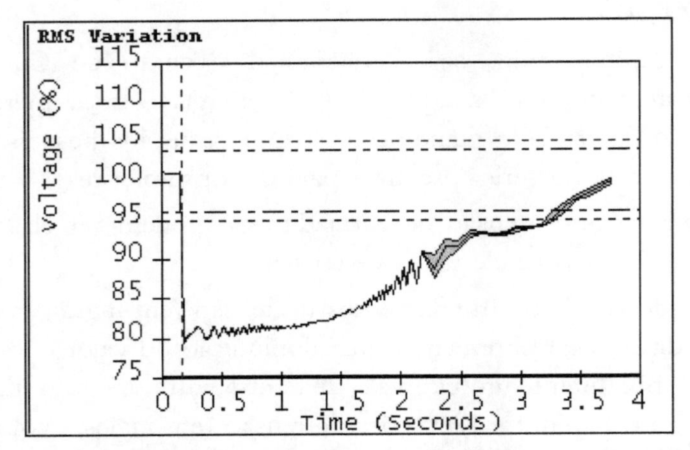

Figura 4.1 – Afundamento durante partida de motores (Fonte: EPRI)

O problema de ligação de grandes blocos de carga é dependente de um projeto adequado e compatível da rede de suprimento e do método de partida ou de ligação da carga, sendo, em geral, convenientemente tratado e resolvido por engenheiros na fase de projeto.

Assim sendo, o foco deste livro será voltado para VTCDs provocadas por faltas nas redes elétricas.

De forma diferente das interrupções de longa duração, os efeitos de propagação do curto-circuito, em termos de VTCDs, são muito mais abrangentes. Para ilustrar esta característica, seja o sistema ilustrado na Figura 4.2.

O sistema da Figura 4.2 representa parte de um sistema de distribuição, onde estão consideradas uma rede de subtransmissão (por exemplo, em tensão nominal de 138 kV), que supre subestações de distribuição atendendo alimentadores primários (por exemplo, em tensão nominal de 13,8 kV).

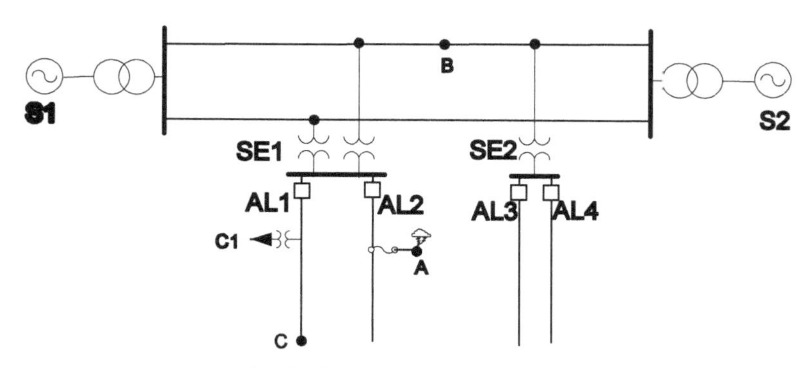

Figura 4.2 – Rede de distribuição (subtransmissão e rede primária)

Um consumidor primário C1, industrial, está localizado no alimentador AL1 da subestação de distribuição SE1. Quando da ocorrência de um defeito permanente no ramal do outro alimentador, AL2, da mesma subestação SE1, representado pelo ponto A, o fusível F1, quando atuando adequadamente, deve interromper e isolar o defeito num tempo inferior ao tempo de atuação do disjuntor de proteção do alimentador, o que leva a uma interrupção de longa duração dos consumidores do ramal. No entanto, entre o instante de ocorrência do curto circuito até a abertura do fusível F1, é possível que a tensão na barra MT da SE1 sofra uma VTCD (afundamento ou elevação de tensão), o que irá se "propagar" para todas as barras do sistema MT correspondente, ou seja, todos os consumidores atendidos pelos demais alimentadores ligados a esta barra MT, incluindo o consumidor C1 em AL1.

A Figura 4.3 ilustra a situação exposta. O curto circuito no ponto A provoca uma corrente I_{ctoA}.

A partir da curva tempo corrente de atuação do fusível, nota-se que o defeito é isolado no instante tab após a sua ocorrência. Durante este intervalo de tempo, a tensão na barra MT da SE1, $V_{D,}$ considerando-se uma falta trifásica, é dada por:

$$V_D = 1 - Z_D . I_{cto,A}$$

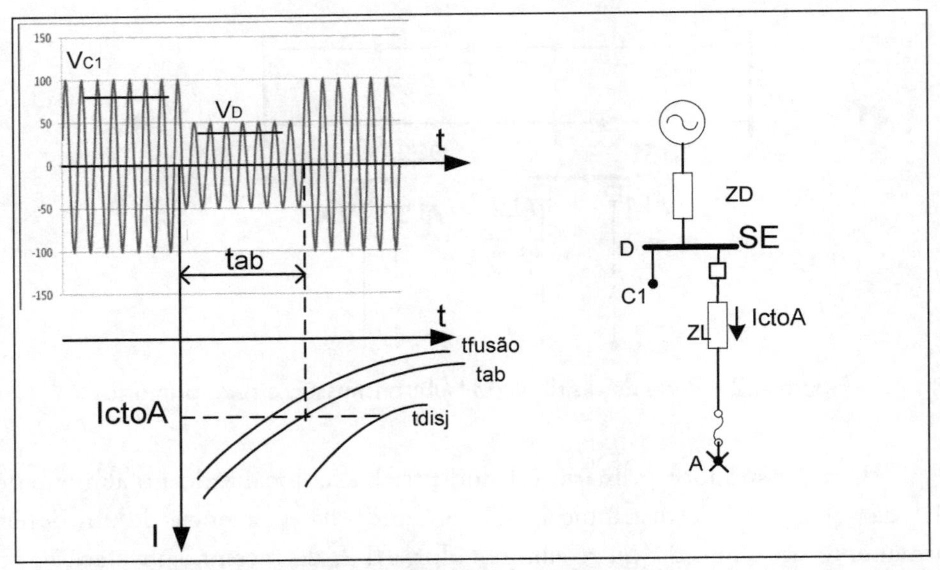

Figura 4.3 – Afundamento de tensão devido a curto circuito no ponto A, e sua duração estabelecida pelo tempo de atuação (tab) da proteção (fusível)

$$I_{cto,A} = \frac{1}{Z_D + z_l.L_A}$$

onde:

Z_D - é a impedância equivalente até a barra MT da SE1;

z_l - é a impedância, por unidade de comprimento, do alimentador AL2

L_A - comprimento do alimentador até o ponto A.

Ou seja, a magnitude da VTCD em D, será dada por:

$$V_D = 1 - Z_D.\frac{1}{Z_D + z_l.L_A} = \frac{z_l.L_A}{Z_D + z_l.L_A}$$

Nota-se, portanto que, quanto mais distante do ponto de defeito, menor será o impacto do afundamento de tensão sobre o ponto D, conforme ilustra a Figura 4.4.

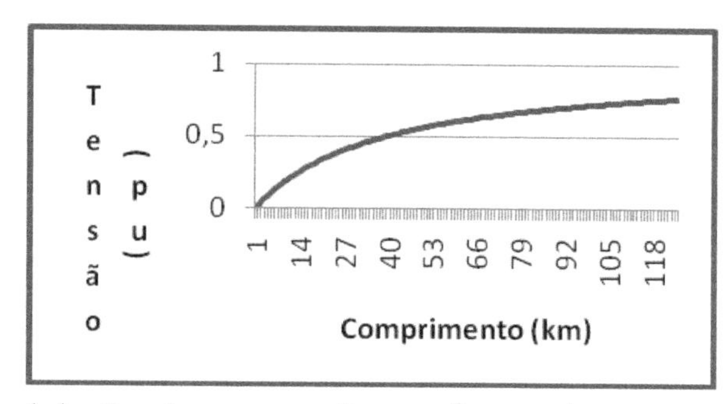

Figura 4.4 – Tensão no ponto D como função do comprimento L_A

Ou seja, o curto circuito, que resulta numa interrupção de um ramal do alimentador, afetando alguns poucos consumidores, possivelmente com baixo impacto sobre os indicadores DEC e FEC do sistema, pode também resultar em VTCDs em um número muitíssimo maior de consumidores. Aqueles consumidores que contam com equipamentos ou processo sensíveis às VTCDs serão diretamente afetados. Consumidores no sistema de subtransmissão e na SE2 dificilmente serão afetados, pois em geral o sistema supridor é bem mais robusto que a rede primária, evidenciado pelos valores de potência de curto circuito em barras dos dois sub-sistemas.

De forma ainda mais crítica, um curto circuito no ponto B do sistema de subtransmissão da Figura 4.2 pode afetar as barras supridas pelas subestações de distribuição SE1 e SE2 e, por conseqüência, todos os consumidores supridos pelos respectivos alimentadores primários.

Observa-se, com este simples exemplo, a severidade e problemática do impacto das VTCDs em sistemas elétricos de potência.

Um exemplo de levantamento estatístico, dado em Dugan et al [2], mostra que 31% das VTCDs em alimentadores primários se originam de faltas nas rede de transmissão, 23% por faltas no próprio circuito e 46% por faltas nos demais circuitos da mesma barra da subestação de distribuição.

4.2 EFEITOS DE VTCDS SOBRE EQUIPAMENTOS – CURVAS DE SENSIBILIDADE

As VTCDs podem provocar diferentes impactos sobre a carga. Equipamentos eletrônicos utilizados no controle de diversos processos, tais como CLPs (Controladores Lógicos Programáveis) e ASDs (Acionamentos de Velocidade Variável) são sensíveis às VTCDs e podem apresentar problemas no funcionamento, afetando portanto os processos onde estão inseridos.

A Figura 4.5 ilustra os efeitos em termos econômicos de um único afundamento de tensão para diferentes tipos de indústrias nos EUA. Os principais itens de prejuízo, quando da parada de um processo por afundamentos de tensão são:

- perda de produção;
- sucata;
- reinicialização do processo;
- mão de obra;
- danos em equipamentos e reparo.

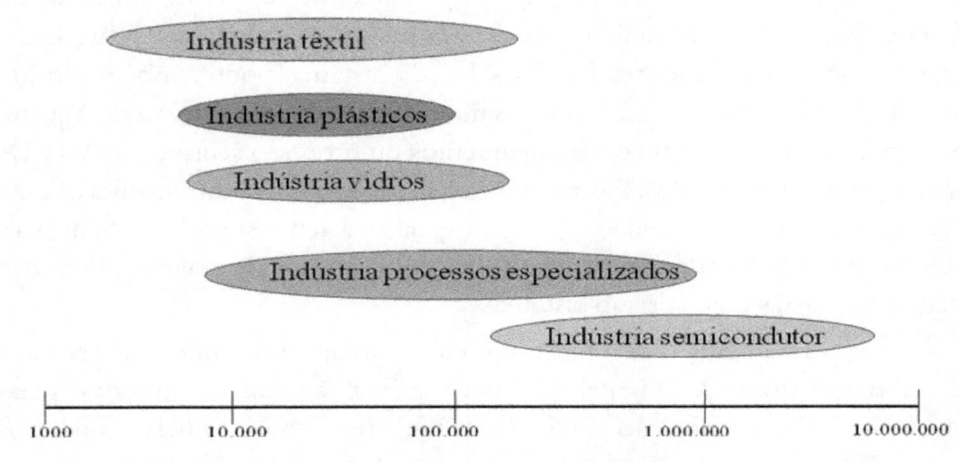

Figura 4.5 – Custos (US$) por afundamento de tensão (fonte: EPRI)

As principais características de afundamentos de tensão, que provocam impacto sobre equipamentos, são sua magnitude e duração. Alguns equipamentos são sensíveis tão somente à magnitude dos afundamentos, como são os casos de relés de proteção de subtensão, certos controles de processo e muitos tipos de máquinas automatizadas. Ou seja, o equipamento apresentará algum problema quando a tensão cair abaixo de uma dada tensão mínima, no caso de afundamento de tensão, e acima de tensão máxima, no caso de elevação de tensão.

Outros equipamentos são sensíveis à magnitude e à duração da VTCD, ou seja, nestes casos é importante saber a duração na qual o equipamento apresenta mau funcionamento quando a tensão está abaixo de um determinado valor, no caso de afundamento de tensão, ou acima de um determinado valor, no caso de elevação de tensão.

Equipamentos sob tal condição, de afundamento ou elevação de tensão, podem ter um grau de sensibilidade representado por curvas como a da Figura 4.6, conhecidas como curvas de sensibilidade ou curvas de tolerância.

Alguns equipamentos são afetados por outras características da VTCD, como o desequilíbrio entre fases, o ponto na forma de onda da tensão onde a VTCD se inicia, dentre outros. Estes parâmetros são mais difíceis para generalizar. Como resultado, os indicadores utilizados para análise de desempenho concentram-se principalmente nos parâmetros de magnitude e duração das VTCDs.

A curva da Figura 4.6 é bastante conhecida e chamada de Curva ITIC (*Information Technology Industry Council*, revisada e antes denominada CBEMA - *Computer Business Equipment Manufacturers Association*). Esta curva, para padronização dos equipamentos de tecnologia da informação (TI), foi desenvolvida pelo EPRI-PEAC por encomenda da CBEMA, que estabelece a tolerância dos equipamentos de TI e como devem ser projetados para suportarem a severidade dos eventos definidos pelos pares duração e magnitude de tensão entre as curvas de tolerância a subtensões (afundamentos) e sobretensões (elevações).

4.3 ÁREA DE VULNERABILIDADE ÀS VTCDS

Outro conceito importante consiste na área de vulnerabilidade de um determinado ponto da rede. Como descrito no item anterior, quando a tensão em determinados equipamentos cai abaixo de um valor mínimo, o equipamento apresenta mau funcionamento. A área de vulnerabilidade define os pontos da rede, em torno daquele ponto da rede (onde se encontra o consumidor e seus equipamentos ou processos sensíveis) nos quais uma falta resulta em tensão no consumidor inferior a um determinado valor. Por exemplo, chaves magnéticas, usualmente utilizadas na indústria, apresentam mau funcionamento quando a tensão cai abaixo de 50%, para durações acima de 2 ciclos. Assim, avaliando-se os pontos da rede, nos quais as faltas provocam tensão inferior a 50% na barra em análise, resulta na área de vulnerabilidade correspondente. A Figura 4.7 ilustra as áreas de vulnerabilidade do consumidor C1, variando-se a tensão mínima entre 0,5 e 0,9 pu.

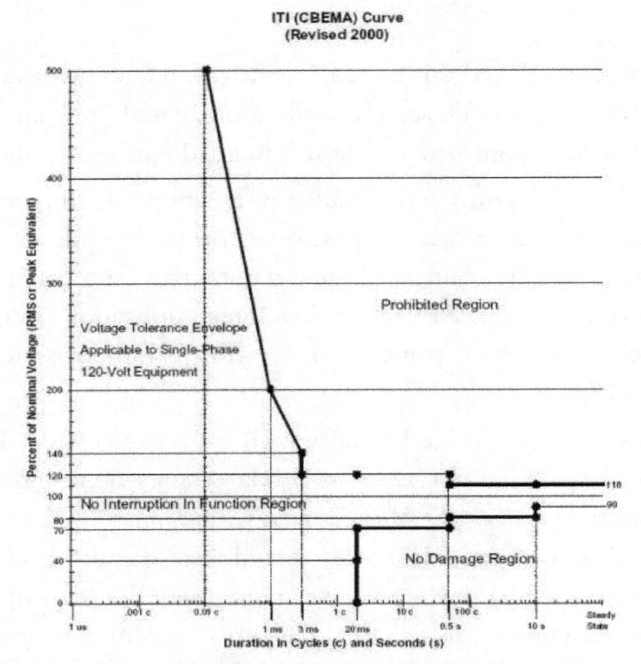

Figura 4.6 - Curva de sensibilidade (Fonte: Revista EC&M)

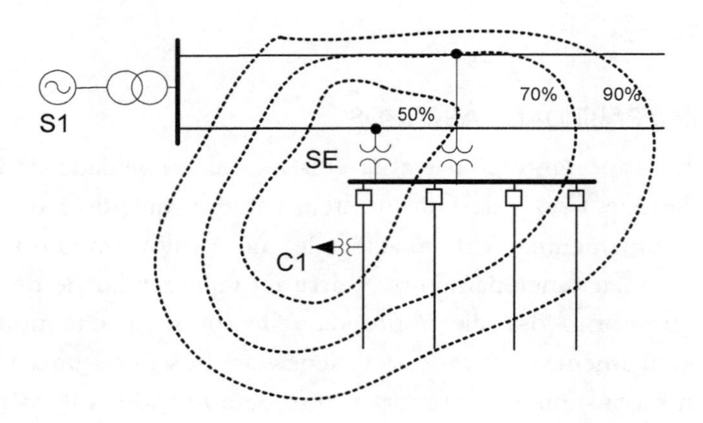

Figura 4.7 - Áreas de vulnerabilidade para o consumidor C1

A área de vulnerabilidade mostra como os equipamentos sensíveis, principalmente ao parâmetro da magnitude da VTCD, são afetados quando de faltas na rede elétrica. Obviamente, devem ser avaliados os diferentes tipos de falta, entre fases ou envolvendo a terra.

Exemplo 4.1 Determine a área de vulnerabilidade para o consumidor C do sistema da Figura 4.8, assumindo que só ocorram faltas trifásicas nos alimentadores primários. Os valores das impedâncias em pu são os seguintes:

- Impedância equivalente do sistema no ponto E: $Z_E = j0{,}005$ pu
- Impedância de cada transformador: $Z_t = j0{,}025$ pu
- Impedâncias dos alimentadores: $z_l = j0{,}020$ pu/km

O ponto C está localizado a 1 km da Subestação de distribuição.

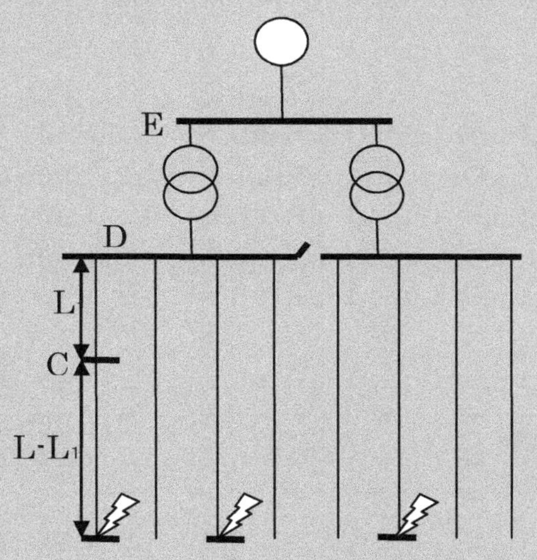

Figura 4.8 – Rede para o Exemplo 4.1

- curto trifásico no alimentador onde se encontra o consumidor:

$$I_{cto} = \frac{1}{Z_E + Z_t + z_l.L}$$

$$V_C = 1 - (Z_E + Z_t + z_l.L_1).I_{cto} = 1 - \frac{(Z_E + Z_t + z_l.L_1)}{Z_E + Z_t + z_l.L} = \frac{z_l.(L - L_1)}{Z_E + Z_t + z_l.L}$$

ou seja, para um dado valor de V_C, o valor de L será:

$$L = \frac{(Z_E + Z_t)V_C + z_l.L_1}{z_l.(1 - V_C)}$$

- curto trifásico em alimentador (vizinho) suprido pela mesma barra da SE:

$$I_{cto} = \frac{1}{Z_E + Z_t + z_l.L}$$

$$V_C = V_D = 1 - (Z_E + Z_t).I_{cto} = 1 - \frac{(Z_E + Z_t)}{Z_E + Z_t + z_l.L} = \frac{z_l.L}{Z_E + Z_t + z_l.L}$$

ou seja, para um dado valor de V_C, o valor de L será:

$$L = \frac{(Z_E + Z_t)V_C}{z_l.(1 - V_C)}$$

- curto trifásico em alimentador suprido pela outra barra da SE:

$$I_{cto} = \frac{1}{Z_E + Z_t + z_l.L}$$

$$V_C = V_D = V_E = 1 - Z_E.I_{cto} = 1 - \frac{Z_E}{Z_E + Z_t + z_l.L} = \frac{Z_t + z_l.L}{Z_E + Z_t + z_l.L}$$

ou seja, para um dado valor de V_C, o valor de L será:

$$L = \frac{(Z_E + Z_t)V_C - Z_t}{z_l.(1 - V_C)}$$

A área de vulnerabilidade depende do valor de magnitude do afundamento de tensão. Adotando-se os valores 0,5 pu, 0,7 pu e 0,9 pu, tem-se os comprimentos máximos nos alimentadores (mesmo alimentador, alimentador vizinho e alimentador na outra barra) que provocam as correspondentes VTCDs, conforme Tabela 4.1.

Tabela 4.1 – Comprimentos (km) que definem áreas de vulnerabilidade

Magnitude da VTCD (pu)	No mesmo alimentador	No alimentador vizinho	No alimentador da outra barra
0,5	3,50	1,50	0,00 (-1,00)
0,7	6,83	3,50	0,00 (-0,67)
0,9	23,50	13,50	1,00

4.4 MEDIÇÃO DE VTCDs

Um outro aspecto importante relativo às VTCDs consiste no método, ou protocolo, de sua medição. A oscilografia de tensão, durante um evento de VTCD, deve ser tratada de forma a serem avaliados os valores eficazes de tensão ao longo do tempo.

Um forma de avaliar essa variação do valor eficaz é realizar o seu cálculo a cada ciclo, ou seja a cada período de tempo T=1/60 s. Nos medidores atuais, o valor da tensão instantânea é amostrado, com taxa de amostragem definida a priori, por exemplo, 128 amostras por ciclo. Ou seja, a cada instante Δt é amostrado um novo valor de tensão V_i. Assim, o valor eficaz para um ciclo qualquer imediatamente anterior ao instante t_i pode ser calculado por:

$$V_{ef}(t_i)=\sqrt{\frac{1}{T}\int_{t=0}^{T}v^2(t)dt}\cong\sqrt{\frac{1}{N.\Delta t}\sum_{i=1}^{N}\left(V_i^2.\Delta t\right)}=\sqrt{\frac{1}{N}\sum_{i=1}^{N}\left(V_i^2\right)}$$

A Figura 4.9 ilustra o processo. A janela de integração de 1 ciclo é deslocada de um intervalo de amostragem Δt, e o valor eficaz pode ser calculado novamente:

$$V_{ef}(t_i+\Delta t)=\sqrt{\frac{1}{N}\sum_{i=2}^{N+1}\left(V_i^2\right)}=\sqrt{\frac{1}{N}\left[\sum_{i=1}^{N}\left(V_i^2\right)-V_1^2+V_{N+1}^2\right]}$$

Ou seja,

$$V_{ef}^2(t_i+\Delta t)=\frac{1}{N}\sum_{i=1}^{N}\left(V_i^2\right)-\frac{V_1^2}{N}+\frac{V_{N+1}^2}{N}=V_{ef}^2(t_i)-\frac{\left(V_1^2-V_{N+1}^2\right)}{N}$$

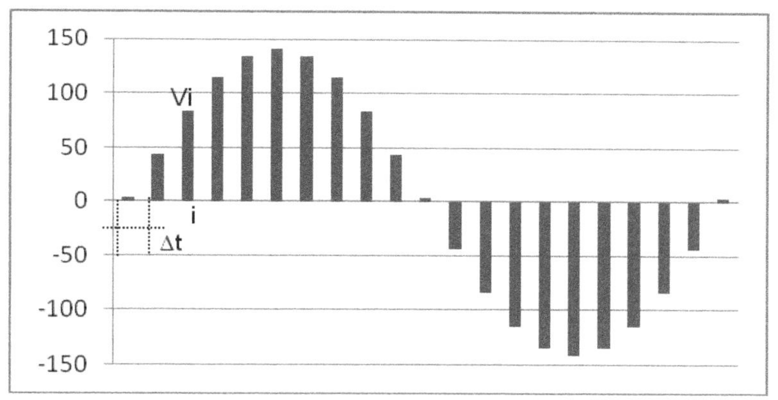

Figura 4.9- Amostragem e cálculo do valor eficaz

Isto é, o valor eficaz do ciclo da nova amostra é calculado a partir do valor da amostra anterior subtraindo-se o quadrado da primeira parcela e somando-se o quadrado da última parcela lida.

A janela de 1 ciclo, sendo deslocada a cada amostra, é também denominada janela deslizante. Assim, os valores da tensão eficaz podem ser calculados de forma eficiente a cada amostra, a partir do valor eficaz para o ciclo imediatamente anterior, conforme ilustrado na Figura 4.10.

Outras variantes de protocolo definem duração de janelas distintas (1/2 ciclo ou até 2 ciclos). Além disso, o valor eficaz não necessariamente precisa ser atualizado (e registrado) a cada amostra, podendo ser calculado a cada 1/2 ciclo, 1 ciclo, etc. O trabalho [3] analisa estas variantes e seu impacto na determinação dos principais parâmetros das VTCDs, magnitude e duração.

Desta forma, o valor eficaz, que é ligado a um ciclo da forma de onda, passa por uma grandeza instantânea, ou seja, com valor calculado a cada amostra. Os medidores apresentam um ajuste de tensão de disparo, tal que quando o valor eficaz da tensão eficaz cai abaixo deste valor, o evento de VTCD é registrado. A duração do evento para cada fase afetada será contabilizada a partir do instante de disparo naquela fase até o instante no qual o valor eficaz da tensão passe a ser superior ao valor da tensão de disparo. A Figura 4.10 ilustra este procedimento.

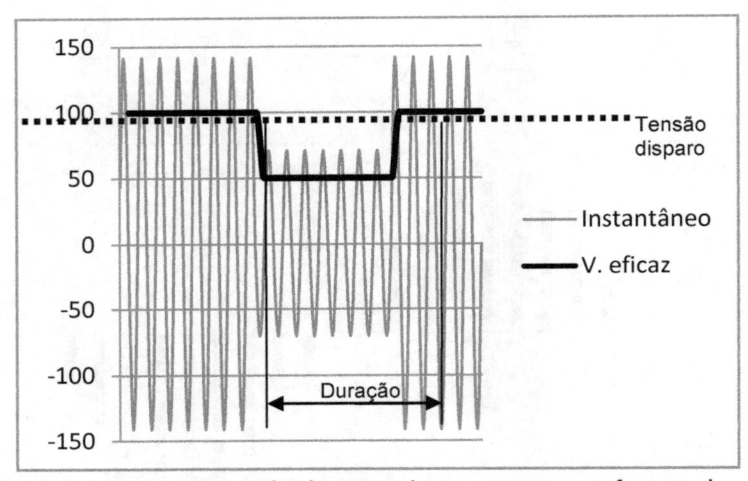

Figura 4.10 – Estabelecimento da duração de uma VTCD, em função da tensão de disparo e do cálculo de valor eficaz deslizante

Outro aspecto importante, que vislumbra principalmente a monitoração das VTCDs, consiste na agregação de informações, de forma que os eventos tenham suas características registradas de forma conveniente.

Destacam-se os seguintes tipos de agregação: Agregação de fases, Agregação temporal e Agregação espacial.

A *Agregação de Fases* é necessária principalmente em eventos originados de faltas assimétricas. A Figura 4.11 ilustra as tensões num dado ponto da rede devido a uma falta fase à terra que evolui para uma falta dupla fase à terra. No instante t1, é iniciado um afundamento de tensão na fase A. No instante t2 inicia-se também um afundamento de tensão na fase B. Os afundamentos de tensão nas fases A e B terminam, respectivamente, nos instantes t3 e t4.

Neste caso, a agregação de fases estabelece a forma como devem ser contabilizadas a magnitude e a duração da VTCD.

Um primeiro enfoque, conservativo, sugere considerar a magnitude como sendo a mínima tensão entre as três fases (VB, no caso da Figura 4.11) e a duração como sendo o intervalo de tempo desde o início do evento na fase A até o final do evento na fase B (t4-t1). Este enfoque é por demais conservativo, e nem sempre denota o real impacto em equipamentos da rede.

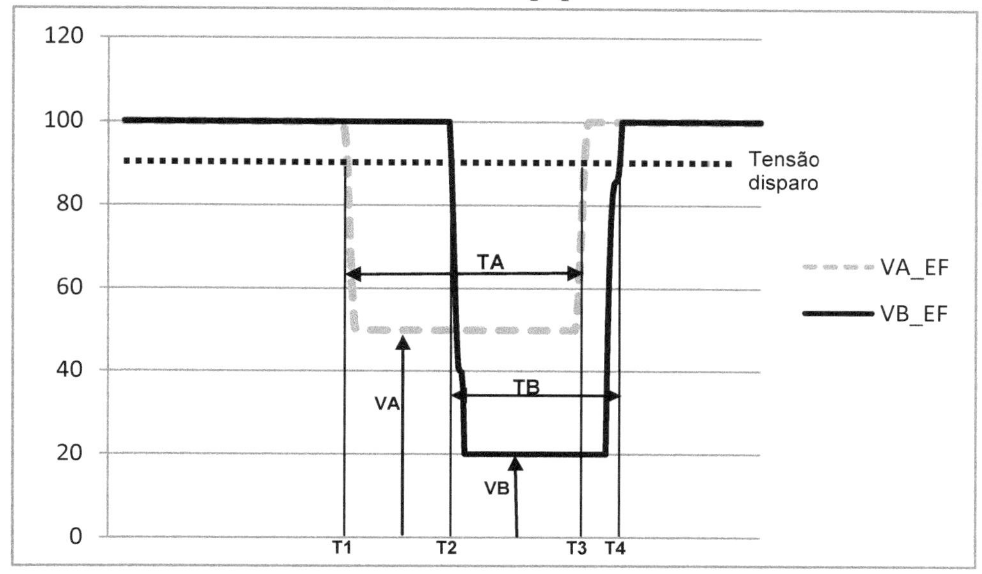

Fig. 4.11 – Agregação de fases

O critério de agregação de fases mais adotado consiste em se analisar aquela fase com a maior severidade em termos de magnitude de tensão e se utilizar a sua duração, como sendo a duração do evento. Ou seja, para a Figura 4.11, a magnitude da tensão na fase B é a menor e, portanto, este evento composto de VTCD é representado pelos parâmetros (magnitude=VB, duração=t4-t2).

No entanto, existem situações nas quais uma fase passa por afundamento de tensão e outra fase passa por elevação de tensão. Nestas condições, devem ser contabilizados os dois fenômenos de qualidade de energia, pois estes podem provocar diferentes efeitos sobre equipamentos ligados na rede.

A *Agregação Temporal* é útil para que não sejam indevidamente contabilizados eventos sequenciais no tempo, de uma mesma origem. Por exemplo, seja a rede da Figura 4.12, onde um defeito trifásico ocorre no ponto A, que dispõem de um religador e um elo fusível à montante.

Neste caso, o religador atua abrindo o circuito depois de um dado tempo Δt1. Na tentativa de se identificar o defeito como temporário, o religador fecha os contatos (isto é, religa) após um tempo de religamento Δtrel. Sendo um defeito permanente, após um tempo Δt2 o fusível funde e abre, isolando o defeito. Um consumidor localizado no ponto B percebe as VTCDs sequenciais ilustradas na Figura 4.12. Neste caso, deve ser contabilizado um único evento com magnitude VB e maior duração entre Δt1 e Δt2.

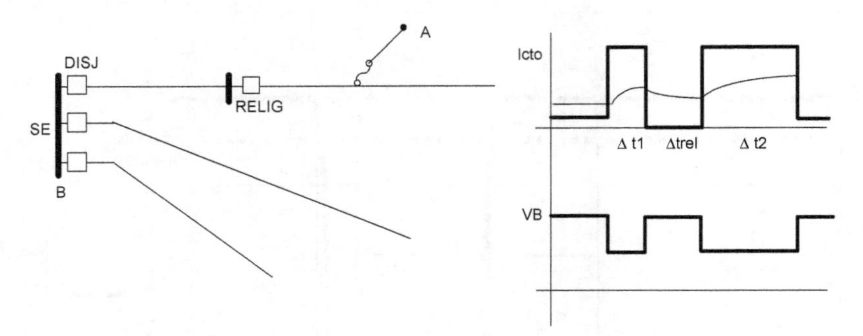

Figura 4.12 - Exemplo de agregação temporal

Normalmente, nos sistemas de monitoramento de qualidade da energia elétrica, é definido um tempo de agregação, por exemplo 1 min. Nesta janela de tempo, todos os eventos são "agregados", ou seja, considera-se aquele mais severo, correspondente à menor magnitude e, eventualmente, maior duração.

A *Agregação Espacial* ocorre quando se deseja realizar o monitoramento de qualidade da energia elétrica em certas barras do sistema, para depois compor os resultados das medições de forma adequada. A Figura 4.13 ilustra esta situação.

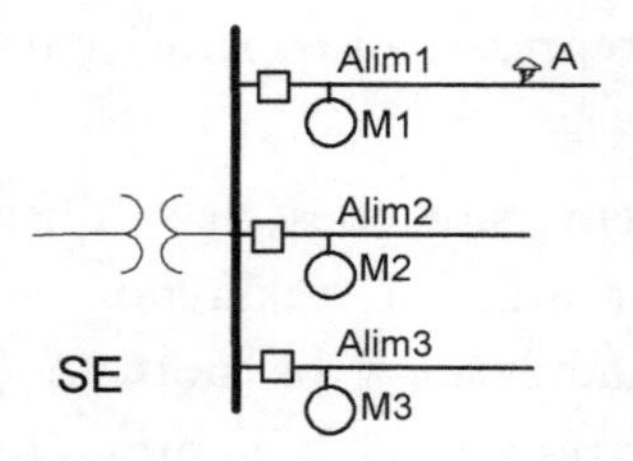

Figura 4.13 – Exemplo de agregação espacial

As informações de VTCDs dos medidores M1, M2 e M3, instalados, conforme Figura 4.13, na mesma barra de média tensão da Subestação, se não tratadas adequadamente, podem levar a uma frequência de ocorrências três vezes maior que o real. Assim, para a falta fase à terra no ponto A, todos os medidores podem registrar VTCD, porém somente um evento deve ser considerado. Podem ocorrer situações, na prática, onde cada medidor registra os eventos de uma fase (ou 2 fases) apenas, sendo assim necessário cuidado especial para aplicação da agregação espacial.

4.5 INDICADORES DE VTCDS

Em um determinado ponto do sistema elétrico, suponha que sejam registrados todos os eventos de VTCDs, com a utilização de um medidor de qualidade de energia elétrica que utiliza o protocolo de medição apresentado no item 4.4. Ou seja, a cada evento, é detectada a VTCD a partir de uma tensão de disparo do medidor e, em cada fase, são avaliadas a magnitude e a duração da VTCD. A partir da agregação, registram-se os valores de duração e magnitude da VTCD, conforme ilustrado na Tabela 4.2.

Tabela 4.2 – Exemplo de registro de ocorrências

Data/ Horário	Magnitude (pu)	Duração (ms)	Informações adicionais
28/11/08/ 19h30m10s	0,42	220	*
* Informações adicionais podem indicar se trata-se de afundamento ou elevação de tensão, número de fases que sofreram VTCD, tipo de VTCD (A, B, C, D, E e F segundo Bollen [4]), etc.			

A Tabela 4.2 pode, após um determinado período de tempo, ser organizada num histograma, no qual são contados o número de eventos, em uma determinada faixa de magnitude de tensão e faixa de duração do evento. A Tabela 4.3 e a Figura 4.14 ilustram os histogramas mencionados.

Tabela 4.3 – Número de ocorrências por duração e amplitude de VTCDs

Amplitude (pu)	Duração (s)								Total
	0.01 a 0.02	0.02 a 0.10	0.10 a 0.50	0.50 a 1.00	1.00 a 3.00	3.00 a 20.0	20.0 a 60.0	60.0 a 180.0	
0.85 a 0.90	92	40	30	10	5	4	2	1	184
0.70 a 0.85	25	65	40	25	4	1	0	0	160
0.40 a 0.70	6	65	132	11	2	0	0	0	216
0.10 a 0.40	0	22	71	11	5	0	0	0	109
0 a 0.10	0	0	0	0	10	4	1	1	16
Total	123	192	273	57	26	9	3	2	685

O histograma assim formado representa o comportamento de uma dada barra (ou estatística sobre um conjunto de barras) do sistema elétrico.

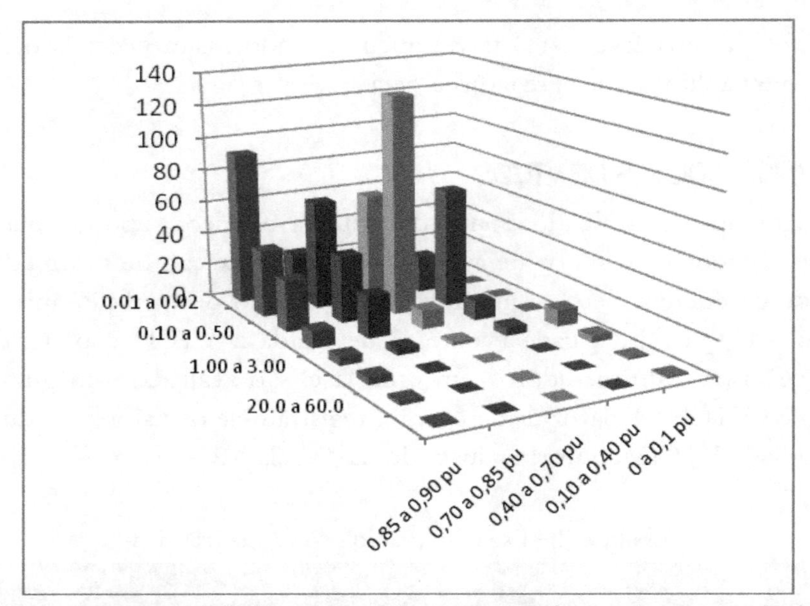

Figura 4.14 – Histograma de freqüências de VTCDs por faixas de magnitude de tensão e de duração

O indicador mais utilizado para análise do desempenho de uma barra ou um sistema elétrico, para análise quanto às VTCDs, é denominado SARFI, do inglês, "System Average RMS Frequency Index", ou, índice médio de frequência de valores eficazes do sistema. O número total de eventos de afundamentos de tensão, com valor de tensão de disparo de 0,9pu, em um dado período de tempo, é chamado de $SARFI_{90\%}$. Este indicador pode ser obtido, por exemplo, pela somatória das frequências de todas as ocorrências de VTCDs, independente da duração dos eventos, ou seja, somando-se todas as células internas da Tabela 4.3.

Generalizando, o índice $SARFI_{x\%}$ contabiliza o número de afundamentos de tensão em dado período de tempo, cujos valores de magnitude de tensão são iguais ou inferiores a x% (=x/100 pu). Por exemplo, $SARFI_{70\%}$ representa o número de afundamentos de tensão com magnitude igual ou inferior a 70%, e pode ser um índice interessante para equipamentos ou processos que são imunes para afundamentos de tensão até 70% e sensíveis para afundamentos de tensão de magnitude igual ou inferior a este valor.

Nos casos de $x \geq 110\%$, o $SARFI_{x\%}$ representa o número de ocorrências de elevações de tensão com magnitude igual ou superior a x%.

Assim, por exemplo, da Tabela 4.3, pode-se inferir diretamente que:

$$SARFI_{90\%} = 685$$

$$SARFI_{70\%} = 501$$

$$SARFI_{40\%} = 341$$

Como pode-se observar, para avaliar o desempenho relativo ao número de VTCDs, o índice SARFI, em dado consumidor do sistema, é análogo ao índice FIC, que avalia o desempenho relativo ao número de interrupções de longa duração.

De forma análoga ao FEC, que corresponde a um indicador coletivo equivalente e médio do número de ocorrências de interrupções no sistema, o indicador SARFI também pode ser generalizado para o sistema. Para tanto, em cada evento que origina VTCDs em barras do sistema, deve ser contabilizado o número de consumidores atingidos, ou seja:

$$SARFIs_{x\%} = \frac{\sum_{i=1}^{N} C_{i,x\%}}{C_s}$$

onde:

$SARFIs_{x\%}$ = índice de frequência de VTCDs no sistema, com magnitude igual ou inferior (ou superior, para elevações de tensão) a x%

$C_{i,x\%}$ = número de consumidores do sistema atingidos na i-ésima ocorrência de VTCD, com magnitude igual ou inferior (ou superior, no caso de elevações de tensão) a x%

Cs = número total de consumidores do sistema

O indicador SARFI $_{x\%}$ vislumbra tão somente a severidade do evento quanto à sua magnitude. No entanto, existe forma de se contabilizar a severidade das VTCDs por sua magnitude e duração em um único indicador. O $SARFI_{ITIC}$, por exemplo, contabiliza o número de ocorrências de VTCDs que se localizam "abaixo" da curva de sensibilidade ITIC para afundamentos de tensão e "acima" da curva para elevações de tensão. A Figura 4.15 ilustra o indicador em uma barra. Os eventos com magnitude e duração fora da área "adequada" (de tolerância do equipamento ou processo) são considerados pelo indicador. No caso da figura, são os eventos representados pelo símbolo de círculo (•), totalizando 7 eventos de VTCDs, sendo 4 acima da curva ITIC, que podem representar danos ao equipamento e 3 abaixo da curva ITIC, que podem representar mau funcionamento do equipamento. Ou seja, neste caso, o $SARFI_{ITIC}$=7 eventos/período.

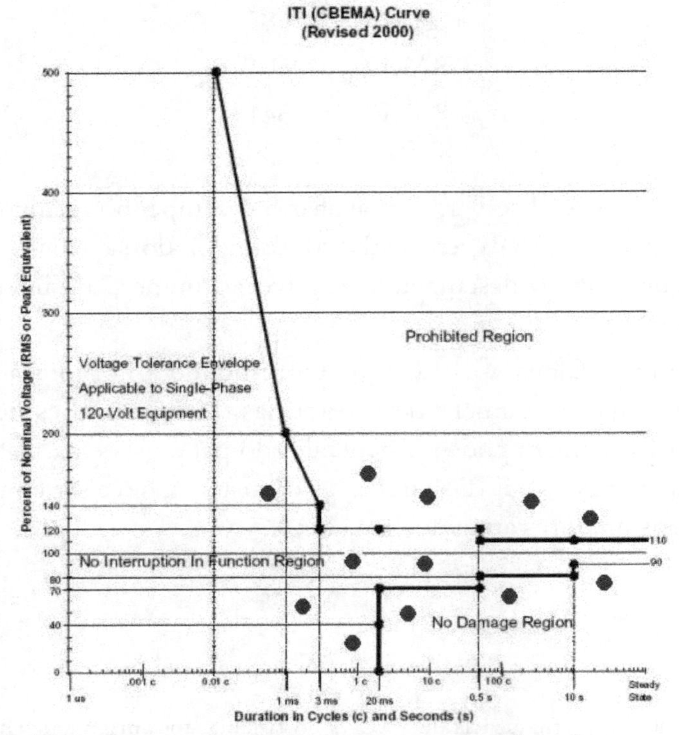

Figura 4.15 – Eventos de VTCD (duração,magnitude) sobre a curva ITIC

De forma análoga, pode ser definido indicador SARFI para qualquer outra curva de sensibilidade de equipamento ou processo.

4.6 ESTIMAÇÃO DE INDICADORES DE VTCDs

4.6.1 Considerações Gerais

A estimação de indicadores de variações de tensão de curta duração pode ser subdividida nos seguintes aspectos inter-relacionados:

- *Estimação da magnitude das VTCDs*: conforme previamente citado, este livro concentra-se nos fenômenos de VTCD provocados por curto-circuitos no sistema elétrico. A partir da simulação de curto circuito num dado ponto da rede, podem ser calculadas, para um determinado tipo de falta e impedância de defeito, as correntes de curto-circuito. Além disso, são determinadas as contribuições de corrente nos componentes da rede e as tensões em todas as barras do sistema, conforme ilustrado na Figura 4.16. O cálculo das tensões possibilita a estimação das magnitudes das VTCDs em qualquer barra *i* da rede, em qualquer fase, ou seja, é determinado o vetor $\underset{\sim}{V_i} = \begin{bmatrix} V_i^A \\ V_i^B \\ V_i^C \end{bmatrix}$.

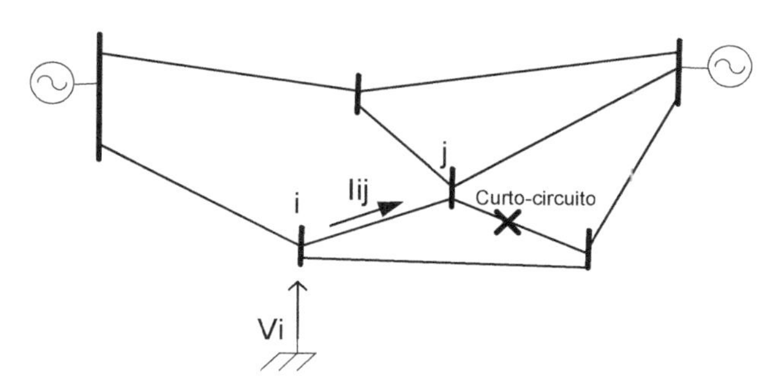

Figura 4.16 – Contribuições e tensões resultantes de defeito na rede

- *Estimação da duração das VTCDs*: a avaliação da duração das VTCDs é mais complexa do que a da avaliação da magnitude, pois depende de como o sistema de proteção reage ao evento de curto circuito, de forma a isolar a parte da rede em defeito. Existem casos nos quais ocorre uma extinção natural do defeito, mesmo antes que a proteção do sistema elétrico ocorra. A duração do evento pode ser estimada como sendo o menor entre esses dois valores, isto é, entre o tempo de extinção natural e o tempo de atuação da proteção. Esta análise não é trivial, pois o tempo de extinção natural é, como será visto adiante, uma variável aleatória, com distribuição de probabilidade assumida para efeito de simulação. Assim sendo, existirá uma probabilidade associada à cada duração de evento de VTCD. A Figura 4.17 ilustra este ponto.

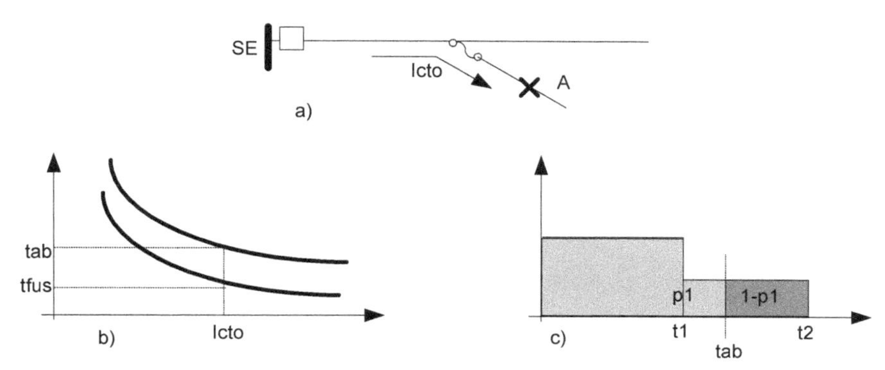

Figura 4.17 – Duração de VTCDs

Um curto circuito no ponto A da rede da Figura 4.17a terá duração dada pelo valor mínimo entre o tempo de extinção natural do defeito e o tempo de abertura (t_{ab}) do fusível F, isto assumindo-se que o fusível está coordenado com os demais dispositivos de proteção à sua montante. Porém, se a distribuição de probabilidade do tempo de extinção natural é dada pela Figura 4.17c, existe uma probabilidade p1 do defeito se extinguir naturalmente, e probabilidade (1-p1) do defeito ser isolado pelo fusível.

- *Estimação de frequência de ocorrências de VTCDs*: para a estimação de indicadores como o SARFI, um primeiro enfoque seria partir da área de vulnerabilidade de um dado ponto da rede conforme ilustrado na Figura 4.18, onde são apresentadas as curvas relativas às VTCDs com magnitude inferior aos valores 0,5, 0,7 e 0,9 pu. Conhecendo-se o índice de faltas em cada componente da rede, dado em número de faltas por ano, por exemplo, poder-se-ia avaliar o número de ocorrências de VTCDs por ano nas diferentes magnitudes consideradas, o que levaria à estimação dos índices $SARFI_{50\%}$, $SARFI_{70\%}$ e $SARFI_{90\%}$ para o consumidor localizado no ponto A da figura.

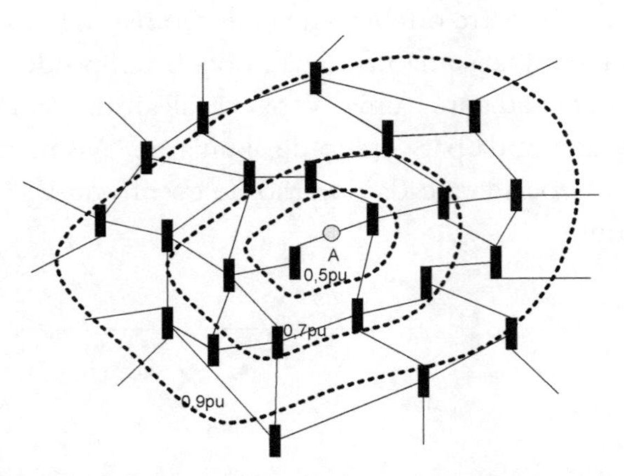

Figura 4.18 – Áreas de vulnerabilidade para o consumidor A

A dificuldade neste procedimento é que as áreas de vulnerabilidade devem ser definidas levando-se em conta os diferentes tipos de falta e diferentes valores de impedâncias de defeito. Estes dois parâmetros podem ser considerados como variáveis aleatórias, com funções de densidade de probabilidade associadas, como será visto mais adiante neste capítulo.

4.6.2 Cálculo de curto circuito

Como mencionado no item anterior, o cálculo de curto circuito é fundamental para a estimação de magnitude das VTCDs e, indiretamente, para a estimação da duração do evento.

Para o cálculo de curto circuito, devem ser conhecidos:

- A topologia da rede, com informações do estado das chaves (NA/NF) e de impedâncias sequenciais de todos os componentes da rede. Para os transformadores, os esquemas de ligação dos enrolamentos são importantíssimos para a análise da "propagação" das VTCDs;
- Geração e/ou suprimentos conectados, com suas impedâncias sequenciais equivalentes ou potências de curto circuito (trifásica e fase-terra);
- Impedâncias de defeito: podem ser diferenciados os valores das impedâncias de defeito entre fases e impedâncias de defeito para a terra. Conforme mencionado anteriormente, este parâmetro é normalmente considerado como uma variável aleatória. A Figura 4.19 ilustra dois exemplos de tratamento das impedâncias de defeito, sendo o primeiro com uma distribuição de probabilidades uniforme entre valores mínimo e máximo, e o segundo com uma distribuição normal, com média e desvio padrão conhecidos. Na Figura 4.19, são mostradas a função densidade de probabilidade e a função de distribuição acumulada de probabilidades para estas duas formas possíveis de tratamento. Obviamente, qualquer curva de distribuição de probabilidade poderia ser utilizada, por exemplo, a partir de algum tipo de levantamento de campo ou análise estatística de valores de impedância de defeito verificadas. Tais valores de impedância podem ser obtidos de medições de sistemas de monitoramento e de relés, que tratam as informações coletadas através de software que, além de localizar o ponto mais provável da falta, também avalia a impedância de defeito [5].

O cálculo de curto circuito numa barra *i* genérica pode ser interpretado pela situação ilustrada na Figura 4.20.

O cálculo da rede da Figura 4.20.b pode ser tratado por superposição de efeitos, formando as duas redes da Figura 4.21.

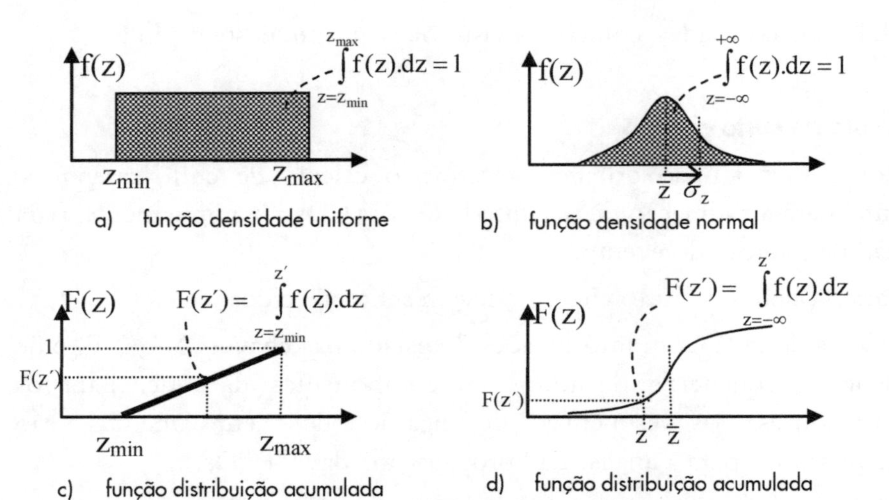

Figura 4.19 – Impedância de defeito como variável aleatória

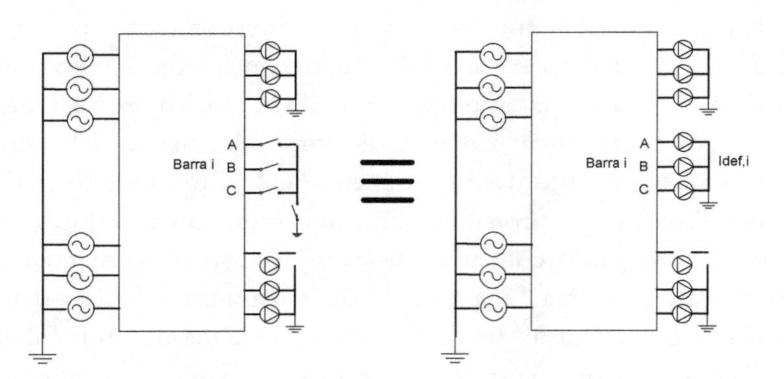

Figura 4.20 – Defeito genérico na barra *i*

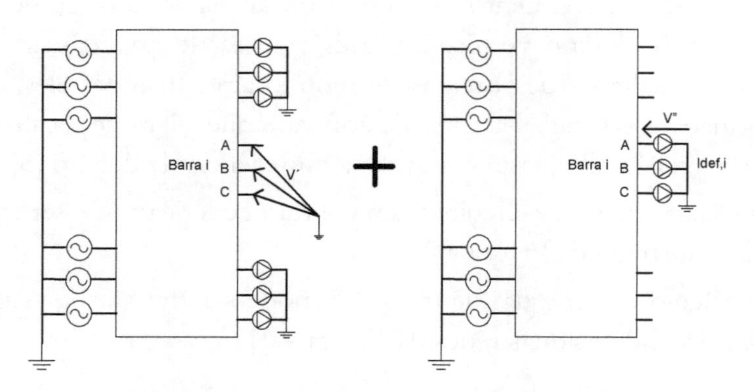

a) rede pré-falta b) rede só com corrente de defeito

Figura 4.21 – Superposição de efeitos

A tensão na barra i, nas fases A, B e C, pode ser determinada, por superposição de efeitos, pela seguinte expressão:

$$\begin{bmatrix}\dot{V}_i^A\\ \dot{V}_i^B\\ \dot{V}_i^C\end{bmatrix}=\begin{bmatrix}\dot{V}'^A_i\\ \dot{V}'^B_i\\ \dot{V}'^C_i\end{bmatrix}+\begin{bmatrix}\dot{V}''^A_i\\ \dot{V}''^B_i\\ \dot{V}''^C_i\end{bmatrix},$$

ou, simplesmente, $\underset{\sim}{\dot{V}_i}=\underset{\sim}{\dot{V}'_i}+\underset{\sim}{\dot{V}''_i}$.

O termo $\underset{\sim}{\dot{V}'_i}$ representa a condição de pré-falta da rede e pode ser avaliado por aplicativos de fluxo de potência, como aqueles apresentados no capítulo 3, ou por outros métodos convencionais de análise.

O termo $\underset{\sim}{\dot{V}''_i}$ representa a variação de tensão nas fases da barra i pela injeção de corrente de defeito nesta mesma barra. Tal variação pode ser avaliada a partir da matriz de impedâncias nodais da Figura 4.21.b, ou seja:

$$\begin{bmatrix}\dot{V}_i^A\\ \dot{V}_i^B\\ \dot{V}_i^C\end{bmatrix}=\begin{bmatrix}\dot{V}'^A_i\\ \dot{V}'^B_i\\ \dot{V}'^C_i\end{bmatrix}+\begin{bmatrix}\dot{V}''^A_i\\ \dot{V}''^B_i\\ \dot{V}''^C_i\end{bmatrix}=\begin{bmatrix}\dot{V}'^A_i\\ \dot{V}'^B_i\\ \dot{V}'^C_i\end{bmatrix}-\begin{bmatrix}Z_{ii}^{AA} & Z_{ii}^{AB} & Z_{ii}^{AC}\\ Z_{ii}^{BA} & Z_{ii}^{BB} & Z_{ii}^{BC}\\ Z_{ii}^{CA} & Z_{ii}^{CB} & Z_{ii}^{CC}\end{bmatrix}\cdot\begin{bmatrix}\dot{I}'^A_{def,i}\\ \dot{I}'^B_{def,i}\\ \dot{I}'^C_{def,i}\end{bmatrix}$$

Onde:

- $\dot{I}'^A_{def,i},\dot{I}'^B_{def,i},\dot{I}'^C_{def,i}$ - são as correntes de defeito na barra i, fases A, B e C, respectivamente
- $Z_{ii}^{AA},Z_{ii}^{BB},Z_{ii}^{CC}$ - são impedâncias de entrada da barra i, fases A, B e C, respectivamente
- $Z_{ii}^{AB},Z_{ii}^{BC},Z_{ii}^{CA}$ - são impedâncias de entrada, respectivamente, entre as fases A e B, B e C; e C e A, da barra i.

Aplicando-se as transformações de componentes simétricas:

$$\begin{bmatrix}\dot{V}^A\\ \dot{V}^B\\ \dot{V}^C\end{bmatrix}=[T]\begin{bmatrix}\dot{V}^0\\ \dot{V}^1\\ \dot{V}^2\end{bmatrix}=\begin{bmatrix}1 & 1 & 1\\ 1 & \alpha^2 & \alpha\\ 1 & \alpha & \alpha^2\end{bmatrix}\begin{bmatrix}\dot{V}^0\\ \dot{V}^1\\ \dot{V}^2\end{bmatrix}\quad e$$

$$\begin{bmatrix}\dot{V}^0\\ \dot{V}^1\\ \dot{V}^2\end{bmatrix}=[T]^{-1}\begin{bmatrix}\dot{V}^A\\ \dot{V}^B\\ \dot{V}^C\end{bmatrix}=\frac{1}{3}\begin{bmatrix}1 & 1 & 1\\ 1 & \alpha & \alpha^2\\ 1 & \alpha^2 & \alpha\end{bmatrix}\begin{bmatrix}\dot{V}^A\\ \dot{V}^B\\ \dot{V}^C\end{bmatrix}$$

Tem-se:

$$[T]\begin{bmatrix}\dot{V}_i^0\\ \dot{V}_i^1\\ \dot{V}_i^2\end{bmatrix}=[T]\begin{bmatrix}\dot{V}'^0_i\\ \dot{V}'^1_i\\ \dot{V}'^2_i\end{bmatrix}-\begin{bmatrix}Z_{ii}^{AA} & Z_{ii}^{AB} & Z_{ii}^{AC}\\ Z_{ii}^{BA} & Z_{ii}^{BB} & Z_{ii}^{BC}\\ Z_{ii}^{CA} & Z_{ii}^{CB} & Z_{ii}^{CC}\end{bmatrix}\cdot[T]\begin{bmatrix}\dot{I}'^0_{def,i}\\ \dot{I}'^1_{def,i}\\ \dot{I}'^2_{def,i}\end{bmatrix}$$

E, pré-multiplicando por $[T]^{-1}$, tem-se:

$$\begin{bmatrix} \dot{V}_i^0 \\ \dot{V}_i^1 \\ \dot{V}_i^2 \end{bmatrix} = \begin{bmatrix} \dot{V}'^0_i \\ \dot{V}'^1_i \\ \dot{V}'^2_i \end{bmatrix} - \begin{bmatrix} Z_{ii}^{00} & 0 & 0 \\ 0 & Z_{ii}^{11} & 0 \\ 0 & 0 & Z_{ii}^{22} \end{bmatrix} . \begin{bmatrix} \dot{I}_{def,i}^0 \\ \dot{I}_{def,i}^1 \\ \dot{I}_{def,i}^2 \end{bmatrix} .$$

Onde a matriz de impedâncias sequenciais torna-se diagonal, sempre que o sistema seja equilibrado e simétrico, ou seja, $Z_p = Z_{ii}^{AA} = Z_{ii}^{BB} = Z_{ii}^{CC}$ e $Z_m = Z_{ii}^{AB} = Z_{ii}^{BC} = Z_{ii}^{CA}$, ou quando de transposição da linha $Z_p = \dfrac{Z_{ii}^{AA} + Z_{ii}^{BB} + Z_{ii}^{CC}}{3}$ e $Zm = \dfrac{Z_{ii}^{AB} + Z_{ii}^{BC} + Z_{ii}^{CA}}{3}$.

A matriz de impedâncias sequenciais fica:

$$\begin{bmatrix} Z_{ii}^{00} & 0 & 0 \\ 0 & Z_{ii}^{11} & 0 \\ 0 & 0 & Z_{ii}^{22} \end{bmatrix} = [T]^{-1} \begin{bmatrix} Z_p & Z_m & Z_m \\ Z_m & Z_p & Z_m \\ Z_m & Z_m & Z_p \end{bmatrix} . [T] = \begin{bmatrix} Z_p + 2Z_m & 0 & 0 \\ 0 & Z_p - Z_m & 0 \\ 0 & 0 & Z_p - Z_m \end{bmatrix} .$$

Ou seja, têm-se as três sequências desacopladas, isto é:

$$\dot{V}_i^0 = \dot{V}'^0_i - Z_{ii}^{00} . \dot{I}_{def,i}^0$$

$$\dot{V}_i^1 = \dot{V}'^1_i - Z_{ii}^{11} . \dot{I}_{def,i}^1$$

$$\dot{V}_i^2 = \dot{V}'^2_i - Z_{ii}^{22} . \dot{I}_{def,i}^2$$

Estas expressões fornecem as tensões sequenciais na barra i, e representam os circuitos equivalentes seqüenciais de Thevenin nesta barra, conforme ilustrado na Figura 4.22.

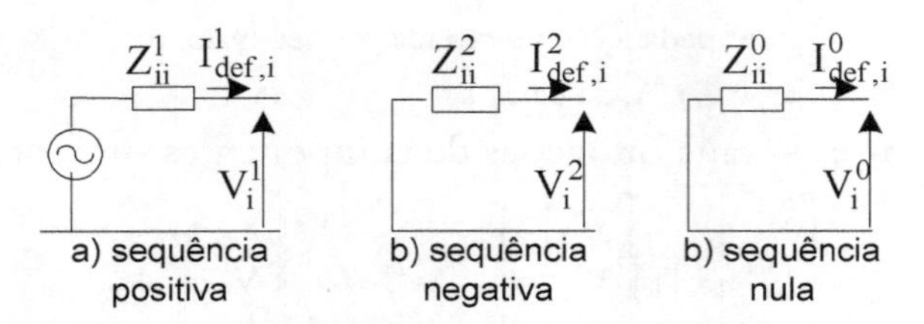

Figura 4.22 – Circuitos equivalentes de Thevenin no ponto de defeito

De forma análoga, a tensão resultante numa barra j qualquer da rede, devido ao defeito na barra i, pode ser avaliada por superposição:

$$\underset{\sim}{\dot{V}_j} = \underset{\sim}{\dot{V}'_j} + \underset{\sim}{\dot{V}''_j} \text{ ou } \underset{\sim}{\dot{V}_j} = \underset{\sim}{\dot{V}'_j} - [Z_{ji}] \underset{\sim}{I_{def,i}} ,$$

onde os elementos da matriz $[Z_{ji}]$ representam as impedâncias de transferência, entre as barras j e i, nas fases A, B e C. E, ainda, já em termos de componentes simétricas:

$$\begin{bmatrix} \dot{V}_j^0 \\ \dot{V}_j^1 \\ \dot{V}_j^2 \end{bmatrix} = \begin{bmatrix} \dot{V}'^0_j \\ \dot{V}'^1_j \\ \dot{V}'^2_j \end{bmatrix} - \begin{bmatrix} Z_{ji}^{00} & 0 & 0 \\ 0 & Z_{ji}^{11} & 0 \\ 0 & 0 & Z_{ji}^{22} \end{bmatrix} . \begin{bmatrix} \dot{I}_{def,i}^0 \\ \dot{I}_{def,i}^1 \\ \dot{I}_{def,i}^2 \end{bmatrix}$$

ou

$$\begin{aligned} \dot{V}_j^0 &= \dot{V}'^0_j - Z_{ji}^{00}.\dot{I}_{def,i}^0 \\ \dot{V}_j^1 &= \dot{V}'^1_j - Z_{ji}^{11}.\dot{I}_{def,i}^1 \\ \dot{V}_j^2 &= \dot{V}'^2_j - Z_{ji}^{22}.\dot{I}_{def,i}^2 \end{aligned}.$$

Normalmente, considera-se a situação de pré-falta simétrica e equilibrada, ou seja $\dot{V}'^0_j = \dot{V}'^2_j = 0$, qualquer que seja a barra j da rede. No caso de existirem transformadores com ligação delta – estrela aterrado, tem-se defasagem entre as grandezas (corrente e tensão) de $\Delta\phi$ do enrolamento primário para o secundário, na sequência positiva e de $-\phi\Delta$, na sequência negativa. Por exemplo, uma única transformação com ligação delta – estrela aterrado e $\phi\Delta = +30°$ entre as barras j e i, implicaria em +30° na sequência positiva e -30° na sequência negativa. Quando o número de transformações entre as barras j e i for maior que 1, o valor de $\phi\Delta$ deve ser algebricamente computado como sendo a soma das defasagens de cada transformação. Genericamente, o cálculo da tensão na barra j resulta:

$$\begin{aligned} \dot{V}_j^0 &= -Z_{ji}^{00}.\dot{I}_{def,i}^0 \\ \dot{V}_j^1 &= \left(\dot{V}'^1_j - Z_{ji}^{22}.\dot{I}_{def,i}^1\right)\underline{|-\Delta\phi} \\ \dot{V}_j^2 &= \left(-Z_{ji}^{22}.\dot{I}_{def,i}^2\right)\underline{|+\Delta\phi} \end{aligned}.$$

Uma vez obtidas a tensões sequenciais na barra *j*, pode-se, obviamente, avaliar as tensões de fase A, B e C e as tensões de linha AB, BC e CA:

$$\begin{bmatrix} \dot{V}_j^A \\ \dot{V}_j^B \\ \dot{V}_j^C \end{bmatrix} = \begin{bmatrix} 1 & 1 & 1 \\ 1 & \alpha^2 & \alpha \\ 1 & \alpha & \alpha^2 \end{bmatrix} \begin{bmatrix} \dot{V}_j^0 \\ \dot{V}_j^1 \\ \dot{V}_j^2 \end{bmatrix} \quad \text{e} \quad \begin{bmatrix} \dot{V}_j^{AB} \\ \dot{V}_j^{BC} \\ \dot{V}_j^{CA} \end{bmatrix} = \begin{bmatrix} 1 & -1 & 0 \\ 0 & 1 & -1 \\ -1 & 0 & 1 \end{bmatrix} \begin{bmatrix} \dot{V}_j^A \\ \dot{V}_j^B \\ \dot{V}_j^C \end{bmatrix}$$

As impedâncias sequenciais de entrada Z_{ii}^{00} e Z_{ii}^{11} e as impedâncias seqüenciais de transferência Z_{ji}^{00} e Z_{ji}^{11} são, em geral, obtidas a partir das matrizes de admitâncias nodais de seqüência zero $\lfloor Y^0 \rfloor$ e seqüência positiva $\lfloor Y^1 \rfloor$, respectivamente, para as redes da Figura 4.21.b, isto é com os geradores de tensão desativados (tensões internas nulas – curto circuitados) e com geradores de corrente de carga desativados (em aberto). Os elementos das matrizes de impedâncias nodais necessários ao cálculo do curto circuito na barra i são então avaliados pela solução dos seguintes sistemas de equações, impondo-se corrente injetada unitária somente na barra i:

$$\begin{bmatrix} 0 \\ - \\ 1 \\ - \\ 0 \end{bmatrix} = \begin{bmatrix} Y^1_{11} & Y^1_{1i} & Y^1_{1n} \\ & & \\ Y^1_{i1} & Y^1_{ii} & Y^1_{in} \\ & & \\ Y^1_{n1} & Y^1_{ni} & Y^1_{nn} \end{bmatrix} \begin{bmatrix} V^1_1 \\ - \\ V^1_i \\ - \\ V^1_n \end{bmatrix} \qquad \begin{bmatrix} 0 \\ - \\ 1 \\ - \\ 0 \end{bmatrix} = \begin{bmatrix} Y^0_{11} & Y^0_{1i} & Y^0_{1n} \\ & & \\ Y^0_{i1} & Y^0_{ii} & Y^0_{in} \\ & & \\ Y^1_{n1} & Y^0_{ni} & Y^0_{nn} \end{bmatrix} \begin{bmatrix} V^0_1 \\ - \\ V^0_i \\ - \\ V^0_n \end{bmatrix}$$

Ou seja, as tensões seqüenciais nas barras do sistema avaliadas pelos sistemas de equações resultam nas i-ésimas colunas das matrizes de impedâncias nodais nas seqüências correspondentes:

$$\begin{bmatrix} V^1_1 \\ \ldots \\ V^1_i \\ \ldots \\ V^1_n \end{bmatrix} = \begin{bmatrix} Y^1_{11} & Y^1_{1i} & Y^1_{1n} \\ & & \\ Y^1_{i1} & Y^1_{ii} & Y^1_{in} \\ & & \\ Y^1_{n1} & Y^1_{ni} & Y^1_{nn} \end{bmatrix}^{-1} \begin{bmatrix} 0 \\ \ldots \\ 1 \\ \ldots \\ 0 \end{bmatrix} = \begin{bmatrix} Z^1_{11} & Z^1_{1i} & Z^1_{1n} \\ & & \\ Z^1_{i1} & Z^1_{ii} & Z^1_{in} \\ & & \\ Z^1_{n1} & Z^1_{ni} & Z^1_{nn} \end{bmatrix} \begin{bmatrix} 0 \\ .. \\ 1 \\ \ldots \\ 0 \end{bmatrix} = \begin{bmatrix} Z^1_{1i} \\ \ldots \\ Z^1_{ii} \\ \ldots \\ Z^1_{ni} \end{bmatrix}$$

$$\begin{bmatrix} V^0_1 \\ \ldots \\ V^0_i \\ \ldots \\ V^0_n \end{bmatrix} = \begin{bmatrix} Y^0_{11} & Y^0_{1i} & Y^0_{1n} \\ & & \\ Y^0_{i1} & Y^0_{ii} & Y^0_{in} \\ & & \\ Y^1_{n1} & Y^0_{ni} & Y^0_{nn} \end{bmatrix}^{-1} \begin{bmatrix} 0 \\ \ldots \\ 1 \\ \ldots \\ 0 \end{bmatrix} = \begin{bmatrix} Z^0_{11} & Z^0_{1i} & Z^0_{1n} \\ & & \\ Z^0_{i1} & Z^0_{ii} & Z^0_{in} \\ & & \\ Z^0_{n1} & Z^0_{ni} & Z^0_{nn} \end{bmatrix} \begin{bmatrix} 0 \\ .. \\ 1 \\ \ldots \\ 0 \end{bmatrix} = \begin{bmatrix} Z^0_{1i} \\ \ldots \\ Z^0_{ii} \\ \ldots \\ Z^1_{ni} \end{bmatrix}$$

Os valores das correntes seqüenciais no ponto de defeito, na barra i, são obtidos a partir das condições de contorno para cada tipo de defeito, ou seja:

- trifásico: $V^A_i = V^B_i = V^C_i = 0,$ ou seja, $V^1_i = 0, \;\; I^2_i = I^0_i = 0$

- fase-terra franco: $V^A_i = 0, \;\; I^B_i = I^C_i = 0,$ ou seja, $V^0_i + V^1_i + V^2_i = 0, \;\; I^0_i = I^1_i = I^2_i$

- dupla fase:

$$V_i^B = V_i^C,\ I_i^A = 0,\ I_i^B = -I_i^C, \text{ ou seja,}$$
$$V_i^0 = 0,\ \ V_i^1 = V_i^2,\ \ I_i^1 = -I_i^2$$

- dupla fase-terra:

$$V_i^B = V_i^C = 0,\ I_i^A = 0, \text{ ou seja,}$$
$$V_i^0 = V_i^1 = V_i^2,\ \ I_i^0 + I_i^1 + I_i^2 = 0$$

As condições de contorno acima resultam nos diagramas seqüenciais vistos do ponto de defeito, barra i, conforme Figura 4.23.

Defeito	Diagrama de Cálculo	Correntes Seqüenciais
Trifásico	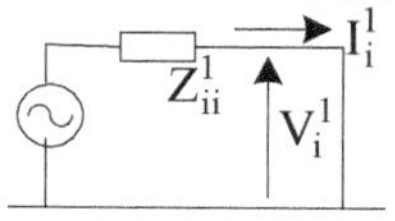 Z_{ii}^1, I_i^1, V_i^1	$I_{def,i}^1 = \frac{V_i^1}{Z_{ii}^1}$ $I_{def,i}^0 = I_{def,i}^2 = 0$
Fase terra	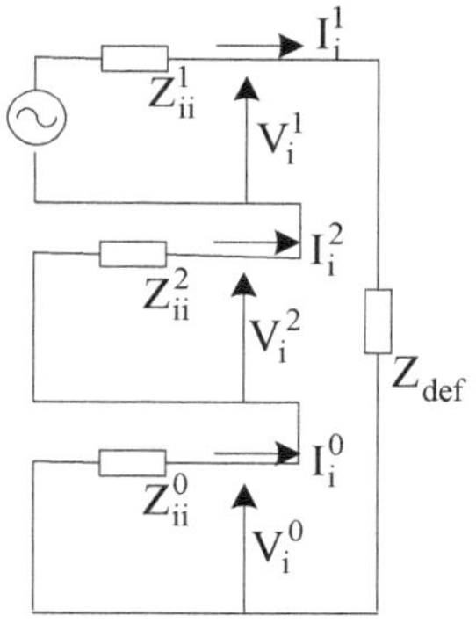 Z_{ii}^1, I_i^1, V_i^1, Z_{ii}^2, I_i^2, V_i^2, Z_{ii}^0, I_i^0, V_i^0, Z_{def}	$I_{def,i}^1 = I_{def,i}^0 = I_{def,i}^2 = \frac{V_i^1}{2.Z_{ii}^1 + Z_{ii}^0 + 3.Z_{def}}$
Dupla Fase	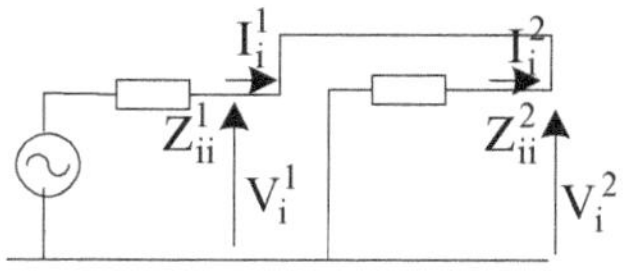 Z_{ii}^1, I_i^1, V_i^1, Z_{ii}^2, I_i^2, V_i^2	$I_{def,i}^1 = \frac{V_i^1}{Z_{ii}^1}$ $I_{def,i}^0 = I_{def,i}^2 = 0$
Dupla Fase terra	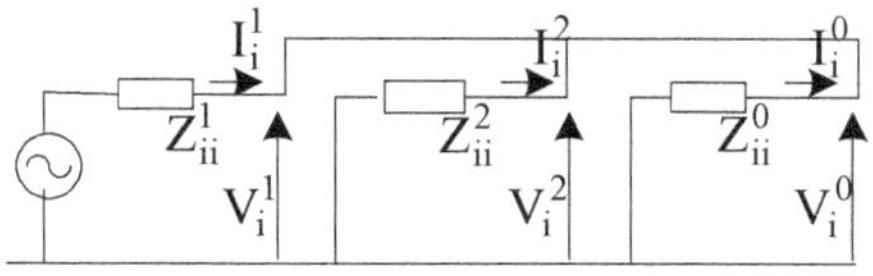 Z_{ii}^1, I_i^1, V_i^1, Z_{ii}^2, I_i^2, V_i^2, Z_{ii}^0, I_i^0, V_i^0	$I_{def,i}^1 = \frac{V_i^1}{Z_{ii}^1}$ $I_{def,i}^0 = I_{def,i}^2 = 0$

Figura 4.23 – Diagramas para cálculo dos defeitos na barra i

Exemplo 4.2 Para o circuito da Figura 4.24, deseja-se avaliar as tensões nas barras do sistema para defeitos trifásico, dupla fase e fase-terra na barra 3. São conhecidos os seguintes dados:

- Transformador 1-2: Delta-estrela aterrado, tensões nominais 500/138kV, S_{nom}=200MVA, $x_1=x_0$=0,02pu.
- Transformador 4-5: Delta-estrela aterrado, tensões nominais 138/13,8kV, S_{nom}=100MVA, $x_1=x_0$=0,03pu.
- Linhas: x_1=0,5 Ω/km, x_0=1,5 Ω/km.
- Equivalente na barra 1: Potências de curto circuito trifásico e fase terra, iguais, respectivamente a j5000MVA e j3000MVA.

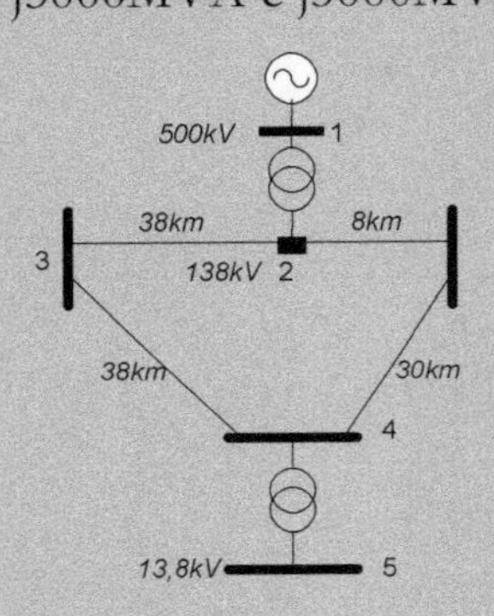

Figura 4.24 – Rede para o Exemplo 4.2

Adotando valores de base S_{BASE}=100MVA, V_{B1}=500kV, V_{B2}=138kV, V_{B3}=13,8kV.

Transformador 1-2: $x_1 = x_0 = 0{,}02 \cdot \dfrac{500^2}{200} \cdot \dfrac{100}{500^2} = 0{,}01\text{pu}$

Transformador 4-5: $x_1 = x_0 = 0{,}03 = 0{,}01\text{pu}$

Impedâncias do sistema: $$z_1 = \frac{1}{s^*_{trifásico}} = \frac{S_{BASE}}{S^*_{trifásico}} = \frac{100}{-j5000} = j0{,}02\text{pu}$$

$$z_0 = \frac{3}{s^*_{fase-terra}} - \frac{2}{s^*_{trifásico}} = \frac{3}{-j30} - \frac{2}{-j50} = j0{,}06\text{pu}$$

Linhas: $x_1 = \dfrac{0{,}5*38}{\left(138^2/100\right)} = j0{,}10\text{pu} \quad x_0 = 3x_1 = j0{,}30\text{pu}$

Os diagramas de seqüência positiva e zero, com as admitâncias seqüenciais (inverso das impedâncias obtidas) de cada um dos componentes, são apresentados na Figura 4.25.

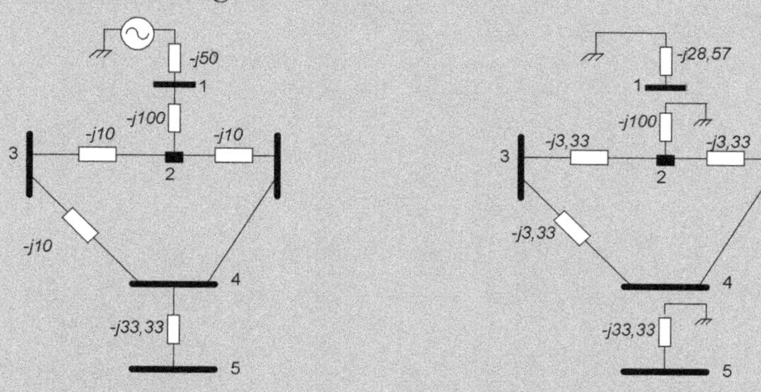

a. Seqüência positiva b. Seqüencia negativa

Figura 4.25 – Diagramas seqüenciais para a rede do Exemplo 4.2

As matrizes de admitâncias nodais resultam:

$$[Y^1] = -j\begin{bmatrix} 150 & -100 & & & \\ -100 & 120 & -10 & -10 & \\ & -10 & 20 & -10 & \\ & -10 & -10 & 53{,}33 & -33{,}33 \\ & & & -33{,}33 & 33{,}33 \end{bmatrix} \text{pu}$$

$$[Y^0] = -j\begin{bmatrix} 16{,}67 & & & & \\ & 106{,}67 & -3{,}33 & -33{,}33 & \\ & -3{,}33 & 6{,}67 & -3{,}33 & \\ & -33{,}33 & -10 & 66{,}67 & \\ & & & & 33{,}33 \end{bmatrix} \text{pu}$$

A partir da resolução dos sistemas [I]=[Y].[V], impondo corrente injetada unitária na barra 3, obtêm-se as colunas da matriz de impedâncias nodais, para as seqüências positiva e nula, relativas à barra 3:

$$[Z_3^1] = j\begin{bmatrix} 0{,}02 \\ 0{,}03 \\ 0{,}097 \\ 0{,}063 \\ 0{,}063 \end{bmatrix} \text{pu} \qquad [Z_3^0] = j\begin{bmatrix} 0 \\ 0{,}01 \\ 0{,}21 \\ 0{,}11 \\ 0 \end{bmatrix} \text{pu}$$

- Curto circuito trifásico na barra 3:

$$i_1 = i_{def} = \frac{1}{j0,097} = -j10,341\,pu$$
$$i_0 = i_2 = 0$$
$$v_j = v'_j - Z^1_{j3}.i_{def}$$
$$v_1 = 1 - 0,02 \cdot 10,341 = 0,793pu$$
$$v_2 = 0,690pu \quad v_4 = v_5 = 0,345pu$$

- Curto circuito dupla fase na barra 3:

$$i_1 = -i_2 = \frac{1}{2 \cdot j0,097} = -j5,171pu$$
$$v^1_j = \left(v'^1_j - Z^1_{j3}.i_1\right)\underline{|-\Delta\phi} \qquad v^2_j = \left(-Z^1_{j3}.i_2\right)\underline{|+\Delta\phi} \qquad v^0_j = 0$$

Resulta:

$$v^1_1 = \left(1 - j0,02.-j5,171\right)\underline{|-30^o} = 0,896\underline{|-30^o}\ pu$$
$$v^2_1 = \left(-j0,02.j5,171\right)\underline{|+30^o} = 0,103\underline{|+30^o}\ pu$$
$$\begin{bmatrix} v^A_1 \\ v^B_1 \\ v^C_1 \end{bmatrix} = [T]\begin{bmatrix} v^0_1 \\ v^1_1 \\ v^2_1 \end{bmatrix} = [T]\begin{bmatrix} 0 \\ 0,896\underline{|-30^o} \\ 0,103\underline{|+30^o} \end{bmatrix} = \begin{bmatrix} 0,952\underline{|-24,6^o} \\ 0,952\underline{|-155,4^o} \\ 0,793\underline{|90^o} \end{bmatrix} pu$$

Analogamente:

$$\begin{bmatrix} v^0_2 \\ v^1_2 \\ v^2_2 \end{bmatrix} = \begin{bmatrix} 0 \\ 0,845 \\ 0,155 \end{bmatrix} pu \Rightarrow \begin{bmatrix} v^A_2 \\ v^B_2 \\ v^C_2 \end{bmatrix} = \begin{bmatrix} 1 \\ 0,779\underline{|-130^o} \\ 0,779\underline{|+130^o} \end{bmatrix} pu$$

$$\begin{bmatrix} v^0_3 \\ v^1_3 \\ v^2_3 \end{bmatrix} = \begin{bmatrix} 0 \\ 0,500 \\ 0,500 \end{bmatrix} pu \Rightarrow \begin{bmatrix} v^A_3 \\ v^B_3 \\ v^C_3 \end{bmatrix} = \begin{bmatrix} 1 \\ -0,500 \\ -0,500 \end{bmatrix} pu$$

$$\begin{bmatrix} v^0_4 \\ v^1_2 \\ v^2_4 \end{bmatrix} = \begin{bmatrix} 0 \\ 0,673 \\ 0,327 \end{bmatrix} pu \Rightarrow \begin{bmatrix} v^A_4 \\ v^B_4 \\ v^C_4 \end{bmatrix} = \begin{bmatrix} 1 \\ 0,583\underline{|-149^o} \\ 0,583\underline{|+149^o} \end{bmatrix} pu$$

$$\begin{bmatrix} v^0_5 \\ v^1_5 \\ v^2_5 \end{bmatrix} = \begin{bmatrix} 0 \\ 0,673\underline{|+30^o} \\ 0,327\underline{|-30^o} \end{bmatrix} pu \Rightarrow \begin{bmatrix} v^A_5 \\ v^B_5 \\ v^C_5 \end{bmatrix} = \begin{bmatrix} 0,883\underline{|-11,3^o} \\ 0,345\underline{|-90^o} \\ 0,883\underline{|+168,7^o} \end{bmatrix} pu$$

- Curto circuito fase terra na barra 3:

$$i_1 = i_2 = i_0 = \frac{1}{2 \cdot j0{,}097 + j0{,}21} = -j2{,}479\text{pu}$$

$$v_j^1 = \left(v_j'^1 - Z_{j3}^1.i_1\right)\underline{| -\Delta\phi} \qquad v_j^2 = \left(-Z_{j3}^1.i_2\right)\underline{| +\Delta\phi} \qquad v_j^0 = -Z_{j3}^0.i_0$$

Resulta:

$$v_1^1 = (1 - j0{,}02. - j2{,}479)\underline{| -30^o} = 0{,}950\underline{| -30^o} \text{ pu}$$

$$v_1^2 = (-j0{,}02. - j2{,}479)\underline{| +30^o} = -0{,}050\underline{| +30^o} \text{ pu}$$

$$v_1^0 = 0$$

$$\begin{bmatrix} v_1^A \\ v_1^B \\ v_1^C \end{bmatrix} = [T]\begin{bmatrix} v_1^0 \\ v_1^1 \\ v_1^2 \end{bmatrix} = [T]\begin{bmatrix} 0 \\ 0{,}950\underline{| -30^o} \\ 00{,}050\underline{| +30^o} \end{bmatrix} = \begin{bmatrix} 0{,}927\underline{| -32{,}7^o} \\ 0{,}927\underline{| -147{,}3^o} \\ 1\underline{| 90^o} \end{bmatrix} \text{pu}$$

Analogamente:

$$\begin{bmatrix} v_2^0 \\ v_2^1 \\ v_2^2 \end{bmatrix} = \begin{bmatrix} -0{,}025 \\ 0{,}926 \\ -0{,}074 \end{bmatrix} \text{pu} \Rightarrow \begin{bmatrix} v_2^A \\ v_2^B \\ v_2^C \end{bmatrix} = \begin{bmatrix} 0{,}826 \\ 0{,}976\underline{| -117{,}5^o} \\ 0{,}976\underline{| +117{,}5^o} \end{bmatrix} \text{pu}$$

$$\begin{bmatrix} v_3^0 \\ v_3^1 \\ v_3^2 \end{bmatrix} = \begin{bmatrix} -0{,}521 \\ 0{,}760 \\ -0{,}240 \end{bmatrix} \text{pu} \Rightarrow \begin{bmatrix} v_3^A \\ v_3^B \\ v_3^C \end{bmatrix} = \begin{bmatrix} 0 \\ 1{,}166\underline{| -132^o} \\ 1{,}166\underline{| +132^o} \end{bmatrix} \text{pu}$$

$$\begin{bmatrix} v_4^0 \\ v_2^1 \\ v_4^2 \end{bmatrix} = \begin{bmatrix} -0{,}273 \\ 0{,}843 \\ -0{,}157 \end{bmatrix} \text{pu} \Rightarrow \begin{bmatrix} v_4^A \\ v_4^B \\ v_4^C \end{bmatrix} = \begin{bmatrix} 0{,}413 \\ 1{,}063\underline{| -125{,}4^o} \\ 1{,}063\underline{| +125{,}4^o} \end{bmatrix} \text{pu}$$

$$\begin{bmatrix} v_5^0 \\ v_5^1 \\ v_5^2 \end{bmatrix} = \begin{bmatrix} 0 \\ 0{,}843\underline{| +30^o} \\ -0{,}157\underline{| -30^o} \end{bmatrix} \text{pu} \Rightarrow \begin{bmatrix} v_5^A \\ v_5^B \\ v_5^C \end{bmatrix} = \begin{bmatrix} 0{,}777\underline{| 40{,}1^o} \\ 1\underline{| -90^o} \\ 0{,}777\underline{| +139{,}9^o} \end{bmatrix} \text{pu}$$

A Figura 4.26 ilustra os diagramas fasoriais das tensões nas 5 barras do sistema, para os defeitos trifásico, dupla-fase e fase-terra franco na barra 3. Em pontilhado, são representadas as tensões pré-falta (seqüência positiva, consideradas com módulo unitário neste exemplo).

Os diagramas fasoriais da Figura 4.26 mostram como as tensões nas três fases, para cada tipo de defeito, "se propagam" ao longo da rede:

- para o defeito trifásico (Figura 4.26a), à medida que se afasta do ponto de falta, em direção às fontes, mais brandos são os afundamentos de tensão. Obviamente, as tensões nas três fases apresentam o mesmo valor e são defasadas entre si de 120^0, pois só existe seqüência positiva para este tipo de defeito. No entanto, os transformadores, em ligação delta – estrela, levam à defasagem de 30^0 nas tensões entre primário e secundário.

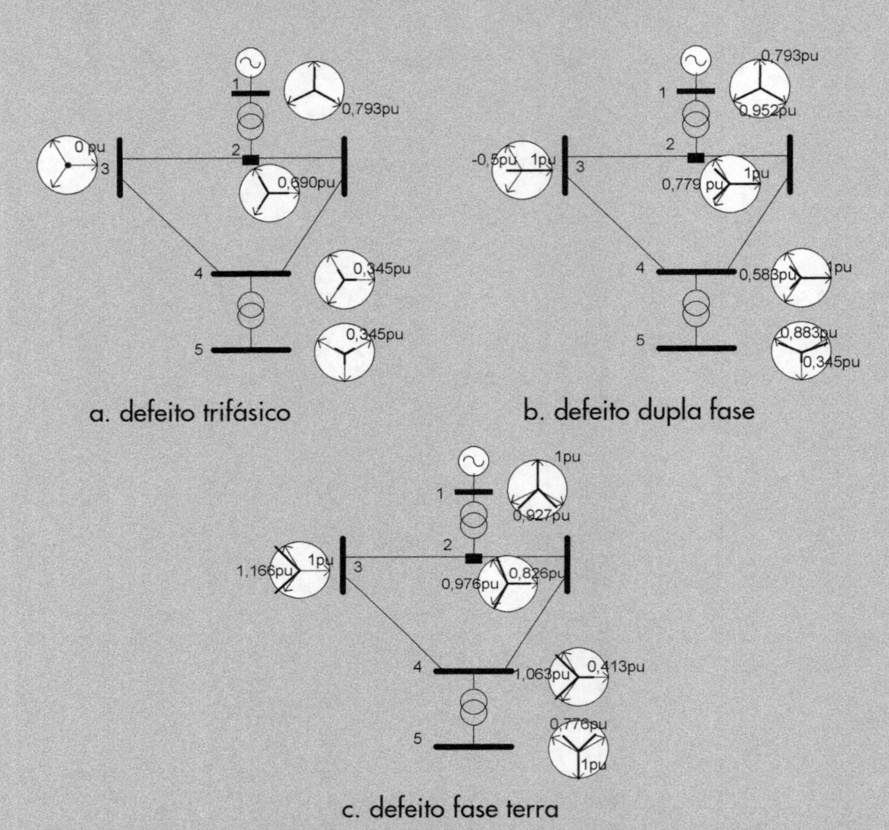

Figura 4.26 – Diagramas fasoriais das tensões para defeitos na barra 3

- para o defeito dupla fase (Figura 4.26b), ocorrem afundamentos nas fases B e C, nas barras 2, 3 e 4 (mesma "área de ângulo"). Também ocorrem afundamentos na fase B da barra 5 (magnitude idêntica ao afundamento trifásico) e na fase C da barra 1 (magnitude idêntica ao afundamento trifásico).
- para o defeito fase-terra (Figura 4.26c), nota-se elevação de tensão na barra 3, pois a impedância equivalente de seqüência zero na barra 3 (j0,21pu) é maior que a impedância equivalente de seqüência positiva (j0,097pu). Porém, nas demais barras não há elevação de tensão acima de 1,1pu. Afundamentos são presentes na fase A nas barras 2 e 4 (que estão na mesma "área de ângulo") e nas fases A e C da barra 5 que passa por um transformador delta-estrela aterrado.

As VTCDs, segundo Bollen [4], podem ser caracterizadas segundo os tipos apresentados na Figura 4.27. Isso ocorre basicamente devido ao método de ligação das cargas e devido à propagação das VTCDs na rede nas várias áreas de ângulo, impostas pelos enrolamentos dos transformadores trifásicos, conforme ilustrado no Exemplo 4.2.

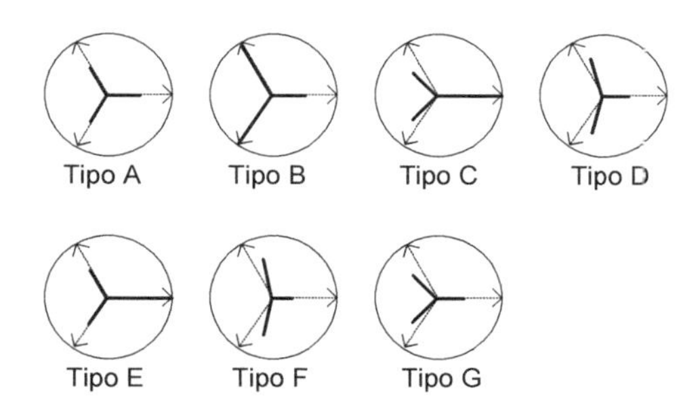

Figura 4.27 – Tipos de afundamentos de tensão

Outra aplicação muito importante do cálculo de curto circuito para a estimação de VTCDs constitui na análise de faltas no meio de linhas de transmissão, isto é, pontos de falta entre as barras extremas da linha. O objetivo deste procedimento é se ter um método expedito para avaliação dos impactos de defeitos ao longo de uma linha de transporte de energias sobre as VTCDs em dada(s) barra(s) da rede.

Uma alternativa muito simples para realizar este cálculo é definir uma nova barra no sistema, subdividindo a linha existente em duas. Desta forma, é necessário, a cada vez, remontar as matrizes de admitâncias nodais e avaliação das colunas das matrizes de impedâncias nodais correspondentes a esta nova barra. Esta operação pode demandar alto esforço computacional, principalmente quando o número de pontos de falta ao longo das linhas é elevado.

Assim, pode-se deduzir um método que permite a obtenção das novas colunas das matrizes de impedâncias nodais da barra no meio da linha de transmissão a partir das colunas das matrizes, relativas às barras terminais i e j da linha de transmissão. Sendo m a barra no meio da linha de transmissão, localizada a uma distância L (em pu do seu comprimento total) da barra i, tem-se que a m-ésima coluna, Z_m, pode ser obtida das i-ésima e j-ésima colunas, Z_i e Z_j, respectivamente:

$$Z_m = (1-L).Z_i + L.Z_j$$

ou

$$Z_{km} = (1-L).Z_{ki} + L.Z_{kj},\ k = 1,\ldots,n,\ k \neq m$$

Resta somente o elemento da diagonal, Z_{mm}, que é dado por:

$$Z_{mm} = z_s.L(1-L) + (1-L).Z_{mi} + L.Z_{mj}\ ,$$

onde z_s é a impedância série, por unidade de comprimento, da linha de transmissão.

Exemplo 4.3 Para o circuito da Figura 4.24, Exemplo 4.2, determine os valores de VTCD na barra 5, para defeitos ao longo da LT 2-3.

As colunas das matrizes de impedâncias nodais de seqüência positiva e nula para a barra 3 foram avaliadas no Exemplo 4.2, conforme a seguir:

$$\left[Z^1_{j3}\right] = j\begin{bmatrix}0,02\\0,03\\0,097\\0,063\\0,063\end{bmatrix}\text{pu} \qquad \left[Z^0_{j3}\right] = j\begin{bmatrix}0\\0,01\\0,21\\0,11\\0\end{bmatrix}\text{pu}$$

De forma análoga, impondo correntes unitárias na barra 2, determinam-se as colunas correspondentes à esta barra:

$$\left[Z^1_{2}\right] = j\begin{bmatrix}0,02\\0,03\\0,03\\0,03\\0,03\end{bmatrix}\text{pu} \qquad \left[Z^0_{2}\right] = j\begin{bmatrix}0\\0,01\\0,01\\0,01\\0\end{bmatrix}\text{pu}$$

Resulta a m-ésima coluna das matrizes de impedâncias nodais dadas por:

$$\left[Z^1_{m}\right] = (1-L).\left[Z^1_2\right] + L\left[Z^1_3\right] = (1-L).j\begin{bmatrix}0,02\\0,03\\0,03\\0,03\\0,03\end{bmatrix} + L.j\begin{bmatrix}0,02\\0,03\\0,097\\0,063\\0,063\end{bmatrix} = j\begin{bmatrix}0,02\\0,03\\0,03+0,067.L\\0,03+0,033.L\\0,03+0,033.L\end{bmatrix}\text{pu}$$

$$\left[Z_m^0\right]=(1-L).\left[Z_2^0\right]+L\left[Z_3^0\right]=(1-L).j\begin{bmatrix}0\\0{,}01\\0{,}01\\0{,}01\\0\end{bmatrix}+L.j\begin{bmatrix}0\\0{,}01\\0{,}21\\0{,}11\\0\end{bmatrix}=j\begin{bmatrix}0\\0{,}01\\0{,}01+0{,}2.L\\0{,}01+0{,}1.L\\0\end{bmatrix}\text{pu}$$

E os elementos da diagonal são dados por:

$$Z_{mm}^1=z_s^1.L.(1-L)+(1-L).Z_{2m}+L.Z_{3m}=$$
$$j0{,}1.L.(1-L)+(1-L)j0{,}03+L.j(0{,}03+0{,}067L)=j0{,}1.L-j0{,}033.L^2+j0{,}03$$

$$Z_{mm}^0=z_s^0.L.(1-L)+(1-L).Z_{2m}^0+L.Z_{3m}^0=$$
$$j0{,}3.L.(1-L)+(1-L)j0{,}01+L.j(0{,}01+0{,}2.L)=j0{,}3.L-j0{,}1.L^2+j0{,}01$$

Na Tabela 4.4, são apresentados os resultados, variando-se o local do defeito deste a barra 2 (L=0) até a barra 3 (L=1), com passo de 0,25pu, isto é a cada um quarto de linha de transmissão.

Tabela 4.4 – Resultados para o Exemplo 4.2

Grandeza	L - Distância da Barra 2, em pu				
	0	0,25	0,5	0,75	1
Impedância de Entrada Seq. Positiva (pu)	j0,03	j0,053	j0,072	j0,086	j0,097
Impedância de Transferência Seq. Positiva (pu)	j0,03	j0,038	j0,047	j0,056	j0,063
Impedância de Entrada Seq. Nula (pu)	j0,01	j0,079	j0,135	j0,179	j0,210
Impedância de Transferência Seq. Nula (pu)	0	0	0	0	0
Corrente defeito trifásico (pu)	-j33,33	-j18,90	-j13,95	-j11,59	-j10,34
Tensão barra 5 defeito trifásico (pu)	0	0,276	0,349	0,357	0,345
Correntes sequenciais para defeito fase terra (pu)	-j14,29	-j5,42	-j3,59	-j2,85	-j2,48
Tensão seq. positiva barra 5 defeito fase terra (pu)	0,571 |300	0,793 |300	0,832 |300	0,842 |300	0,843 |300
Tensão seq. nula na barra 5 defeito fase terra (pu)	0,429 |-300	0,208 |-300	0,168 |-300	0,158 |-300	0,157 |-300
Mód. Tensões nas fases B e C na barra 5, defeito fase terra	0,5151	0,712	0,762	0,775	0,777
Mód. Tensão na fases A da barra 5, defeito fase terra	1	1	1	1	1

4.6.3 Duração dos eventos

As causas principais de faltas no sistema são principalmente devido às descargas atmosféricas ou ações físicas em linhas aéreas, como é o caso de contato em galhos de árvores, efeitos do vento sobre os condutores, dentre outros. A duração da descarga ionizada até a sua extinção natural pode variar muito, sendo que, em muitos casos, a proteção da rede atua antes. Uma forma de representar o tempo de extinção natural é através de uma curva de distribuição de probabilidades. Por exemplo, 80% dos eventos apresentam tempo de extinção natural até 100ms, com distribuição uniforme; e os outros 20% dos eventos, apresentam probabilidade de ocorrer tempo de extinção natural com tempos entre 100ms e 5s. A Figura 4.28 ilustra a curva de densidade de probabilidade e a curva de distribuição acumulada de probabilidade exemplificada.

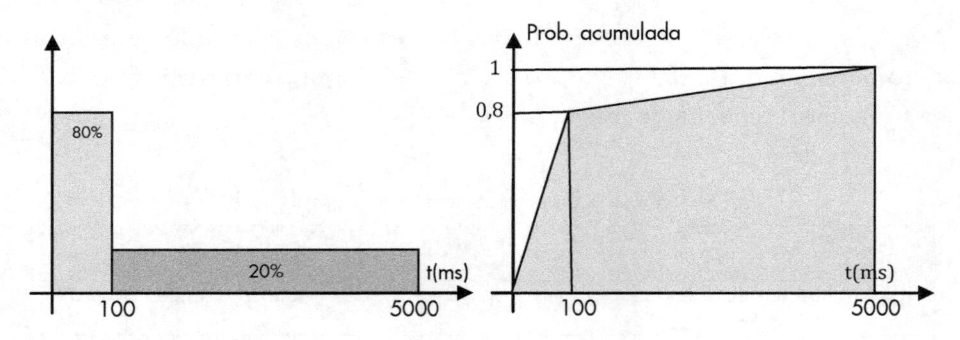

Figura 4.28 – Distribuição de probabilidade para tempo de extinção natural

Assim, dado um evento de curto circuito, este tem certa probabilidade de ser extinto naturalmente, conforme o exemplo da Figura 4.28.

Para exemplificar, no caso de eventos de VTCDs, que ocorrem por faltas numa rede primária, suponha o caso de um defeito no tronco de um alimentador e que o disjuntor atue segundo uma curva tempo-corrente dada pela Figura 4.29. Então, para um corrente de curto circuito no ponto A da Figura 4.29a, dada por I_{ctoA}, a proteção deveria atuar segundo sua curva tempo-corrente, ou seja, no instante t_A, conforme Figura 4.29c. No entanto, existe uma probabilidade p_A que o tempo de extinção natural seja inferior a t_A. Em isto ocorrendo, a proteção não deverá atuar, ou seja, o evento de VTCD deverá ter duração inferior a t_A, ou seja, existe probabilidade uniforme p_A de duração com valores entre 0 e t_A; e ainda, neste caso, todos os consumidores do alimentador serão submetidos a VTCD ou interrupção de curta duração com este intervalo. No entanto, existe probabilidade $(1-p_A)$ de o tempo de extinção natural ser superior a t_A, o que acarreta portanto uma interrupção de longa duração nos consumidores do alimentador, provocada pela abertura do dispositivo de proteção. Obviamente, nesta segunda condição, os consumidores à montante do dispositivo de proteção serão submetidos à VTCD com duração t_A.

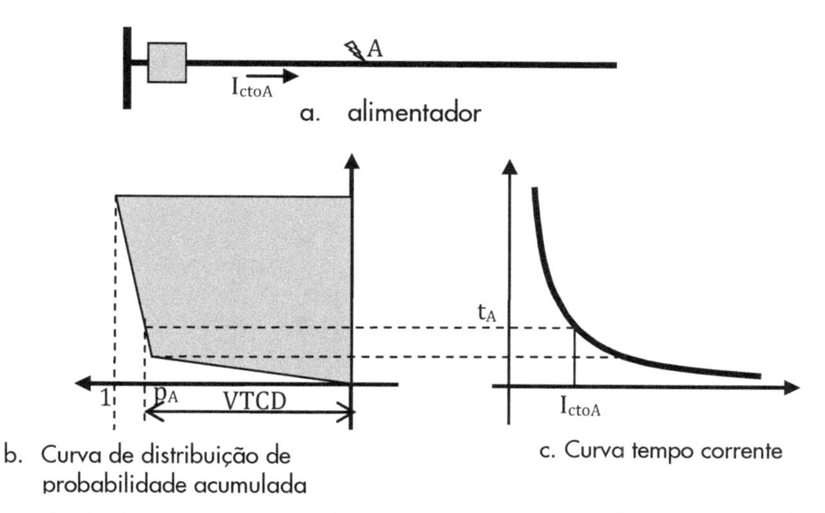

Figura 4.29 – Determinação da duração de VTCDs (metodologia probabilística)

A determinação da corrente de curto circuito em redes radiais é bastante simples, pois as impedâncias de entrada de seqüência positiva e nula são diretamente determinadas. No entanto, para casos de redes em malha, o método de cálculo de curto circuito analisado no anterior é bastante adequado para análise do sistema de proteção, a partir da determinação das tensões e das correntes que são "vistas ou sentidas" pelos relés ou equipamentos de proteção em geral. As contribuições em corrente podem ser avaliadas a partir das tensões calculadas nas barras do sistema. É conveniente calcular as correntes seqüenciais em um dado componente da rede, para então serem determinadas as componentes de fase. Para uma ligação genérica entre as barras *j* e *k*, com impedâncias série z^1_{jk} e z^0_{jk} de seqüências positiva e nula, respectivamente, tem-se as correspondentes correntes seqüenciais dadas por:

$$i^0_{jk} = \frac{v^0_j - v^0_k}{z^0_{jk}} \qquad i^1_{jk} = \frac{v^1_j - v^1_k}{z^1_{jk}} \qquad i^2_{jk} = \frac{v^2_j - v^2_k}{z^2_{jk}}$$

E, obviamente, as componentes de fase das correntes são determinadas por:

$$\begin{bmatrix} i_{jk}^A \\ i_{jk}^B \\ i_{jk}^C \end{bmatrix} = [T] \begin{bmatrix} i_{jk}^0 \\ i_{jk}^1 \\ i_{jk}^2 \end{bmatrix} = \begin{bmatrix} 1 & 1 & 1 \\ 1 & \alpha^2 & \alpha \\ 1 & \alpha & \alpha^2 \end{bmatrix} \begin{bmatrix} i_{jk}^0 \\ i_{jk}^1 \\ i_{jk}^2 \end{bmatrix}$$

No caso de transformadores com ligação delta-estrela, deve-se atentar para a defasagem entre as correntes seqüenciais entre o primário e secundário. O caso da Figura 4.30 ilustra o cálculo das componentes seqüenciais das correntes nos lados primário e secundário de um transformador delta-estrela aterrado, com defasagem de $+30^0$ na seqüência positiva.

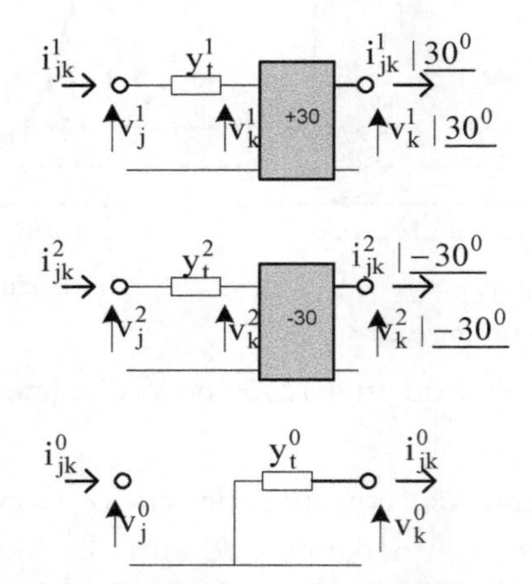

Figura 4.30 – Modelo de transformador delta – estrela aterrado

Assim, pelo modelo da Figura 4.30, tem-se as correntes no primário dadas por:

$$i_{jk}^0 = 0 \qquad i_{jk}^1 = \left(v_j^1 - v_k^1\right)y_t^1 \qquad i_{jk}^2 = \left(v_j^2 - v_k^2\right)y_t^2$$

E, no secundário:

$$i_{kj}^0 = v_k^0\, y_t^0 \qquad i_{kj}^1 = -\left(v_j^1 - v_k^1\right)y_t^1 \,|\,\underline{30^0} \qquad i_{jk}^2 = -\left(v_j^2 - v_k^2\right)y_t^2 \,|\,\underline{-30^0}$$

4.6.4 Método analítico para avaliação de freqüência de VTCDs

Conforme apresentado anteriormente, o número de ocorrências de VTCDs em um dado ponto da rede, medido pelo indicador SARFI, pode ser estimado a partir da simulação de defeitos na rede (avaliação de magnitude e duração das VTCDs em barras da rede) e a partir de informações estatísticas sobre o número de ocorrências em diferentes componentes do sistema elétrico. Alguns dos parâmetros do problema devem ser representados como variáveis aleatórias, a saber:

- Localização da falta: o ponto onde ocorre o defeito em uma linha de transporte (transmissão ou distribuição) é uma variável aleatória. Será assumido um valor supostamente conhecido do número de defeitos, por período, também conhecido como taxa de falta da linha. Será também assumida uma distribuição uniforme das faltas ao longo da linha; porém, qualquer distribuição (desde que conhecida) poderia ser adotada. A Figura 4.31 ilustra as funções de densidade de probabilidade e distribuição de probabilidade acumulada para faltas na linha.

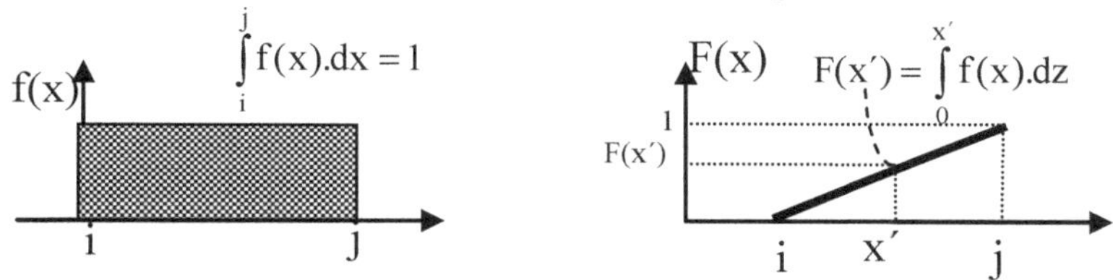

Figura 4.31 – Probabilidade de ocorrência de falta na linha i-j

- Tipo da falta: os defeitos que mais ocorrem nos sistemas elétricos são os que envolvem a terra. Para permitir a estimação de VTCDs, é necessário partir de análises estatísticas sobre históricos de ocorrências das faltas no sistema. Uma forma de modelar esta variável é estabelecendo-se uma probabilidade para cada tipo de falta no sistema; a partir de informações de históricos de faltas, por exemplo, ter-se-ia 70% das faltas fase-terra, 15% dupla fase-terra, 10% dupla fase e 5% trifásicas. A Figura 4.32 ilustra a curva de densidade de probabilidade para os tipos de falta.

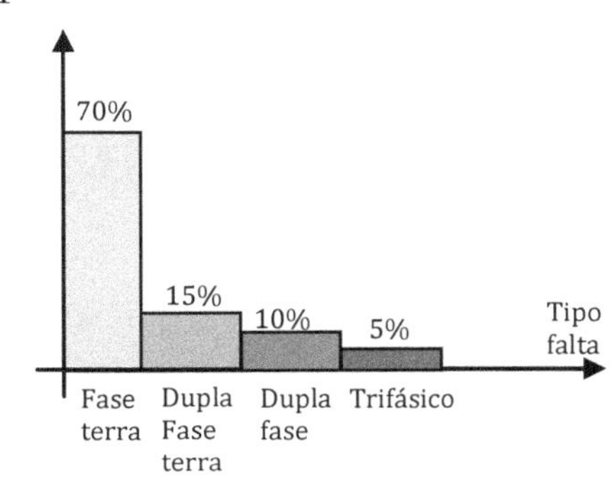

Figura 4.32 – Probabilidades de ocorrência dos defeitos na rede

- Impedância de falta: as impedâncias de defeito alteram o valor da corrente de curto circuito. São variáveis aleatórias que podem ser modeladas conforme a Figura 4.19, apresentada no item 4.6.2. É possível realizar uma modelagem que contemple impedâncias de falta entre fases e entre fase e terra, conforme ilustrado na Figura 4.33.

Tipo de defeito	Chaves fechadas
Trifásico	kl, k2, k3
Dupla fase	kl, k2
Dupla fase terra	k2, k3, k4
Fase terra	kl, k4

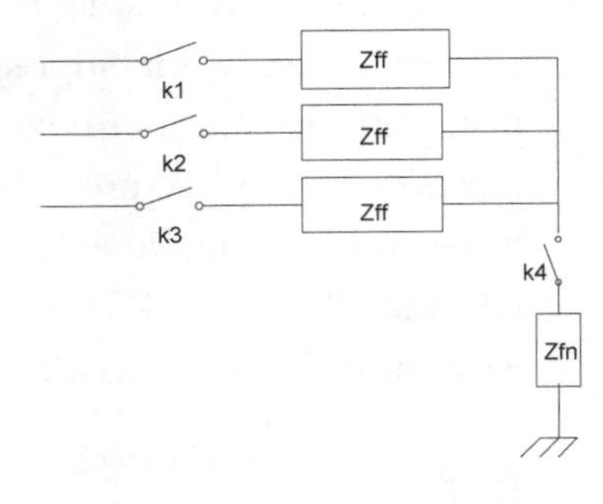

Figura 4.33 – Modelo para impedâncias de defeito

- Duração da falta: o tempo até a extinção do defeito, conforme visto no item 4.6.3, pode ser determinado por dois fatores principais, quais sejam, a atuação da proteção ou uma eventual extinção natural. Conforme visto, o tempo de extinção natural pode ser tratado como variável aleatória, conforme ilustrado na Figura 4.29, com funções de densidade e distribuição acumulada de probabilidades dadas.

Exemplo 4.3 Para o circuito da Figura 4.34, deseja-se avaliar o $SARFI_{70\%}$ de consumidor localizado na barra B2. São dados:

- Transformador B1-B2: Delta-estrela aterrado, tensões nominais 138/13,8kV, S_{nom}=25MVA, $x_1=x_0=5\%$.
- Linhas: $x_1=0{,}5\ \Omega/km$, $x_0=1{,}5\ \Omega/km$.
- Equivalente na barra B1: Potências de curto circuito trifásico e fase terra, iguais, respectivamente a j200MVA e j100MVA.
- Taxa de faltas: 1 falta/km/ano, sendo 30% faltas trifásicas e 70% faltas fase-terra.

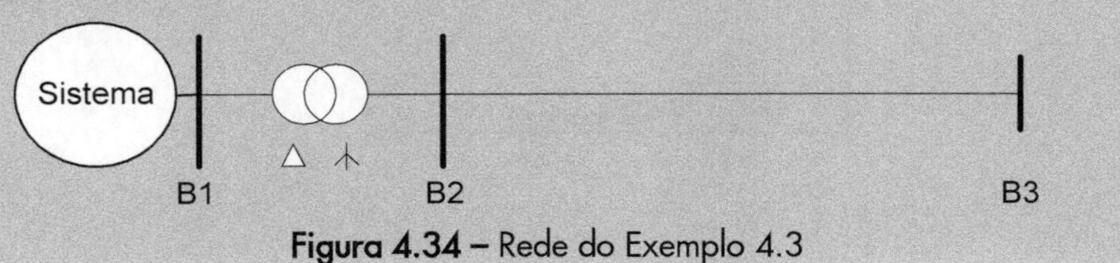

Figura 4.34 – Rede do Exemplo 4.3

Solução:

- Valores das impedâncias em pu (adotando Sbase=100MVA):

$$z_{sist} = \frac{1}{s^*_{trif}} = \frac{1}{-j200/100} = j0{,}5pu$$

$$z_{trafo} = 0{,}05.\frac{13{,}8^2}{25}.\frac{100}{13{,}8^2} = j0{,}2pu$$

$$z^1_{linha} = \frac{0{,}5}{13{,}8^2/100} = j0{,}2625pu/km$$

$$z^0_{linha} = \frac{1{,}5}{13{,}8^2/100} = j0{,}7876pu/km$$

Os diagramas de seqüência positiva e nula da rede são apresentados na Figura 4.35.

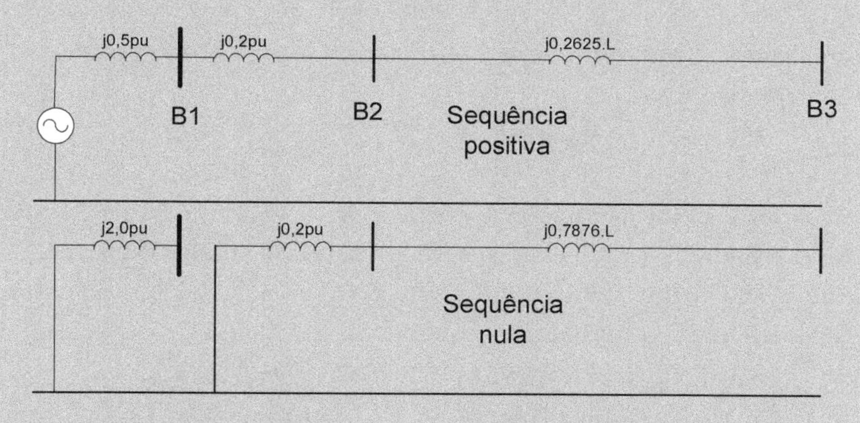

Figura 4.35 – Diagramas seqüenciais para a rede do exemplo 4.3

Para defeitos trifásicos ao longo da linha, isto é a uma distância L da barra B2 (em direção à barra B3), a tensão na barra 2 resulta:

$$V_{B2} = 1 - \frac{j(0{,}2+0{,}5)}{j(0{,}2+0{,}5+0{,}2625.L)} = 1 - \frac{0{,}7}{0{,}7+0{,}2625.L} = \frac{0{,}2625.L}{0{,}7+0{,}2625.L}$$

Para o cálculo do $SARFI_{70\%}$, basta igualar a tensão V_{B2} de forma que se iguale a 0,7pu. Desta forma, é avaliado o ponto no alimentador (distância L da Subestação) no qual, para defeitos à jusante, a tensão na barra B2 será superior a 0,7pu, portanto não afetando o indicador:

$$V_{B2} = \frac{0{,}2625.L}{0{,}7+0{,}2625.L} \Rightarrow L = 6{,}22km$$

Para defeitos fase-terra (franco) ao longo da linha, a uma distância L da

Subestação, as correntes de curto circuito seqüenciais resultam:

$$i_0 = i_1 = i_2 = \frac{1}{2.j(0,2+0,5+0,2625.L)+j(0,2+0,7876.L)} = \frac{1}{j1,6+j1,3126.L}$$

A tensão na barra B2, fase A (maior afundamento de tensão entre as três fases), é avaliada pela soma das tensões seqüenciais:

$$v_1 = 1 - \frac{j0,7}{j1,6+j1,3126.L} = \frac{0,9+1,3126.L}{1,6+1,3126.L}$$

$$v_2 = -\frac{j0,7}{j1,6+j1,3126.L} = \frac{-0,7}{1,6+1,3126.L}$$

$$v_0 = -\frac{j0,2}{j1,6+j1,3126.L} = \frac{-0,2}{1,6+1,3126.L}$$

$$v_A = v_0 + v_1 + v_2 = \frac{1,3126.L}{1,6+1,3126.L}$$

Igualando a tensão v_A a 0,7pu, tem-se o comprimento L correspondente dado por:

$$v_A = \frac{1,3126.L}{1,6+1,3126.L} = 0,7 \Rightarrow L = 2,84\text{km}$$

Como a taxa de faltas é de 1 falta/km/ano, sendo 70% defeitos fase-terra e os demais trifásicos, então a barra 2 deve ser submetida a (6,22*0,3) eventos de VTCDs por defeitos trifásicos por ano e (2,84*0,7) eventos de VTCDs por defeitos fase-terra por ano, isto é:

$$SARFI_{70\%} = 6,22*0,3+2,84*0,7 = 1,87+1,99 = 3,86/\text{ano}$$

4.6.5 Método de enumeração de estados

Nem sempre a avaliação do número de ocorrências por VTCDs é tão simples como ilustrado no Exemplo 4.3; neste exemplo, a rede é radial e não foi necessária a análise da variação da impedância de defeito, de forma a "percorrer" todos seus possíveis valores e probabilidades associadas, definidas a partir de sua função densidade de probabilidade.

O método de enumeração de estados procura percorrer grande parte do espaço de estados, que se compõem a partir do universo de discurso das variáveis aleatórias envolvidas no problema. Colocando a variável "localização de falta" em único eixo que vai de 0 (zero) ao comprimento total da rede (soma dos comprimentos de todos os trechos de rede), pode-se estabelecer o conjunto de estados possíveis, conforme a Figura 4.36.

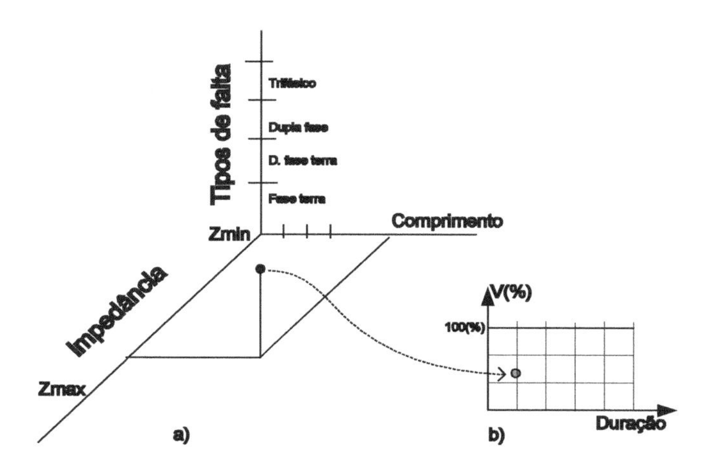

Figura 4.36 – Exemplo de estado para defeito e seu impacto em magnitude e duração de VTCD em um dado ponto da rede

Para cada ponto da Figura 4.36a, que corresponde a uma localização (por exemplo, código da linha de transmissão e posição da falta nesta linha), impedância de falta e tipo de falta, podem ser obtidos o valor da magnitude e duração da VTCD em uma ou mais barras (ou consumidores) da rede, conforme ilustrado na Figura 4.36b.

O procedimento de enumeração de estados promove uma varredura em todo o espaço de estados. Para tanto, é necessária uma discretização de variáveis continuas, isto é, cada trecho ou linha de transporte deve ser subdividido em intervalos, assim como os possíveis valores de impedância de falta. O tipo de falta já é intrinsecamente uma variável discreta.

O número de ocorrências de faltas no intervalo Δx de uma linha de transporte será $\lambda.\Delta x$, onde λ representa a taxa de falta da linha, ou seja, o número total de faltas por unidade de comprimento por ano. Combinando com a probabilidade de ocorrência p_Z do intervalo ΔZ da impedância de falta e a probabilidade p_F do tipo de falta F, tem-se que o número de ocorrências, N_E, para o estado $E=(\Delta x, \Delta Z, F)$ será:

$$N_E = \lambda \cdot \Delta x \cdot p_Z \cdot p_F \text{ (ocorrências por ano)}$$

Conhecido o estado E, pode-se avaliar o valor da magnitude, V_E, e a duração, D_E, de uma VTCD numa barra de análise, a partir de programas de cálculo de curto circuito e de análise de proteção são utilizado. A Figura 4.37 mostra tabela formada por faixas de magnitude e duração de eventos de VTCD; em cada célula assim formada devem ser armazenadas as N_E

ocorrências de um dado estado E, a partir do conhecimento da duração D_E e da magnitude V_E.

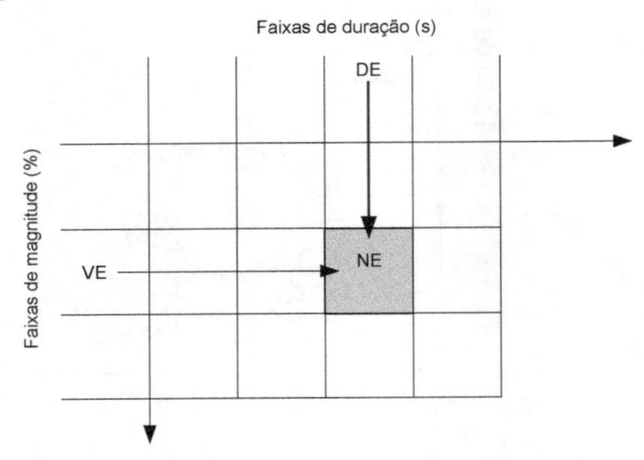

Figura 4.37 – Contabilização de ocorrências nas faixas de magnitude e duração de VTCDs

Uma vez percorridos todos os possíveis estados, obtém-se o histograma de número de ocorrências por magnitude por duração, que permite o cálculo de indicadores de VTCD, tais como $SARFI_{x\%}$, $SARFI_{ITIC}$, etc.

Exemplo 4.4 Para o Exemplo 4.3, determine o valor de $SARFI_{70\%}$ utilizando o método de enumeração de estados. O tempo t, em ms, de atuação da proteção, para uma dada corrente de curto circuito I, em kA, é dado pela equação $t = 10000.\left(\frac{I}{0,5}\right)^{-2}$. Assuma também que o alimentador tem comprimento de 6,5km.

Solução:

Será assumida uma discretização do alimentador em passos de 0,5km. Para cada valor de comprimento L, podem ser obtidos os valores de corrente e tensão (magnitude da VTCD), conforme já encaminhado no Exemplo 4.3. A partir dos valores de corrente, podem ser obtidos os tempos de atuação da proteção, que serão admitidos iguais à duração do evento de VTCD, ou seja, não será considera extinção natural do defeito.

A Tabela 4.5 ilustra os estados percorridos pelo método. Neste exemplo, não é considerada a impedância de falta (assumidos defeitos francos, ou seja, impedância de falta nula) e o tipo de falta pode ser trifásico (30%) ou fase terra (70%). Assume-se falta no início de cada trecho de 500m e, portanto, a tabela vai até 6km (correspondendo ao trecho 6 a 6,5km).

Tabela 4.5 – Estados e seus efeitos (tensão e duração da VTCD)

L(km)	Defeitos trifásicos			Defeitos fase à terra		
	I_{trif} (kA)	V_{B2} (pu)	$D_{E,trif}$ (ms)	I_{ft} (kA)	$V_{A,B2}$ (pu)	$D_{E,ft}$ (ms)
0,0	5,98	0	70	7,84	0	41
0,5	5,03	0,158	99	5,56	0,291	81
1,0	4,35	0,273	132	4,31	0,451	135
1,5	3,83	0,360	170	3,52	0,552	202
2,0	3,42	0,428	214	2,97	0,621	283
2,5	3,08	0,484	263	2,57	0,672	378
3,0	2,81	0,529	316	2,27	0,711	487
3,5	2,58	0,568	374	2,03	0,742	609
4,0	2,39	0,600	437	1,83	0,766	745
4,5	2,22	0,628	505	1,67	0,787	894
5,0	2,08	0,652	578	1,54	0,804	1057
5,5	1,95	0,673	656	1,42	0,818	1234
6,0	1,84	0,692	739	1,32	0,831	1425

A Tabela 4.5 mostra 26 estados possíveis (13 locais de falta e 2 tipos de falta). Cada estado de falta trifásica corresponde a 0,5*0,3=0,15 ocorrências por ano (passo de 0,5km e taxa de falta trifásica = 1*30%=0,3 faltas/km/ano), e cada estado de falta fase-terra corresponde a 0,5*0,7=0,35 ocorrências por ano.

A Tabela 4.6 organiza os resultados de forma a ser levantado um histograma de ocorrências de VTCDs na barra B2. As faixas de magnitude e de duração foram adotadas. Cada célula desta tabela apresenta o número de ocorrências por ano para defeito trifásico (primeira linha) e para defeito fase-terra (segunda linha). A última coluna e última linha totalizam o número de ocorrências para uma dada faixa de magnitude ou faixa de duração, respectivamente.

Para efeito de comparação com o resultado do Exemplo 4.3, o valor de $SARFI_{70\%}$, considerando também neste as interrupções de curta duração (isto é, magnitude inferior a 0,1pu) pode ser determinado como a seguir:

- Número de ocorrências por faltas trifásicas ($V_{B2} \leq 0,7$pu):
  1,05+0,75+0,15=1,95 ocorrências por ano;
- Número de ocorrências por faltas fase-terra ($V_{A,B2} \leq 0,7$pu):
  1,05+0,70+0,35=2,20 ocorrências por ano,

o que leva ao valor de $SARFI_{70\%}$=1,95+2,20=4,15 ocorrências por ano. Neste exemplo, portanto, vemos um erro de (4,15-3,86)/3,86*100%=7,5% em relação ao método analítico.

Tabela 4.6 – Contabilização do número de ocorrências por faixas de magnitude e duração das VTCDs

Faixas (pu) magnitude	Duração (ms)					Total
	0-100	100-200	200-400	400-800	> 800	
0,70-0,90				0+ 3*0,35	0+ 4*0,35	0+ 2,45
0,50-0,70			2*0,15+ 3*0,35	5*0,15+ 0		1,05+ 1,05
0,10-0,50	0,15+ 0,35	2*0,15+ 0,35	2*0,15+ 0			0,75+ 0,70
< 0,1	0,15+ 0,35					0,15+ 0,35
Total	0,30+ 0,70	0,30+ 0,35	0,60+ 1,05	0,75+ 1,05	0+ 1,40	1,95+ 4,55

Conforme visto, e ilustrado pelo Exemplo 4.4, o número de estados possíveis utilizado pelo método de enumeração de estados pode crescer bruscamente, principalmente quando considerar as variáveis:

- número de faixas de impedância de falta: N_Z
- número de tipos de falta: N_F
- numero de intervalos de posição em cada linha: $N_{\Delta x}$
- numero de linhas: N_L

o que leva a $N_L \times N_{\Delta x} \times N_F \times N_Z$ simulações de curto-circuito, o que pode se tornar inviável. Por exemplo, uma rede com 100 linhas, 50 intervalos de posições de falta por linha, 4 tipos de falta e 10 faixas de impedância levaria a 200.000 simulações de defeito. Vale lembrar também que podem ser simuladas impedâncias entre fases, o que levaria a um número bem maior de combinações.

Além disso, nem sempre a discretização necessária (intervalos de posições de falta e intervalos de impedância de falta) leva a resultados adequados, principalmente quando a faixa de variação das grandezas contínuas é muito grande (por exemplo, a impedância de falta em redes de distribuição) e o número de intervalos de análise é pequeno.

4.6.6 Método de Monte Carlo

O método de Monte Carlo consiste numa enumeração aleatória dos estados da rede, ou seja, são gerados aleatoriamente possíveis cenários de defeitos na rede, com base em informações estatísticas da rede e de seus parâmetros principais, que definem o cálculo de curto circuito.

Quando a taxa de faltas dos diversos componentes da rede é conhecida, pode-se estimar o número total esperado de faltas por ano, no qual a rede estará submetida. Este número total de faltas, portanto, simula um dado ano de funcionamento da rede. O método de Monte Carlo procura simular um número suficientemente grande de anos, de forma que os índices de qualidade anuais médios tendam a uma situação de convergência ao longo do processo.

Para um dado cenário (que define um estado possível), deve-se estabelecer:

- onde será localizada a falta, o que é função da taxa de falhas e comprimento de cada trecho;
- qual será a impedância da falta;
- qual será o tipo de falta.

Assim, um dado ensaio consiste em um cenário aleatoriamente definido, que pode partir de 3 sorteios de números aleatórios.

Cada uma das variáveis aleatórias, quais sejam, a localização da falta, o tipo de falta e a impedância de falta, pode ser representada pela sua curva de distribuição de probabilidade acumulada.

No caso da localização da falta, a probabilidade de ocorrência da falta está diretamente ligada à taxa de faltas da linha, que é, em geral, função do comprimento, das condições físicas e construtivas da linha e das condições ambientais. A função de distribuição de probabilidade para esta variável aleatória pode ser definida como segue:

$$F(x_i) = \frac{\sum_{j=1}^{i-1}(\lambda_j L_j) + \lambda_i\left(x_i - \sum_{j=1}^{i-1} L_j\right)}{\sum_{j=1}^{n}(\lambda_j L_j)}$$

Onde:

x_i comprimento acumulado, que define a posição da falta no trecho ou linha i (vide Figura 4.38)

L_j comprimento do trecho (ou linha) j;

n número de trechos (ou linhas).

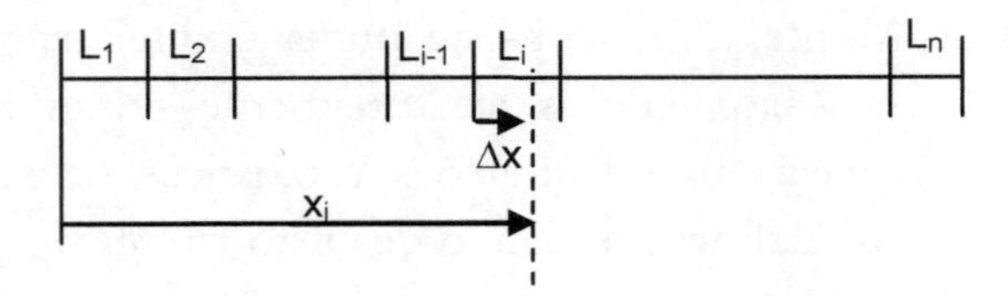

Figura 4.38 – Representação das n linhas do sistema

A partir do sorteio de um número aleatório $\bar{y} \in [0,1]$, tem-se, em correspondência, uma localização de falta x_i que define, na linha i em falta, a sua posição Δx_i na linha, a partir de uma das barras extremas (assumida arbitrariamente), ou seja:

$$x_i = \sum_{j=1}^{i-1} L_j + \Delta x_i \Rightarrow \Delta x_i = x_i - \sum_{j=1}^{i-1} L_j$$

A função F(x) leva em conta como ponderação as taxas de falta das linhas, ou seja, aquelas linhas com maior taxa de falta têm maior probabilidade de serem sorteadas e participarem de um cenário a ser simulado. Realizando-se um número grande de anos de simulação, o número de sorteios em cada linha deve se aproximar, em média, à taxa de faltas fornecida como parâmetro de entrada.

De forma análoga, podem ser fornecidas as funções de distribuição de probabilidade acumulada para o tipo de falta e impedância de falta, conforme ilustrado na Figura 4.39.

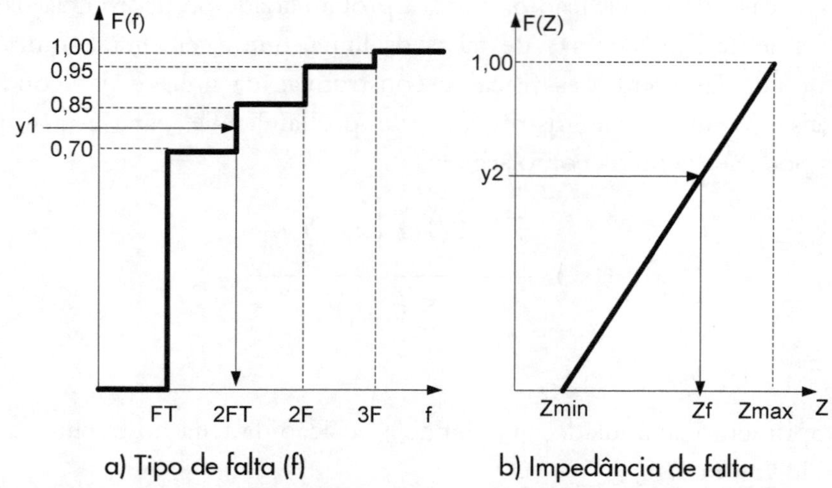

a) Tipo de falta (f) b) Impedância de falta

Figura 4.39 – Funções de distribuição de probabilidade acumulada

Conforme ilustrado na Figura 4.39, a geração de dois números aleatórios y_1 e $y_2 \in [0,1]$ permite estabelecer o tipo e impedância de falta, respectivamente, estabelecendo, juntamente com a posição x_i um certo estado, com probabilidades que respeitam as respectivas curvas de distribuição de probabilidades.

A Figura 4.40 apresenta um diagrama de blocos do método de Monte Carlo. A simulação percorre um número pré-definido de anos. Em cada ano, são simuladas N_{FALTAS}, valor igual ao número total de faltas esperado para o sistema:

$$N_{FALTAS} = \sum_{j=1}^{n} (\lambda_j L_j)$$

Para cada falta, são estabelecidas as três variáveis aleatórias que definem um dado estado.

O diagrama de blocos da Figura 4.40 ilustra o método de Monte Carlo. Apesar do número de anos a serem simulados ser pré-definido, pode-se acompanhar a variação dos principais índices calculados pelo método (por barra ou para o sistema), através dos correspondentes valores acumulados de média e desvio padrão, que tendem a se estabilizar ao longo do número de anos simulados.

O método exposto no diagrama de blocos pode ser um pouco alterado, tornando uma combinação de Monte Carlo com o método de Enumeração de Estados, descrito no item anterior. Várias possibilidades podem ser contempladas. Uma delas, denominada de Método Híbrido, e explorada em [5], seria manter o método de Monte Carlo para as variáveis de localização de falta e impedância de falta (que são variáveis contínuas). Para cada ensaio, definido pelo sorteio destas duas variáveis, seriam simulados os quatro tipos de falta, contabilizados de forma conveniente aos índices de VTCDs, ou seja, considerando suas probabilidades de ocorrência, por exemplo, 70% faltas fase-terra, 15% dupla fase-terra, 10% dupla fase e 5% trifásica.

Um outro aspecto importante consiste na estimação, para cada falta na rede, da duração do evento de VTCD, conforme um dos blocos da Figura 4.40.

Conforme exposto anteriormente, a duração do evento depende da atuação da proteção da rede (que é função dos tipos de relé, tempo de abertura de disjuntores, fusíveis, etc. e dos parâmetros elétricos relacionados à situação de defeito na rede) e da função de distribuição de probabilidade acumulada dos tempos de extinção natural. Conforme Figura 4.29, para o caso de relés de sobrecorrente (caso comum em sistemas de proteção de redes de distribuição), uma dada corrente de curto circuito provocaria um tempo de abertura da proteção, dado pela curva tempo-corrente do dispositivo mais próximo da falta (assumindo-se coordenação da proteção). Conforme exposto em 4.6.2 e ilustrado na Figura 4.29, pode-se avaliar a probabilidade p_A de ocorrência de extinção natural da falta com tempos inferiores ao tempo de abertura da proteção, situações estas que levam a VTCDs em todo o alimentador. E o complemento desta probabilidade ($1-p_A$) corresponderá às interrupções de longa duração nos consumidores à jusante da proteção que atuou, com VTCDs à montante da proteção. Esta análise deve ser convenientemente refletida nos índices de VTCDs, distribuindo-se o número de ocorrências de VTCDs numa dada barra, de forma compatível com a curva de distribuição de probabilidades do tempo de extinção natural, sobre todas as faixas de tempo consideradas na análise. Para análise e aplicação minuciosa deste procedimento, sugere-se consultar a referência [5].

Conforme visto, a estimação de VTCDs em um dado sistema elétrico parte de informações que nem sempre estão disponíveis, por exemplo, a taxa de faltas em componentes da rede.

Uma forma interessante de se contornar este problema é realizar ensaios do método de Monte Carlo, contabilizando-se o indicador FEC (freqüência de interrupções média em consumidores da rede, conforme capítulo 2) que é possível se estimar pelo método proposto pois, sempre que a proteção atua, uma interrupção de longa duração pode ser registrada nos consumidores à jusante do dispositivo de proteção. Então, se o FEC de um sistema é conhecido, um dado ano de simulação poderia ser considerado "encerrado" para efeito de faltas na rede quando o FEC simulado coincidisse com o verificado. Dessa forma, ter-se-ia um método que se baseia num indicador "medido", neste caso o FEC, para, indiretamente, ser avaliada as taxas de faltas. Obviamente, neste caso, uma hipótese aceitável seria imaginar que todas as linhas apresentam a mesma taxa de faltas (por unidade de comprimento) ou, que fosse fornecido algum fator de ponderação para situações diferenciadas de componentes da rede, com uma característica construtiva distinta ou algum atributo ambiental de certa região.

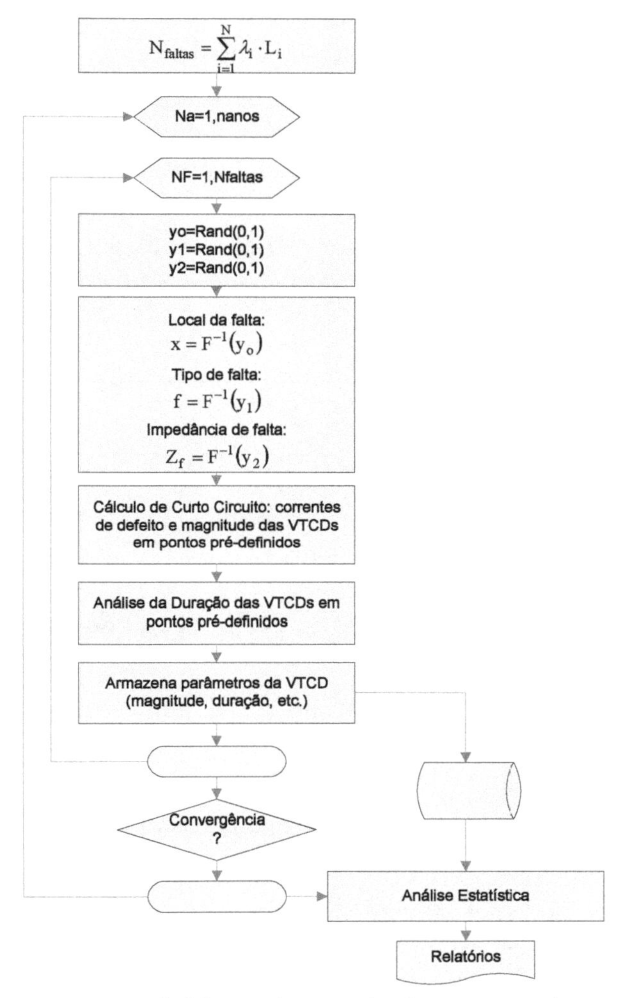

Figura 4.40 – Diagrama de blocos do Método de Monte Carlo para VTCDs

4.6.7 Estimação de VTCDs a partir de medições

Com a introdução dos Procedimentos de Distribuição, as concessionárias deverão monitorar os seus indicadores de VTCDs. Com a redução de custo dos medidores de qualidade de energia, cada vez serão disponibilizadas mais informações sobre ocorrências deste fenômeno em certas barras do sistema.

Assim sendo, dependendo da localização dos medidores de qualidade de energia, estes podem possibilitar a inferência quanto ao local, tipo e impedância da falta que gera aquele evento de VTCD. Uma vez conhecidos estes parâmetros que caracterizam o estado, obtidos a partir de medições e das características elétricas e topológicas da rede, podem ser estimadas as VTCDs em qualquer ponto da rede, inclusive e principalmente, naqueles pontos onde se encontram consumidores sensíveis e sem medição. A Figura 4.41 ilustra esta situação. Dois pontos de suprimento atendem a um sistema de subtransmissão em 138kV. Este sistema supre diversas subestações 138/13,8kV; porém somente em duas delas são instalados medidores de qualidade de energia. A pergunta que se coloca é a seguinte: "Uma vez registrada uma VTCD no(s) medidor(es) M1 e(ou) M2, quais serão os parâmetros magnitude e duração nas demais subestações 138/13,8kV?"

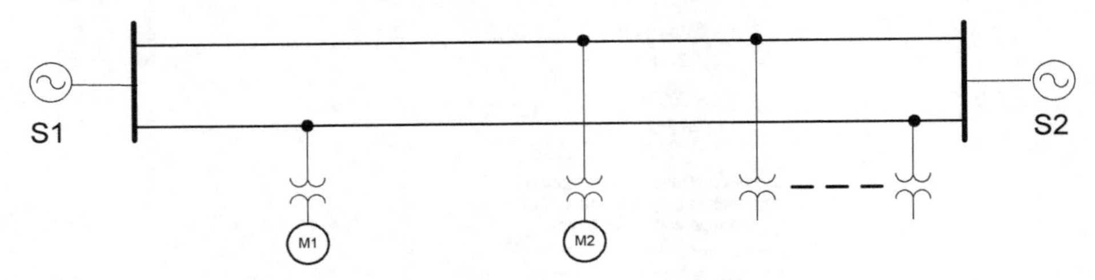

Figura 4.41 – Estimação de VTCDs a partir de medições

Ao ocorrer uma falta em uma das linhas de subtransmissão, os medidores M1 e M2 poderão detectar tensão inferior (ou superior) ao nível de disparo, registrando a VTCD correspondente. A partir das medições, podem-se inferir possíveis combinações das três variáveis que definem o curto circuito, quais sejam, localização (x_i), tipo (F) e impedância de falta (Z).

Métodos de busca podem ser utilizados para avaliar a combinação das variáveis (x_i, F, Z) que minimiza a soma do erro quadrático entre os valores medidos e os valores calculados naquelas barras onde os medidores são instalados. Ou seja, o problema pode ser formulado da seguinte forma:

Determinar (x_i, F, Z) que minimiza:

$$\sum_{j=1}^{n_{med}} \left\{ \left[V_{A,med,j} - V_{A,j}(x_i, F, Z)\right]^2 + \left[V_{B,med,j} - V_{B,j}(x_i, F, Z)\right]^2 + \left[V_{C,med,j} - V_{C,j}(x_i, F, Z)\right]^2 \right\}$$

Onde

n_{med} – número de medidores instalados na rede

$V_{A,j}(x_i, F, Z)$ - tensão calculada no medidor j, para um defeito em x_i (i identifica o trecho), do tipo F e impedância de falta Z.

É também possível avaliar o erro médio quadrático, EMQ_i, determinado pela seguinte expressão:

$$\sqrt{\frac{\sum_{j=1}^{n_{med}} \left\{ \left[V_{A,med,j} - V_{A,j}(x_i,F,Z)\right]^2 + \left[V_{B,med,j} - V_{B,j}(x_i,F,Z)\right]^2 + \left[V_{C,med,j} - V_{C,j}(x_i,F,Z)\right]^2 \right\}}{3 \cdot n_{med}}}$$

Uma forma de realizar esta busca é através do método de curto circuito deslizante, ou seja, as linhas são divididas em intervalos, assim como os valores de impedância de defeito. Com isso, monta-se uma tabela de valores de tensão nas três fases nos pontos de medição, para defeitos em diferentes posições de falta x_i, do tipo trifásico, fase-terra, dupla fase-terra e dupla fase-terra, com impedâncias de defeito variando de 0 (curto circuito franco) a valores pré-determinados. A Tabela 4.7 ilustra esta montagem. Uma vez montada a tabela, basta avaliar aquele conjunto (x_i, F, Z) que minimiza a função erro quadrático ou erro médio quadrático, EMQ_i. Outros algoritmos de busca podem ser utilizados. A utilização de algoritmos evolutivos é bastante promissora, na qual são testados diferentes combinações de estado e o algoritmo evolui para aquela situação que tende a minimizar a função objetivo, por exemplo EMQ_i.

Tabela 4.7 – Exemplo de organização de informações para busca de local de ocorrência da falta a partir de medições

Tipo Falta F	Impedância Z	Medidor	Fase	Localização da Falta (x_i)					
				x_1	x_2	x_3			x_N
Trifásico		M1	A						
			B						
			C						
		M2	A						
			B						
			C						
Dupla fase		M1	A						
			B						
			C						
		M2	A						
			B						
			C						
Fase terra		M1	A						
			B						
			C						
		M2	A						
			B						
			C						
Dup. Fase terra		M1	A						
			B						
			C						
		M2	A						
			B						
			C						

Exemplo 4.5 A rede da Figura 4.42 é formada por duas linhas de 138kV, cada uma com 100km de comprimento, com suprimento em seus dois terminais. São instalados medidores de qualidade de energia, M1 e M2, respectivamente, nas barras b7 e b8, que são barras de média tensão (MT) das subestações de distribuição correspondentes. Sabe-se que, num dado instante, são registrados eventos de VTCD nos dois medidores, com valores apresentados na Tabela 4.8. Os módulos das tensões (valores eficazes) nas três fases são iguais, inferindo-se, de antemão, que trata-se de uma falta trifásica. São dados:

- Suprimentos: S1 e S2, com potência de curto trifásico 2500MVAr e 5000MVAr, respectivamente
- Linhas: z1=0,5Ω/km e z0=1,55Ω/km.

Pede-se:

a) avaliar o local mais próximo da falta, por cálculo de curto circuito nos pontos de a1 a a12.

b) estimar os valores de magnitudes das VTCDs nas barras b9 e b10 durante esta ocorrência.

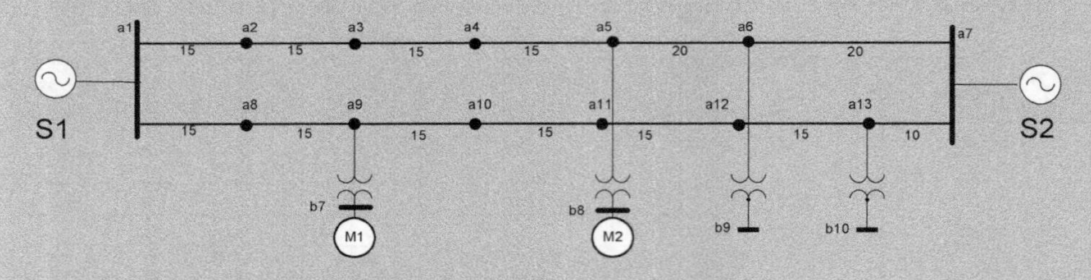

Figura 4.42 – Rede para o Exemplo 4.5

Tabela 4.8 – Tensões registrados nos medidores M1 e M2 para o evento

Tensões no Medidor M1			Tensões no Medidor M2		
V_A	V_B	V_C	V_A	V_B	V_C
0,666	0,666	0,666	0,457	0,457	0,458

Solução:

Adotando a potência de base de 100MVA, tem-se os seguintes valores de impedâncias em pu:

Suprimento S1: $z_1 = \dfrac{1}{\dfrac{-j2500}{100}} = j0{,}04\text{pu} \Rightarrow y = -j25\text{pu}$

Suprimento S2: $z_1 = \dfrac{1}{\dfrac{-j5000}{100}} = j0{,}02\text{pu} \Rightarrow y = -j50\text{pu}$

Linhas: $z_1 = \dfrac{j0{,}5L}{\dfrac{138^2}{100}} = j00{,}002625L \Rightarrow y = \dfrac{-j380{,}95}{L}\,\text{pu}$

A Figura 4.43 apresenta o diagrama de impedâncias de seqüência positiva da rede da Figura 4.42, considerando, para simplificação, somente as barras a1, a2, a5, a6, a7, a9 e a13.

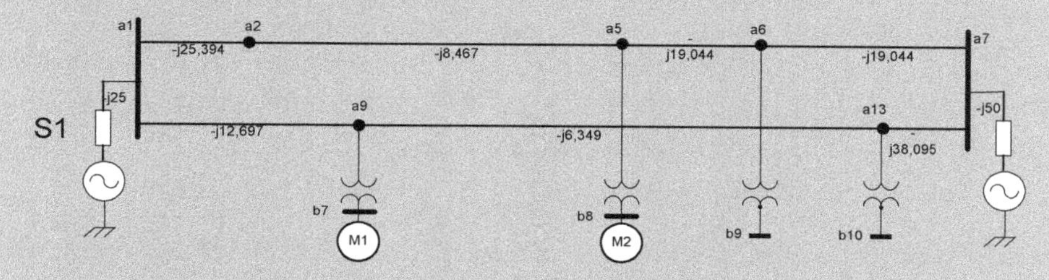

Figura 4.43 – Diagrama de impedâncias da rede (seqüência positiva)

A matriz de admitâncias nodais correspondente é dada por:

$Y = -j$

	a1	a2	a5	a6	a7	a9	a13
a1	63,091	−25,394				−12,697	
a2	−25,394	33,861	−8,467				
a5		−8,467	27,511	−19,044			
a6			−19,044	38,088	−19,044		
a7				−19,044	107,139		−38,095
a9	−12,697					19,044	−6,349
a13					−38,095	−6,349	44,444

A título de exemplo, procede-se ao cálculo de curto circuito na barra a2. A coluna da matriz de impedâncias nodais, relativa esta barra é dada por:

$z_2 = j$ (pu)

	a2
a1	0,0275
a2	0,0578
a5	0,0305
a6	0,0184
a7	0,0062
a9	0,0211
a13	0,0084

A corrente de curto circuito na barra 2 é dada por $i_{trif,2} = \frac{1}{j0{,}0578} = -j17{,}301pu$. A tensão nos medidores M1 e M2, neste caso, é a mesma das barras a9 e a5, respectivamente, ou seja:

$$v_9 = 1 - j0{,}0211 * j17{,}301 = 0{,}634pu \quad v_5 = 1 - j0{,}0305 * j17{,}301 = 0{,}472pu$$

De forma análoga, são calculadas as tensões nos medidores M1 e M2 para 12 pontos de falta distintos, conforme Tabela 4.9.

O ponto a2 é aquele cujo valor de erro médio quadrático é o mínimo daqueles calculados, estando a 15km do suprimento S1, na linha L1.O ponto real da falta, que resulta nos valores medidos, é localizado a 18km do suprimento S1. Ou seja, uma diferença de 3km entre o ponto real de falta e o ponto estimado, pela discretização realizada. Os valores de tensões estimados, adotando-se o ponto a2 como o ponto de falta, resultam em:

$$v_{a6} = 1 - j0{,}0184 * j17{,}301 = 0{,}682pu \quad v_{a13} = 1 - j0{,}0084 * j17{,}301 = 0{,}855pu$$

(que são muito próximos aos valores determinados para o defeito no ponto real, correspondentes a 0,675pu e 0,860pu, nas barras a6 e a13, respectivamente.

Tabela 4.9 – Avaliação dos pontos de falta

Ponto de Falta	Tensões em M1 (pu)	Tensões em M2 (pu)	Soma dos erros quadr.	EMQi (pu)
a1	0,260	0,521	0,168930	0,291
a2	0,634	0,472	0,001249	0,025
a3	0,745	0,381	0,01202	0,078
a4	0,793	0,288	0,06409	0,179
a5	0,813	0	0,23046	0,339
a6	0,798	0,207	0,07992	0,200
a7	0,537	0,307	0,03914	0,140
a8	0,157	0,745	0,34203	0,414
a9	0	0,806	0,56536	0,532
a10	0,253	0,826	0,30673	0,392
a11	0,401	0,823	0,20418	0,320
a12	0,517	0,769	0,11954	0,244

REFERÊNCIAS BIBLIOGRÁFICAS

[1] AGÊNCIA NACIONAL DE ENERGIA ELÉTRICA – ANEEL, *Procedimentos de distribuição*, PRODIST, 2009.

[2] R. C. Dugan, M. F. McGranaghan, S. Santoso, H. Wayney Beaty. *Electrical Power Systems Quality*. McGraw-Hill. 568p, 2002.

[3] N. Kagan, E. L. Ferrari, N. M. Matsuo, S. X. Duarte, J. L. Cavaretti, U. F. Castellano, A. Tenório. *Influence of RMS variation measurement protocols on electrical system performance indices for voltage sags and swells*. Ninth International Conference on Harmonics and Quality of Power; p790 – 795, Orlando, Florida, EUA, 2000.

[4] M. H. J. Bollen. *Understanding power Quality problems – voltage sags and interruptions*. IEEE Press Series, p. 541, New York, 2000.

[5] J. C. Cebrian. *Metodologias para avaliação de riscos e dos custos de interrupções em processos causados por faltas em sistemas de distribuição de energia elétrica*. Tese de Doutorado, Escola Politécnica Universidade de São Paulo, São Paulo, 2008. Disponível em http://www.teses.usp.br/.

5 Distorções Harmônicas

5.1 INTRODUÇÃO

Distorção Harmônica em uma rede elétrica se refere ao surgimento de correntes e tensões não-senoidais provocadas por cargas não-lineares conectadas à rede. Embora o tratamento de fenômenos não-lineares seja normalmente bastante complexo, no caso de sistemas elétricos o estudo resulta bastante simplificado graças à Análise de Fourier (decomposição harmônica), na qual a rede é estudada em um número finito de freqüências harmônicas (daí o adjetivo "harmônica").

Equipamentos eletrônicos modernos (retificadores, inversores, etc.) são exemplos de cargas não-lineares. Além de contribuírem para a distorção harmônica, eles mesmos são sensíveis ao fenômeno. Um determinado equipamento pode não operar na presença de distorção harmônica, ou então pode operar em condições inadequadas que a longo prazo impliquem uma redução significativa de sua vida útil, como é o caso de alguns equipamentos eletromecânicos. Desta forma a existência de distorção harmônica em um sistema elétrico é indesejável, conduzindo naturalmente ao estudo do fenômeno do ponto de vista da identificação (medição de níveis de distorção), do estabelecimento de limites (regulamentação) e da sua mitigação.

Neste capítulo serão abordados os principais aspectos relacionados à distorção harmônica, com particular destaque ao cálculo dos principais indicadores de distorção harmônica em sistemas trifásicos desequilibrados (fluxo de potência harmônico).

5.2 CARGAS NÃO-LINEARES E DISTORÇÃO HARMÔNICA

Uma carga não-linear (CNL) se caracteriza por uma relação não constante entre tensão e corrente (ou, de forma equivalente, por uma impedância variável com a tensão).

A Figura 5.1 mostra um exemplo de carga à qual foi aplicada uma tensão senoidal. Sendo a carga não-linear, resulta que a corrente é não-senoidal, embora ela seja periódica com a mesma freqüência da tensão.

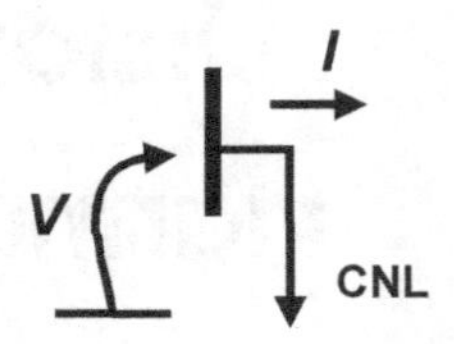

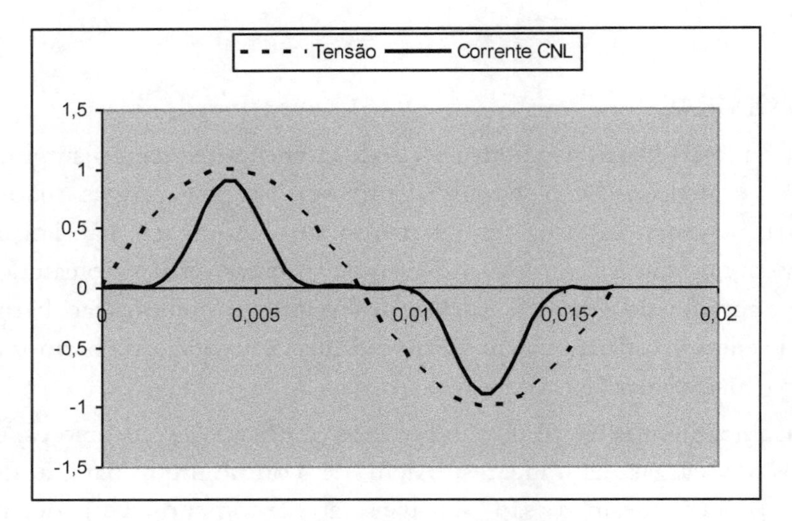

Figura 5.1 - Exemplo de carga não-linear

Como exemplo de CNLs, pode-se citar equipamentos que possuem componentes eletrônicos de retificação de onda: fontes de alimentação de computadores, carregadores de telefones celulares e demais equipamentos alimentados pela rede CA mas que internamente trabalham em corrente contínua de baixa tensão; inversores, fornos a arco, etc. [1].

Pela Análise de Fourier [2] uma forma de onda periódica de freqüência f pode ser decomposta em uma soma infinita de componentes senoidais, ou *harmônicos*, cada um com uma freqüência múltipla da freqüência f, conhecida também como *freqüência fundamental*. Assim, a corrente não-senoidal da Figura 5.1 pode ser escrita da seguinte forma:

$$\begin{aligned} i(t) &= I_{\max 1}\cos(\omega t+\theta_1)+I_{\max 3}\cos(3\omega t+\theta_3)+I_{\max 5}\cos(5\omega t+\theta_5)+\ldots \\ &= \Re\left[I_{\max 1}e^{j\theta_1}e^{j\omega t}+I_{\max 3}e^{j\theta_3}e^{j3\omega t}+I_{\max 5}e^{j\theta_5}e^{j5\omega t}+\ldots\right] \end{aligned} \tag{5.1}$$

em que:

$I_{\max h}$ é a amplitude (A) do componente harmônico de ordem h (h = 1, 3, 5,

...);

θ_h é o ângulo inicial (rad) do componente harmônico h;

$\omega = 2\pi f$ é a freqüência angular (rad/s) correspondente à freqüência fundamental *f*.

Na expressão (5.1), observa-se a presença dos componentes harmônicos de ordem ímpar apenas. Demonstra-se que os componentes de ordem par possuem amplitude nula quando a grandeza original é simétrica em relação ao eixo das abscissas. Este é o caso da corrente na Figura 5.1 e é a situação que será considerada em tudo quanto se segue.

Na aplicação prática da Análise de Fourier é considerado somente um número finito de componentes harmônicos. É usual considerar-se, em estudos que exigem uma boa precisão de resultados, freqüências até a 49ª ordem. O conjunto de valores de freqüência considerados em uma determinada análise recebe o nome de espectro harmônico.

A Figura 5.2 mostra a decomposição da corrente da Figura 5.1 em seus componentes harmônicos de primeira, terceira e quinta ordem.

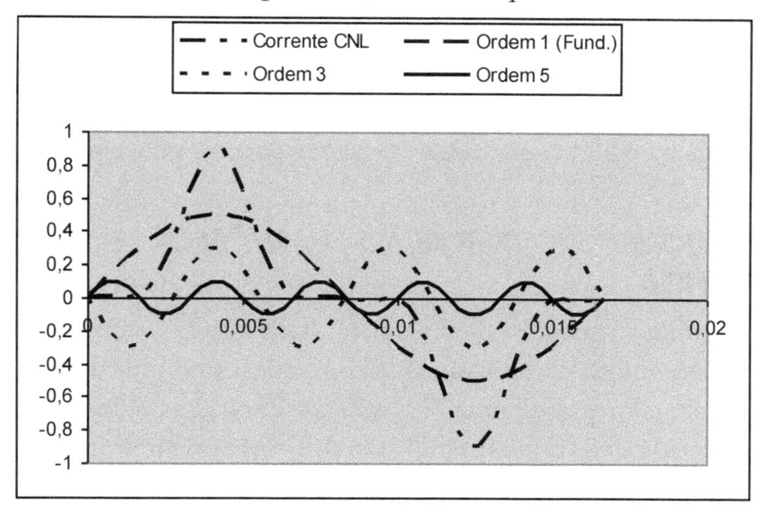

Figura 5.2 - Decomposição em componentes harmônicos

5.3 ANÁLISE DE SISTEMAS ELÉTRICOS NA PRESENÇA DE CARGAS NÃO-LINEARES

A expressão (5.1) sugere um método geral de análise de sistemas elétricos na presença de CNLs: o Princípio da Superposição de Efeitos. Por este princípio, analisa-se a rede elétrica separadamente em cada freqüência do espectro harmônico e faz-se a composição de todas as respostas harmônicas para obter a expressão temporal de qualquer tensão ou corrente na rede. É importante destacar que a aplicação deste princípio pressupõe a linearidade da rede elétrica.

A Figura 5.3 ilustra a aplicação do Princípio de Superposição de Efeitos na análise de uma rede elétrica em presença de CNLs.

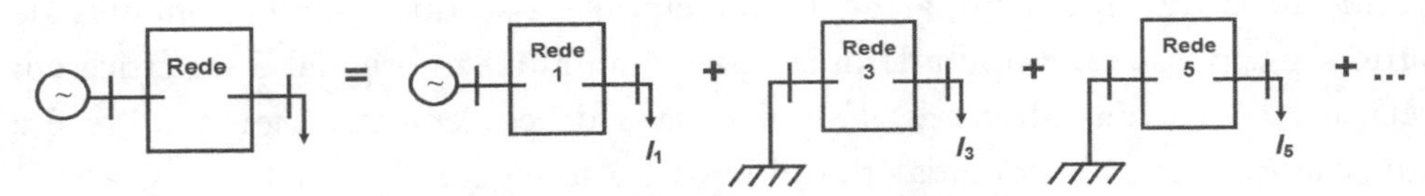

Figura 5.3 - Superposição de Efeitos

Neste caso, considera-se que os geradores de tensão existentes na rede impõem tensão senoidal apenas na freqüência fundamental. Nas demais freqüências a tensão imposta é nula, representada pelos curto-circuitos na Figura 5.3. A impedância interna dos geradores (ou a impedância equivalente de Thévenin no caso de suprimentos) deve ser incluída na análise da rede nas freqüências além da fundamental, de forma a representar a reação dos mesmos às correntes impostas pelas CNLs.

As CNLs são representadas por geradores independentes de corrente, com magnitude e ângulo conhecidos em cada freqüência do espectro.

5.4 INDICADORES DE DISTORÇÃO HARMÔNICA E VALORES DE REFERÊNCIA

Em estudos práticos de distorção harmônica, normalmente é mais interessante determinar o valor eficaz das grandezas periódicas não-senoidais, em vez de seus valores temporais. Os valores eficazes são bastante úteis, por exemplo, na verificação de suportabilidade dos componentes da rede.

No Brasil, a ANEEL já estabeleceu os indicadores de distorção harmônica, juntamente com valores de referência que serão utilizados no estabelecimento de limites legais para os mesmos em um futuro próximo [3].

O valor eficaz (V_{ef}) de uma grandeza periódica v(t) não-senoidal da qual se conhecem seus componentes harmônicos é calculado através de:

$$V_{ef} = \sqrt{\sum_{h=1}^{h\,max} V_h^2} \tag{5.2}$$

em que V_h indica o valor eficaz do componente harmônico de ordem *h* e hmax indica a máxima ordem harmônica considerada. No caso de a grandeza v(t) representar uma tensão, o valor V_h é também chamado de tensão harmônica de ordem *h* [3].

Em cada freqüência do espectro harmônico, excetuando-se a freqüência fundamental, define-se Distorção harmônica individual de tensão de ordem *h* (DITh) como sendo a relação porcentual entre a tensão harmônica de ordem *h* e a tensão fundamental:

$$DIT_h = \frac{V_h}{V_1} \cdot 100 \ . \tag{5.3}$$

A Distorção harmônica total de tensão (DTT) é definida como sendo a relação porcentual entre o valor eficaz da tensão, considerados todos os componentes harmônicos exceto o fundamental, e o valor eficaz desse componente:

$$DTT = \frac{\sqrt{\sum_{h=2}^{h\,max} V_h^2}}{V_1} \cdot 100 \ . \tag{5.4}$$

Desta definição resulta que a DTT é igual a zero no caso de ausência de distorção harmônica.

A Tabela 5.1 reproduz os valores de referência estabelecidos pela ANEEL para a distorção harmônica total de tensão em função da tensão nominal do sistema elétrico. É importante destacar que a ANEEL também estabelece valores de referência para a distorção harmônica individual de tensão [3].

Tabela 5.1 - Valores de referência para a distorção harmônica total de tensão

Tensão nominal V_N (kV)	*DTT* (%)
$V_N \leq 1$	10
$1 < V_N \leq 13{,}8$	8
$13{,}8 < V_N \leq 69$	6
$69 < V_N < 230$	3

Os valores de referência da Tabela 5.1 só têm significado se forem acompanhados de um protocolo de medição, o qual especifica a forma como o indicador deve ser obtido a partir de medições efetuadas em campo. Tipicamente um medidor de qualidade de energia registra diversas amostras de tensão e corrente em cada fase e no neutro e obtém a magnitude dos componentes harmônicos. Os valores obtidos são agrupados em janelas cuja duração é normalmente de 10 minutos. Em cada janela, o valor eficaz de um determinado componente harmônico é calculado através da média quadrática de todos os valores obtidos para esse componente.

A distorção harmônica normalmente varia ao longo do dia, da semana e do ano. Por esta razão, as janelas de medição são repetidas um número conveniente de vezes, de forma a capturar essa variação. Em estudos de distorção harmônica de curto prazo é usual que as janelas cubram períodos de tempo de até duas semanas, ao término dos quais constrói-se um histograma que mostra a distribuição dos valores medidos. Para ilustrar este ponto vamos supor que uma campanha de medição forneceu os valores de freqüência de DTT apresentados na Tabela 5.2. A Figura 5.4 mostra a representação gráfica (histograma) da distribuição destes valores.

Tabela 5.2 - Freqüência de valores medidos de DTT (total de 1600 valores)

Faixa (%)	Freqüência	Faixa (%)	Freqüência
DTT < 1,0	0	2,6 ≤ DTT < 2,8	203
1,0 ≤ DTT < 1,2	11	2,8 ≤ DTT < 3,0	96
1,2 ≤ DTT < 1,4	79	3,0 ≤ DTT < 3,2	47
1,4 ≤ DTT < 1,6	189	3,2 ≤ DTT < 3,4	40
1,6 ≤ DTT < 1,8	144	3,4 ≤ DTT < 3,6	34
1,8 ≤ DTT < 2,0	99	3,6 ≤ DTT < 3,8	33
2,0 ≤ DTT < 2,2	112	3,8 ≤ DTT < 4,0	27
2,2 ≤ DTT < 2,4	196	DTT > 4,0	22
2,4 ≤ DTT < 2,6	268		

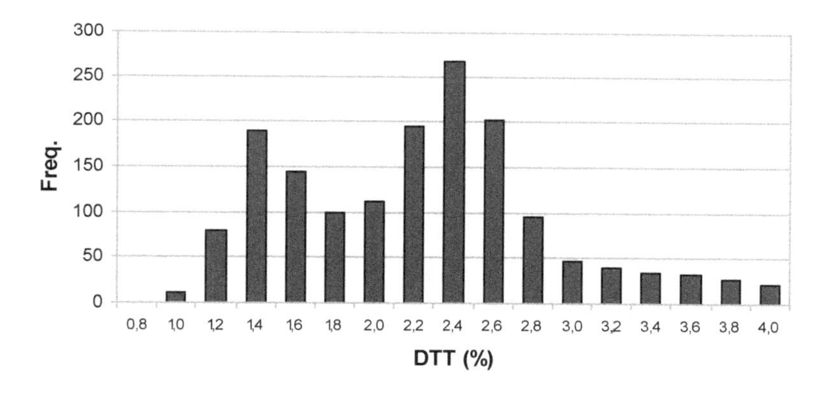

Figura 5.4 - Histograma de DTT

A Figura 5.5 mostra a curva de freqüência relativa acumulada, cujo valor máximo é 100% (correspondente ao total de 1600 valores). A partir desta curva, define-se o indicador $DTT_{95\%}$, que é o valor de DTT tal que 95% das medições possuem valor inferior ou igual a $DTT_{95\%}$ [4]. O valor 95% é escolhido para descartar automaticamente medições com valor acima de 95% que estejam afetadas de erro elevado, situação que na prática ocorre com alguma freqüência. Por outro lado, em situações onde não há medições afetadas de erros elevados, o descarte das medições com valor superior a 95% não altera significativamente o valor máximo de DTT no ponto de medição.

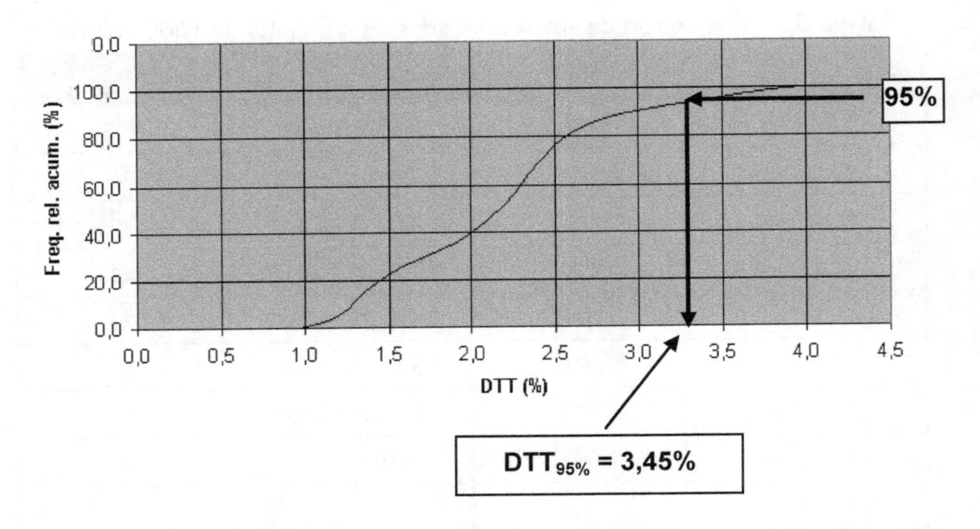

Figura 5.5 - Curva de freqüência relativa acumulada da DTT e valor $DTT_{95\%}$

5.5. DISTORÇÃO HARMÔNICA EM SISTEMAS TRIFÁSICOS

Freqüentemente as CNLs são equipamentos trifásicos equilibrados por construção. Se uma CNL trifásica equilibrada for alimentada por uma fonte de tensão simétrica, a distorção harmônica será idêntica nas três fases, a menos da defasagem imposta pela fonte, que é igual a $1/(3f)$ entre duas fases quaisquer ($\frac{1}{180} = 0{,}00556$ s para freqüência fundamental de 60 Hz). Em outras palavras, a decomposição harmônica de uma fase será idêntica à das demais fases, com uma defasagem adicional igual a $1/(3f)$. Esta defasagem é constante e produz efeitos distintos em cada componente harmônica. A Figura 5.6 mostra a senoide correspondente à freqüência fundamental e uma outra senoide atrasada de 0,00556 s. Observa-se que a seqüência de fases das senoides correspondentes à freqüência fundamental é a própria seqüência de fases do sistema trifásico.

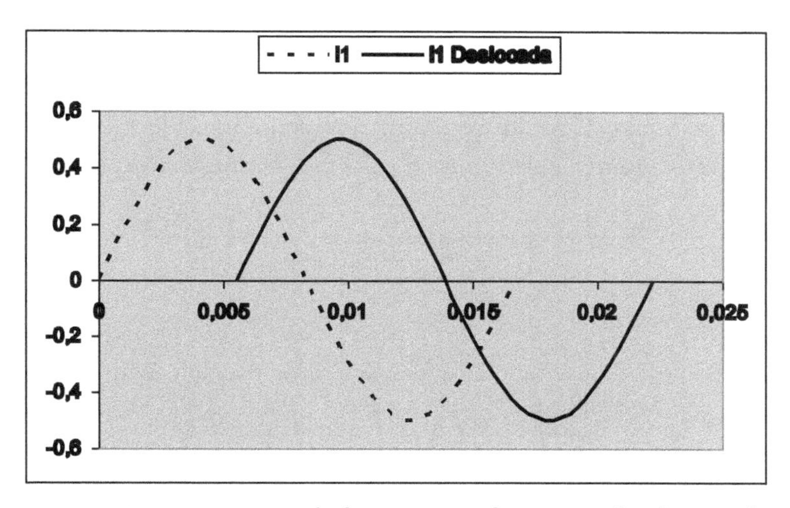

Figura 5.6 - Seqüência de fases para a freqüência fundamental

A Figura 5.7 mostra a senoide correspondente à terceira harmônica e uma outra senoide atrasada também de 0,00556 s. Neste caso as duas senoides coincidem, o que também ocorreria com uma terceira senoide adiantada de 0,00556 s em relação à primeira. Desta forma, as três senoides correspondentes à terceira harmônica constituem uma seqüência de fases nula (ou zero).

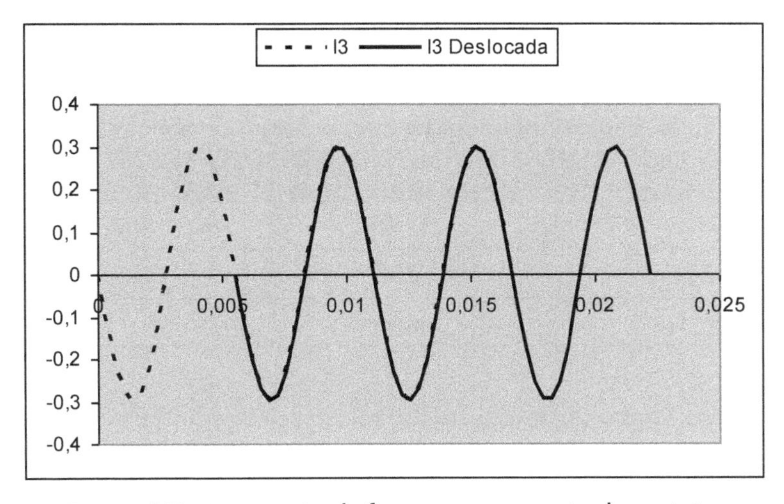

Figura 5.7 - Seqüência de fases para a terceira harmônica

Finalmente, a Figura 5.8 mostra a senoide correspondente à quinta harmônica e uma segunda senoide atrasada de 0,00556 s. Esta situação pode ser vista também como a segunda senoide estando adiantada de

$$\frac{1}{3}\cdot\frac{1}{5*60}=0{,}00111\ \text{s}$$

em relação à primeira. Conclui-se assim que seqüência de fases das senoides correspondentes à quinta harmônica é oposta à seqüência de fases do sistema trifásico.

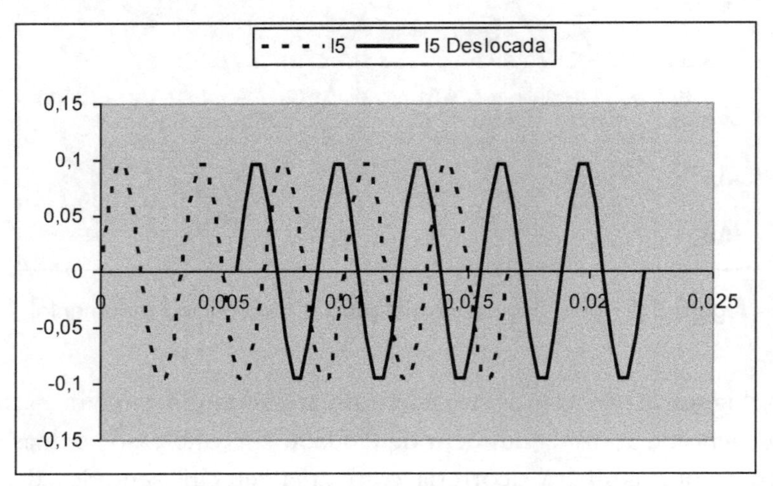

Figura 5.8 - Seqüência de fases para a quinta harmônica

As observações acima estão resumidas na Tabela 5.3, na qual supôs-se que a seqüência de fases do sistema trifásico é direta.

Tabela 5.3 - Seqüência de fases para os componentes harmônicos (*h* = 1, 3, 5, ...)

Componente harmônico	Seqüência de fases	Exemplos
3*(2*h* - 1) - 2	Direta	1, 7, 13, ...
3*(2*h* - 1)	Zero	3, 9, 15, ...
3*(2*h* - 1) + 2	Inversa	5, 11, 17, ...

Métodos tradicionais de análise de distorção harmônica em sistemas trifásicos usam as propriedades da Tabela 5.3 para calcular as respostas do sistema elétrico em cada componente harmônico. Assim, por exemplo, para as harmônicas de ordem 3*(2*h* - 1) são utilizadas as impedâncias de seqüência zero de linhas de transmissão e os transformadores são representados levando em conta não apenas sua impedância de curto-circuito, mas também a ligação de seus enrolamentos (triângulo ou estrela) e impedâncias de aterramento eventualmente existentes. Esta abordagem assume implicitamente que tanto a rede trifásica como as cargas lineares e não-lineares são equilibradas, o que nem sempre se verifica em sistemas reais. No presente capítulo, são desenvolvidos modelos trifásicos para representação dos componentes desequilibrados do sistema elétrico.

Exemplo 5.1 A Figura 5.9 apresenta uma rede elétrica simples que opera na tensão nominal de 138 kV. Nesta figura os valores de reatâncias estão em pu na base (138 kV, 100 MVA), sendo que os valores entre parênteses indicam as reatâncias de seqüência zero e os demais valores indicam as reatâncias de seqüência direta.

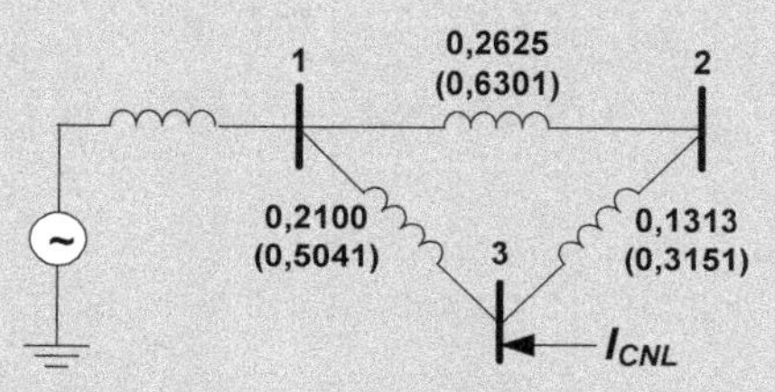

Figura 5.9 - Rede para cálculo de distorção harmônica

As potências de curto-circuito trifásico e fase-terra na barra 1 são, respectivamente, j1000 MVA e j857,143 MVA. Na barra 3 existe uma CNL que injeta 120 A na terceira harmônica e 100 A na quinta harmônica.

As impedâncias equivalentes na barra 1 são calculadas através de:

$$z_1 = \frac{S_b}{S_{3\phi}^*} = \frac{100}{-j1000} = j0{,}1\,\text{pu} \quad \text{e}$$

$$z_0 = \frac{3S_b}{S_{\phi T}^*} - \frac{2S_b}{S_{3\phi}^*} = \frac{3 \cdot 100}{-j857{,}143} - \frac{2 \cdot 100}{-j1000} = j0{,}15\,\text{pu} \; .$$

a) Tensões de terceira harmônica nas barras 1 e 3

Toda a corrente injetada pela CNL na barra 3 retorna à referência através do suprimento na barra 1, conforme indicado na Figura 5.10. Assim, a tensão de terceira harmônica na barra 1 ($v_1^{(3)}$) será igual ao produto da corrente de terceira harmônica $i^{(3)}$ pela impedância de entrada dessa barra ($Z_{11}(3)$). Neste caso deve-se utilizar as impedâncias de seqüência zero multiplicadas pelo valor 3 (terceira harmônica).

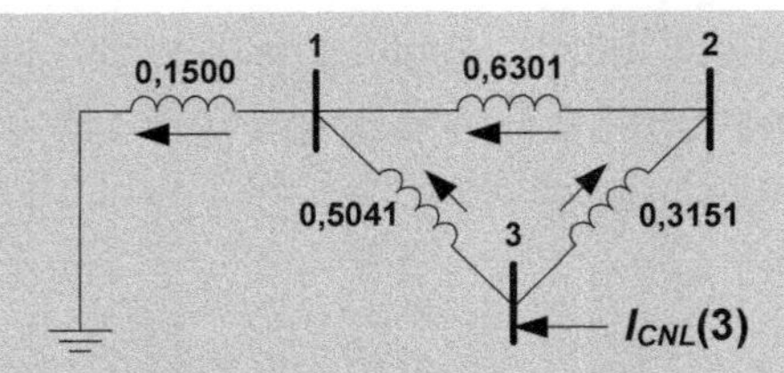

Figura 5.10 - Rede para cálculo da terceira harmônica

$$i^{(3)} = 120 \cdot \frac{\sqrt{3} \cdot 138}{100000} = 0{,}2868\,\text{pu} \;,$$

$$Z_{11}^{(3)} = j0{,}15 \cdot 3 = j0{,}45\,\text{pu} \;\text{ e}$$

$$v_1^{(3)} = i^{(3)} \cdot Z_{11}^{(3)} = 0{,}2868 \cdot 0{,}45 = 0{,}1291\,\text{pu} \;.$$

Na barra 3 a impedância de entrada e a tensão de terceira harmônica são obtidas através de:

$$Z_{33}^{(3)} = j\left[0{,}15 + \frac{0{,}5041 \cdot (0{,}6301 + 0{,}3151)}{0{,}5041 + 0{,}6301 + 0{,}3151}\right] \cdot 3 = j1{,}4363\,\text{pu} \;\text{ e}$$

$$v_3^{(3)} = 0{,}2868 \cdot 1{,}4363 = 0{,}4119\,\text{pu} \;.$$

b) Tensões de quinta harmônica nas barras 1 e 3

Para a quinta harmônica o procedimento é o mesmo da terceira harmônica, tomando-se o cuidado de utilizar as impedâncias de seqüência direta multiplicadas pela ordem atual (5). Assim, tem-se:

$$i^{(5)} = 100 \cdot \frac{\sqrt{3} \cdot 138}{100000} = 0{,}2390\,\text{pu} \;,$$

$$Z_{11}^{(5)} = j0{,}1 \cdot 5 = j0{,}5\,\text{pu} \;,$$

$$Z_{33}^{(5)} = j\left[0{,}1 + \frac{0{,}21 \cdot (0{,}2625 + 0{,}1313)}{0{,}21 + 0{,}2625 + 0{,}1313}\right] \cdot 5 = j1{,}1848\,\text{pu} \;,$$

$$v_1^{(5)} = 0{,}2390 \cdot 0{,}5 = 0{,}1195\,\text{pu} \;\text{ e}$$

$$v_3^{(5)} = 0{,}2390 \cdot 1{,}1848 = 0{,}2832\,\text{pu} \;.$$

c) Distorção harmônica individual de tensão nas barras 1 e 3

Para a barra 1 tem-se, assumindo-se que sua tensão operacional é igual a 1 pu e que a rede opera em vazio na freqüência fundamental:

- Terceira harmônica: $DIT_3 = \frac{V_3}{V_1} \cdot 100 = \frac{0{,}1291}{1} \cdot 100 = 12{,}91\%$;
- Quinta harmônica: $DIT_5 = \frac{V_5}{V_1} \cdot 100 = \frac{0{,}1195}{1} \cdot 100 = 11{,}95\%$.

Para a barra 3, tem-se:

- Terceira harmônica: $DIT_3 = \frac{0{,}4119}{1} \cdot 100 = 41{,}19\%$;
- Quinta harmônica: $DIT_5 = \frac{0{,}2832}{1} \cdot 100 = 28{,}32\%$.

d) Distorção harmônica total de tensão nas barras 1 e 3

Para a barra 1 tem-se:

$$DTT = \frac{\sqrt{V_3^2 + V_5^2}}{V_1} \cdot 100 = \frac{\sqrt{0{,}1291^2 + 0{,}1195^2}}{1} \cdot 100 = 17{,}59\% \ ,$$

e para a barra 3:

$$DTT = \frac{\sqrt{0{,}4119^2 + 0{,}2832^2}}{1} \cdot 100 = 49{,}99\% \ .$$

5.6. RESSONÂNCIA PARALELA

Nas linhas elétricas, freqüentemente ocorre um predomínio das reatâncias indutivas sobre o efeito capacitivo. Isto é particularmente verdadeiro em linhas aéreas de Distribuição, onde os níveis de tensão relativamente baixos (até 35 kV) e o meio isolante (ar) não são capazes de produzir um efeito capacitivo substancial. Assim, nestes casos a impedância de entrada em qualquer ponto da rede normalmente possui natureza indutiva.

Por outro lado, bancos de capacitores em paralelo são freqüentemente utilizados com a finalidade de melhorar o perfil de tensões em uma determinada região da rede. Se a reatância do banco de capacitores tiver magnitude próxima à parte imaginária da impedância de entrada da rede no ponto de conexão do banco e, ainda, uma CNL for conectada no mesmo ponto, poderá ocorrer o fenômeno de ressonância paralela.

Seja por exemplo a situação representada na Figura 5.11, na qual a impedância de entrada na barra *k* é $Z_{kk} = j\omega L_{kk}$ e a impedância do banco de capacitores conectado a essa barra é $Z_{cap} = -j\frac{1}{\omega C}$.

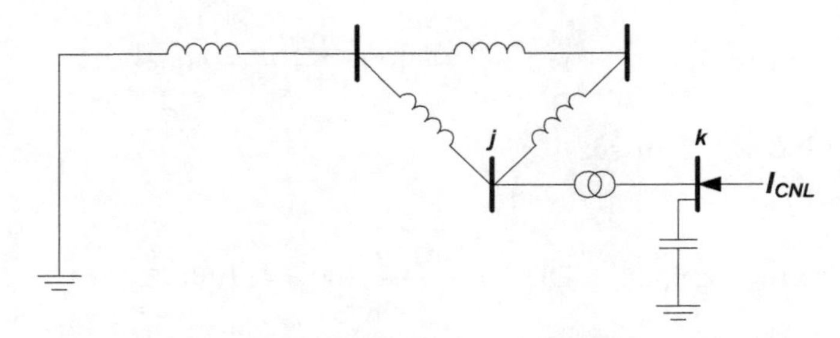

Figura 5.11 - Exemplo de ressonância paralela

A impedância vista pela CNL após a conexão do banco de capacitores será:

$$Z_{CNL} = \frac{Z_{kk} \cdot Z_{cap}}{Z_{kk} + Z_{cap}} = \frac{j\omega L_{kk} \cdot (-j\frac{1}{\omega C})}{j\omega L_{kk} - j\frac{1}{\omega C}} = \frac{\frac{L_{kk}}{C}}{j\left(\omega^2 L_{kk} C - 1\right)} \cdot \tag{5.5}$$

Eventualmente poderá existir uma freqüência angular ω tal que $\omega^2 L_{kk} C \cong 1$, o que fará com que o denominador da Eq. (5.5) praticamente se anule e torne a magnitude da impedância Z_{CNL} muito elevada. Nestas condições a corrente injetada pela CNL produzirá na barra *k* uma tensão muito elevada, muito acima dos limites máximos operacionais.

Exemplo 5.2 A Figura 5.12 mostra a rede utilizada no cálculo de distorção harmônica (Figura 5.9), à qual foi adicionada a barra 4 e um transformador entre as barras 3 e 4. Além disso um banco de capacitores foi instalado no secundário do transformador. Na barra 4 existe um CNL que injeta correntes cujos valores em pu são os mesmos do exemplo anterior. O transformador possui potência nominal de 100 MVA e reatância de curto-circuito igual a 0,08 pu.

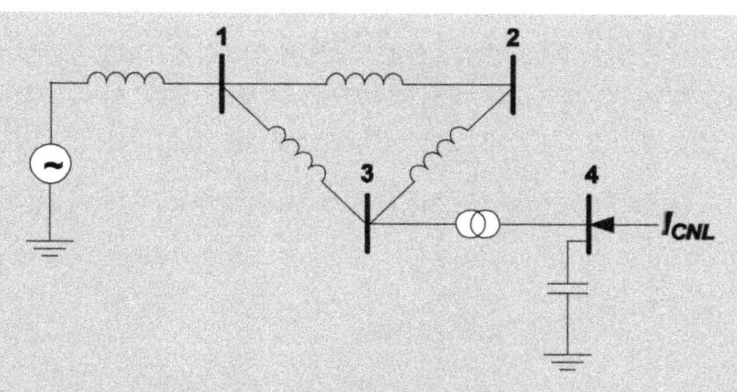

Figura 5.12 - Rede para exemplo de ressonância paralela

A idéia central é verificar se alguma freqüência do espectro harmônico faz com que a admitância de entrada e a admitância do capacitor, que possuem naturezas distintas, tenham a mesma magnitude. Se isso ocorrer, a admitância vista pela CNL será igual a zero, o que equivale a se ter impedância de entrada infinita. Qualquer corrente que a CNL injetar na rede nessa freqüência provocará uma tensão muito elevada nesse ponto.

No exemplo em tela tem-se para a seqüência direta:

$$Z_{44}^{(h)} = Z_{33}^{(h)} + j0{,}08h = j\left[0{,}1 + \frac{0{,}21 \cdot (0{,}2625 + 0{,}1313)}{0{,}21 + 0{,}2625 + 0{,}1313} + 0{,}08\right] \cdot h$$
$$= j0{,}3170h \text{ pu} ,$$

resultando para a admitância de entrada na barra 4 o seguinte valor:

$$Y_{44}^{(h)} = \frac{1}{Z_{44}^{(h)}} = \frac{-j3{,}1546}{h} \text{pu} .$$

Por outro lado, a admitância do capacitor na freqüência harmônica *h* é dada por:

$$Y_{cap}^{(h)} = jh \cdot q_{cap} = jh \cdot \frac{10}{100} = j0{,}1h \text{ pu} .$$

A condição para haver ressonância é dada então por:

$$\frac{3{,}1546}{h} = 0{,}1h \quad \therefore \quad h = \sqrt{\frac{3{,}1546}{0{,}1}} = 5{,}6 .$$

Desta forma espera-se que ocorra ressonância paralela numa freqüência próxima da quinta harmônica. Conforme discutido anteriormente, esta harmônica possui seqüência de fases inversa, o que está de acordo com o cálculo acima (foram utilizadas as impedâncias de seqüência direta da rede).

Por último calcula-se a tensão de quinta harmônica que resultará na barra 4 neste caso:

$$Y_{44}^{(5)} = \frac{-j3{,}1546}{5} = -j0{,}6309\,\text{pu}\ ,$$

$$Y_{cap}^{(5)} = j0{,}5\,\text{pu e}$$

$$v_4^{(5)} = \frac{i^{(5)}}{Y_{44}^{(5)} + Y_{cap}^{(5)}} = \frac{0{,}2390}{-j0{,}6309 + j0{,}5} = \frac{0{,}2390}{-j0{,}1309} = j1{,}83\,\text{pu}\ .$$

O valor obtido (1,83 pu, evidentemente muito elevado) afetará todos os consumidores alimentados pelo secundário do transformador.

5.7. RESSONÂNCIA SÉRIE

A ressonância série é similar à ressonância paralelo, sendo que neste caso os elementos da rede relevantes para a ressonância aparecem ligados em série. Considere-se agora a rede da Figura 5.13, análoga à rede da Figura 5.11 com a diferença de que a CNL está ligada agora na barra *j*. Do ponto de vista da corrente injetada pela CNL, o transformador e o banco de capacitores estão ligados em série.

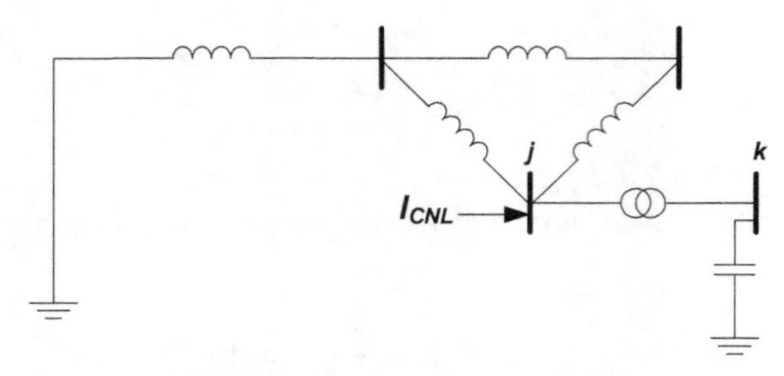

Figura 5.13 - Rede para exemplo de ressonância série

A ressonância ocorrerá neste caso quando a impedância equivalente do transformador em série com o banco de capacitores tiver magnitude próxima de zero. A tensão na barra *j* será próxima de zero, o que fará com que esta barra se torne um dreno natural para todas as correntes injetadas na vizinhança. Conseqüentemente a corrente circulando pelo transformador e pelo banco de capacitores será relativamente elevada. Isto poderá causar uma sobretensão inadmissível na barra *k*, onde estão ligados os consumidores alimentados pelo transformador.

Neste caso a impedância equivalente vista pela CNL vale:

$$Z_{CNL} = \frac{Z_{jj} \cdot (Z_t + Z_{cap})}{Z_{jj} + Z_t + Z_{cap}} , \tag{5.6}$$

em que Z_{jj} indica a impedância de entrada na barra *j* e $Z_t = j\omega L_t$ indica a impedância do transformador. Para que a impedância Z_{CNL} se anule basta impor a seguinte condição:

$$Z_t + Z_{cap} = j\omega L_t - j\frac{1}{\omega C} = 0 , \tag{5.7}$$

que é equivalente a se ter $\omega^2 L_t C = 1$.

Exemplo 5.3 A Figura 5.14 mostra a rede utilizada neste caso. Do ponto de vista da CNL o transformador e o banco de capacitores estão ligados em série.

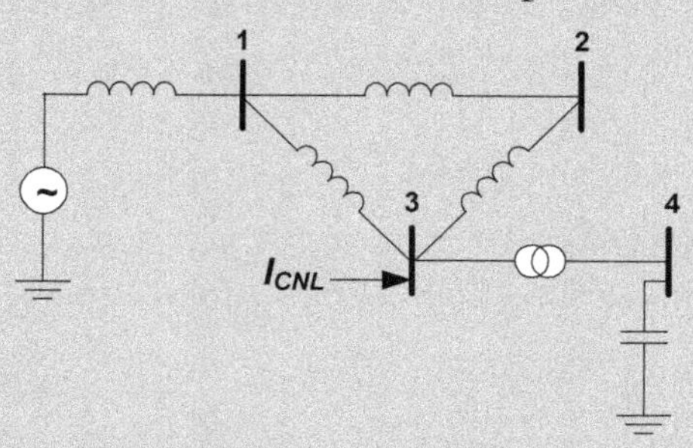

Figura 5.14 - Rede para exemplo de ressonância série

A impedância equivalente de seqüência direta vista pela CNL vale:

$$Z_{CNL}^{(h)} = \frac{Z_{33}^{(h)} \cdot \left(Z_t^{(h)} + Z_{cap}^{(h)}\right)}{Z_{33}^{(h)} + Z_t^{(h)} + Z_{cap}^{(h)}} .$$

Para que esta impedância se anule, basta impor a seguinte condição:

$$Z_t^{(h)} + Z_{cap}^{(h)} = 0 .$$

No presente exemplo, tem-se:

$$Z_t^{(h)} + Z_{cap}^{(h)} = j0{,}08h - j\frac{10}{h} = 0 \quad \therefore \quad h = \sqrt{\frac{10}{0{,}08}} = 11{,}18 .$$

Assim, espera-se que a ressonância série ocorra numa freqüência próxima da décima-primeira harmônica. Esta harmônica possui seqüência de fases inversa, o que está de acordo com o cálculo acima (foram utilizadas as impedâncias de seqüência direta da rede).

Por último, calcula-se a tensão de décima-primeira harmônica que resultará nas barras 3 e 4, considerando-se uma corrente de 100 A nesta freqüência:

$$Z_{33}^{(11)} = j\left[0{,}1 + \frac{0{,}21\cdot(0{,}2625 + 0{,}1313)}{0{,}21 + 0{,}2625 + 0{,}1313}\right]\cdot 11 = j2{,}6066\,\text{pu} ,$$

$$Z_{CNL}^{(11)} = \frac{j2{,}6066\cdot\left(j(0{,}08\cdot 11) - j\frac{10}{11}\right)}{j2{,}6066 + j(0{,}08\cdot 11) - j\frac{10}{11}} = -j0{,}02942\,\text{pu} ,$$

$$v_3^{(11)} = i^{(11)}\cdot Z_{CNL}^{(11)} = 0{,}2390\cdot(-j0{,}02942) = -j0{,}007031\,\text{pu e}$$

$$v_4^{(11)} = \frac{v_3^{(11)}}{Z_t^{(11)} + Z_{cap}^{(11)}}\cdot Z_{cap}^{(11)} = \frac{-j0{,}007031}{j(0{,}08\cdot 11) - j\frac{10}{11}}\left(-j\frac{10}{11}\right) = -j0{,}2197\,\text{pu} .$$

Os resultados acima mostram que, na décima-primeira harmônica, a tensão na barra 3 é próxima de zero enquanto que na barra 4 ela tem magnitude expressiva (mais de 20%, somente devida à corrente nessa freqüência).

5.8 FLUXO DE POTÊNCIA HARMÔNICO

5.8.1 Considerações gerais

Neste item será desenvolvido o método para determinação da resposta harmônica da rede elétrica, ou seja, os fasores de tensão e corrente em cada ponto da rede e em cada freqüência do espectro harmônico. Este cálculo é conhecido também por fluxo de potência harmônico. Da mesma forma que no caso de regime permanente (Capítulo 3), o fluxo de potência harmônico também é baseado na Análise Nodal da rede elétrica. Por esta razão, a estrutura deste item é análoga à estrutura do correspondente item no Capítulo 3: aborda-se inicialmente a contribuição de cada elemento de rede na matriz de admitâncias nodais e posteriormente trata-se da resolução do sistema de equações resultante.

Observa-se ainda que na freqüência fundamental o cálculo de fluxo de potência é exatamente o mesmo já abordado no Capítulo 3, razão pela qual neste item serão tratadas principalmente as particularidades do cálculo nas freqüências além da fundamental.

5.8.2 Representação de trechos de rede

Para montagem da matriz de impedâncias de elementos em uma dada freqüência deve-se calcular cada uma das impedâncias da matriz. No modelo mais simples, considera-se a parte real da impedância como sendo constante e a parte imaginária como sendo proporcional à freqüência atual:

$$Z_{jk}(h) = R_{jk} + h \cdot X_{jk} \ , \qquad (5.8)$$

em que:

$Z_{jk}(h)$ é a impedância complexa entre fase/neutro j e fase/neutro k na freqüência $(h.f)$ (ordem h) (Ω);

R_{jk} é a parte real da impedância $Z_{jk}(1)$ (freqüência fundamental) (Ω);

X_{jk} é a parte imaginária da impedância $Z_{jk}(1)$ (Ω).

Quanto às admitâncias capacitivas do trecho, elas devem ser calculadas através de:

$$YC_{jk}(h) = h \cdot YC_{jk} \ . \qquad (5.9)$$

5.8.3 Representação de transformadores

Nas freqüências harmônicas de ordem h ($h > 1$), a matriz de admitâncias nodais do transformador deve ser montada utilizando os seguintes valores para os parâmetros do transformador:

$$
\begin{aligned}
y_t(h) &= \frac{1}{r_t + jhx_t} \\
y_{at1}(h) &= \frac{1}{r_{at1} + jhx_{at1}} , \\
y_{at2}(h) &= \frac{1}{r_{at2} + jhx_{at2}}
\end{aligned}
\tag{5.10}
$$

em que:

r_t , x_t : resistência e reatância de curto-circuito do transformador (pu);

r_{at1} , x_{at1} : resistência e reatância de aterramento do enrolamento primário (pu);

r_{at2} , x_{at2} : resistência e reatância de aterramento do enrolamento secundário (pu).

5.8.4 Representação de cargas lineares

As cargas lineares afetam a resposta da rede elétrica nas freqüências além da fundamental, porque elas absorvem uma parte da corrente injetada pelas CNLs (a outra parte retorna para as próprias CNLs através dos suprimentos). Um modelo usual para as cargas lineares nas freqüências além da fundamental é o chamado "modelo R-L paralelo", representado na Figura 5.15 para o caso de uma carga monofásica.

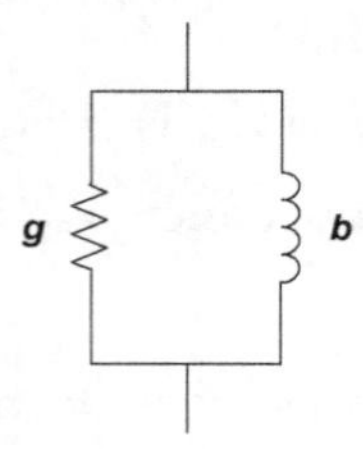

Figura 5.15 - Modelo de carga linear para freqüência não-fundamental

Neste modelo calcula-se a admitância da carga na freqüência fundamental através de:

$$
y = g + jb = -\frac{\dot{i}_{inj}}{\dot{v}}
\tag{5.11}
$$

em que:

$g + jb$ é a admitância da carga na freqüência fundamental (pu);

$\dot{i}_{inj}$ é a corrente complexa injetada pela carga após cálculo da tensão na barra (pu);

$\dot{v}$ é a tensão complexa calculada na barra (pu).

Na freqüência harmônica de ordem *h* (*h* > 1), a admitância da carga linear será dada por:

$$y(h) = g + j\frac{b}{h} \ . \tag{5.12}$$

5.8.5 Representação de geradores e suprimentos

Conforme mencionado anteriormente, em estudos de distorção harmônica é importante considerar a impedância interna dos geradores e suprimentos, pois elas afetam a distribuição das correntes impostas pelas CNLs na rede. Assim, o modelo inicialmente adotado para representar geradores e suprimentos é aquele mostrado na Figura 5.16, onde observa-se a existência de uma barra interna e uma externa, cada uma com 4 nós (fases A, B, C e neutro).

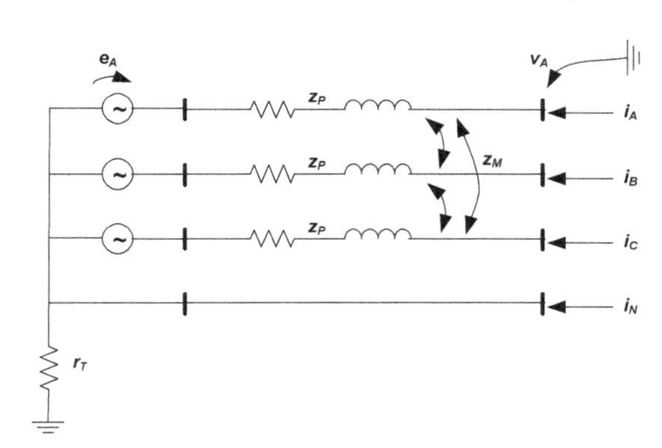

Figura 5.16 - Modelo inicial de gerador ou suprimento

Este modelo conta com os seguintes parâmetros:

- e_A, e_B, e_C : tensões impostas pelo gerador (conhecidas) em cada fase na freqüência fundamental (pu);
- $z_P = r_P + jx_P$: impedância própria de cada fase na freqüência fundamental (pu);
- $z_M = jx_M$: impedância mútua entre as fases A, B e C na freqüência

fundamental (pu);

- r_T : resistência de aterramento (pu).

Freqüentemente, sobretudo no caso de suprimentos, as impedâncias do modelo não são fornecidas diretamente, mas sim as potências de curto-circuito na barra externa do suprimento. Para construir o modelo da Figura 5.16 a partir das potências de curto-circuito, deve-se proceder nos seguintes passos:

a) Cálculo das impedâncias equivalentes de seqüência direta e zero no ponto de suprimento:

$$r_1 + jx_1 = \frac{1}{\overset{*}{s}_{3\phi}} \quad \text{e} \quad r_0 + jx_0 = \frac{3}{\overset{*}{s}_{\phi T}} - \frac{2}{\overset{*}{s}_{3\phi}},$$

em que:

$r_1 + jx_1$ é a impedência equivalente de seqüência direta (pu);

$r_0 + jx_0$ é a impedência equivalente de seqüência zero (pu);

$s_{3\phi}$ é a potência complexa de curto-circuito trifásico no ponto de suprimento (pu);

$s_{\phi T}$ é a potência complexa de curto-circuito fase-terra no ponto de suprimento (pu).

b) Cálculo das impedâncias do modelo:

$$r_P = r_1 \qquad x_P = \frac{2x_1 + x_0}{3}$$

$$x_M = \frac{x_0 - x_1}{3} \qquad r_T = \frac{r_0 - r_1}{3}.$$

O modelo da Figura 5.16 possui um inconveniente sério, que é o fato de as tensões internas do gerador (e_A , e_B , e_C) não serem tensões nodais (elas não estão definidas entre um nó e a referência). Desta forma, a aplicação do modelo da Figura 5.16 na Análise Nodal não é trivial.

Para resolver este problema basta escrever e manipular as equações de cada fase do modelo. Por exemplo, para a fase A tem-se:

$$\begin{aligned} v_A &= r_T(i_A + i_B + i_C + i_N) + e_A + z_P i_A + z_M i_B + z_M i_C \\ &= e_A + (z_P + r_T) i_A + (z_M + r_T) i_B + (z_M + r_T) i_C + r_T i_N \ , \\ &= e_A + z'_P i_A + z'_M i_B + z'_M i_C + r_T i_N \end{aligned} \tag{5.13}$$

em que:

v_A	é a tensão nodal na fase A da barra externa do suprimento (pu);
i_A , i_B , i_C , i_N	são as correntes nodais injetadas nas fases A. B, C e no neutro da barra externa, respectivamente (pu);
$z'_P = z_P + r_T = (r_P + r_T) + jx_P$	é a impedância própria modificada pela resistência de aterramento (pu);
$z'_M = z_M + r_T = r_T + jx_M$	é a impedância mútua modificada pela resistência de aterramento (pu).

Aplicando-se o mesmo procedimento às fases B e C e ao neutro, as equações do suprimento resultam:

$$\begin{bmatrix} v_A \\ v_B \\ v_C \\ v_N \end{bmatrix} - \begin{bmatrix} e_A \\ e_B \\ e_C \\ 0 \end{bmatrix} = \begin{bmatrix} z'_P & z'_M & z'_M & r_T \\ z'_M & z'_P & z'_M & r_T \\ z'_M & z'_M & z'_P & r_T \\ r_T & r_T & r_T & r_T \end{bmatrix} \cdot \begin{bmatrix} i_A \\ i_B \\ i_C \\ i_N \end{bmatrix} . \tag{5.14}$$

A Eq. (5.14) pode ser representada pelo modelo final da Figura 5.17. Nesta figura nota-se claramente que as tensões internas do gerador são agora tensões nodais.

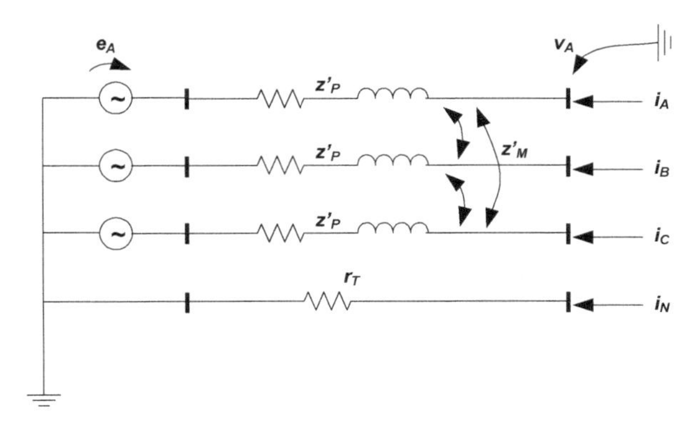

Figura 5.17 - Modelo final de gerador ou suprimento

Na freqüência fundamental o gerador é representado pelo modelo da Eq. (5.14) e Figura 5.17. Note-se que esta equação é idêntica à equação que relaciona tensões e correntes nodais em um trecho de rede (cf. Capítulo 3), razão pela qual a contribuição da matriz de impedâncias do gerador na matriz de admitâncias nodais da rede completa segue o mesmo procedimento descrito naquele capítulo.

Para as freqüências além da fundamental, as impedâncias própria e mútua devem ser calculadas de acordo com as seguintes expressões:

$$\begin{aligned} z'_P(h) &= z_P(h) + r_T = (r_P + r_T) + jhx_P \\ z'_M(h) &= z_M(h) + r_T = r_T + jhx_M \end{aligned} \tag{5.15}$$

(considera-se que a resistência de aterramento do gerador não varia com a freqüência). Além disso, as tensões e_A , e_B e e_C são iguais a zero. Isto faz com que as fases A, B e C da barra interna sejam a própria referência da rede (da mesma forma que ocorre com o neutro da barra interna). Assim, a barra interna não deve ser representada no sistema nodal de equações. A equação do gerador se torna:

$$\begin{bmatrix} i_A \\ i_B \\ i_C \\ i_N \end{bmatrix} = \begin{bmatrix} y_{AA} & y_{AB} & y_{AC} & y_{AN} \\ y_{BA} & y_{BB} & y_{BC} & y_{BN} \\ y_{CA} & y_{CB} & y_{CC} & y_{CN} \\ y_{NA} & y_{NB} & y_{NC} & y_{NN} \end{bmatrix} \cdot \begin{bmatrix} v_A \\ v_B \\ v_C \\ v_N \end{bmatrix} , \tag{5.16}$$

em que a matriz indicada (de admitâncias de elementos do gerador) é a inversa da matriz na Eq. (5.14). Cada elemento desta matriz deve ser adicionado à matriz de admitâncias nodais da rede completa (Y_{nodal}) de acordo com sua linha e coluna. Por exemplo, o elemento y_{BC} deve ser adicionado ao elemento de Y_{nodal} existente na linha correspondente à corrente i_B e na coluna correspondente à tensão v_C..

5.8.6 Representação de cargas não-lineares

As CNLs são representadas através de geradores independentes de corrente, um para cada fase do sistema trifásico (isto significa que a corrente complexa absorvida pela CNL é conhecida em cada freqüência do espectro harmônico). Este modelo torna bastante simples a resolução da rede nas freqüências além da fundamental.

Os valores de corrente absorvida pelas CNLs são obtidos a partir de informações fornecidas pelos fabricantes. Normalmente são fornecidos os seguintes dados:

- fator de potência da CNL (na freqüência fundamental);
- módulo [A] e ângulo inicial [°] da senoide de corrente absorvida na freqüência fundamental;
- módulo [pu da corrente na freqüência fundamental] e ângulo inicial [°] da senoide de corrente absorvida nas demais freqüências.

A Tabela 5.4 apresenta um exemplo de dados fornecidos para uma CNL.

Tabela 5.4 - Dados de CNL

Ordem harmônica h	Módulo da corrente (I_h)	Ângulo da corrente (δ_h) (°)	Fator de potência da CNL na freq. fundamental
1	I_1 [A]	δ_1	cos φ
3	I_3 [pu de I_1]	δ_3	
5	I_5 [pu de I_1]	δ_5	
...	...	...	

É importante notar que os ângulos δ_h fornecidos pelo fabricante servem apenas para posicionar a senoide de uma determinada freqüência em relação às demais senoides, sendo portanto ângulos relativos sem nenhum significado no contexto do sistema elétrico ao qual a CNL está ligada. Por esta razão, para calcular a corrente complexa absorvida pela CNL quando a mesma é ligada à rede elétrica, é necessário sincronizar os ângulos δ_h com o ângulo da tensão na barra à qual a CNL está ligada. Esta sincronização é feita separadamente para a freqüência fundamental e para as demais freqüências.

Na freqüência fundamental o ângulo absoluto da corrente complexa absorvida é dado por:

$$\delta_1' = \theta_{V1} - \varphi \quad (5.17)$$

em que:

δ'_1 é o ângulo da corrente complexa absorvida pela CNL na freqüência fundamental, já referido ao ângulo da tensão na barra à qual a CNL está ligada (°);

θ_{V1} é o ângulo da tensão, na freqüência fundamental, na barra onde a CNL está ligada (°);

φ é o ângulo de potência da CNL na freqüência fundamental, fornecido através do valor $\cos\varphi$ (cf. Tabela 5.4) (°).

Conforme será abordado no próximo item, na freqüência fundamental a rede elétrica é resolvida através de processo iterativo. Isto significa que o cálculo do ângulo δ'_1 deve ser feito a cada iteração, uma vez que o ângulo da tensão na barra (θ_{V1}) varia a cada iteração. Assim, em cada iteração a corrente complexa absorvida pela CNL será dada por $I_1\angle\delta'_1$.

Para as freqüências além da fundamental o ângulo absoluto da corrente deve ser calculado através de:

$$\delta'_h = \delta_h + h\cdot(\theta_{V1} - \varphi - \delta_1) \tag{5.18}$$

em que:

δ'_h é o ângulo absoluto da corrente absorvida pela CNL na freqüência harmônica *h* (°);

δ_h é o ângulo relativo da corrente absorvida pela CNL na freqüência harmônica *h*, conforme Tabela 5.4 (°).

Na Eq. (5.18), observa-se que o termo entre parênteses fornece o deslocamento entre o ângulo absoluto da corrente absorvida na freqüência fundamental ($\delta'_1 = \theta_{V1} - \varphi$) e o ângulo relativo da CNL na freqüência fundamental (δ_1). Este deslocamento (ou correção) é somado ao ângulo relativo de cada freqüência (δ_h) utilizando-se o fator *h*, já que um deslocamento angular igual a α na freqüência fundamental equivale a um deslocamento angular igual a ($h.\alpha$) nas demais freqüências. A corrente complexa absorvida pela CNL na freqüência harmônica *h* será igual a $(I_h I_1)\angle\delta'_h$, já que a magnitude da corrente I_h é fornecida como pu da corrente I_1.

5.8.7 Resolução da rede elétrica na freqüência fundamental

Na freqüência fundamental, a resolução da rede é idêntica à apresentada no Capítulo 3 (regime permanente): o sistema de equações é particionado de acordo com os nós de carga e os nós de geração, a tensão nas barras de carga é calculada através de processo iterativo e finalmente as correntes injetadas pelos geradores são obtidas através de cálculo direto.

5.8.8 Resolução da rede elétrica nas demais freqüências

Conforme mencionado anteriormente, nas freqüências além da fundamental os únicos elementos ativos são as CNLs, para as quais se conhece a corrente injetada em cada freqüência. Assim, neste caso basta resolver o seguinte sistema de equações:

$$[I]=[Y]\cdot[V] \,, \tag{5.19}$$

no qual não comparecem os nós correspondentes às barras internas dos geradores. Por esta razão, todos os nós podem ser considerados como sendo nós de carga (não é necessário particionar o sistema de equações).

5.9 ESTIMAÇÃO DE DISTORÇÃO HARMÔNICA A PARTIR DE MEDIÇÕES

5.9.1 Considerações gerais

Mensurar o impacto do conteúdo de fontes harmônicas no desempenho de um sistema elétrico consiste num aspecto importante em Qualidade de Energia. O fluxo de potência harmônico, apresentado no item 5.8, é uma importante ferramenta de simulação para o cálculo de distorções harmônicas ao longo de um sistema elétrico.

Supondo conhecidos os locais e o conteúdo harmônico injetado no sistema elétrico, medidas que mitiguem o impacto das distorções em outras barras do sistema podem ser projetadas com a utilização de filtros passivos ou ativos. Todavia, na maioria das vezes, as fontes de distorções harmônicas, notadamente as correntes injetadas em barras de consumidores do sistema, não são conhecidas.

Por outro lado, a utilização de medidores de qualidade de energia vem ganhando maior incentivo, por necessidade devido a problemas pontuais em determinados consumidores, ou pela regulamentação, que deverá promover um monitoramento maior de indicadores vinculados às distorções harmônicas, como aqueles apresentados no item 5.4.

Embora o custo dos medidores de qualidade de energia venha atingindo valores cada vez mais baixos, ainda é inviável a utilização de medidores em todas as barras de um sistema elétrico real, pois o monitoramento se tornaria demasiadamente oneroso.

Sendo assim, torna-se necessária a utilização de métodos capazes de estimar, a partir de um pequeno número de pontos de medição, os valores das distorções harmônicas nos demais pontos do sistema. O processo de Estimação de Estado Harmônico (EEH) compreende o processo reverso dos processos de simulação. Os simuladores, como os algoritmos de fluxo de potência harmônico, analisam a resposta no sistema elétrico a partir da injeção de corrente harmônica em um ou mais pontos do sistema, enquanto os estimadores indicam os valores de injeção harmônica a partir das respostas do sistema elétrico por meio de medições [6].

A metodologia de EEH consiste em uma ferramenta eficiente e econômica para o monitoramento do conteúdo harmônico em um sistema elétrico de potência. Um estimador harmônico pode ser formulado a partir da topologia da rede elétrica, das matrizes de admitâncias para as freqüências harmônicas e da localização de medidores.

Estimar o estado de uma rede quanto ao nível de distorção harmônica é um problema naturalmente complexo, por exigir uma confiança mínima nas informações provenientes de medidores de qualidade de energia. Além da segurança quanto à calibração do medidor, ao método de transmissão dos dados, à fidelidade da rede utilizada nas simulações frente à rede real, entre outros fatores capazes de acarretar discrepâncias entre o sistema real e o sistema simulado, há o problema da sincronização das informações provenientes dos medidores. Medidores que possibilitam a sincronização das grandezas medidas são ainda relativamente custosos.

Tratando dos métodos de EEH propriamente ditos, há diversas abordagens na literatura, conforme análise em [8]. As formas de onda tratadas pelos medidores e as informações provenientes do fluxo de carga (em regime permanente senoidal na freqüência de 60 Hz – industrial ou fundamental) possibilitam a sincronização dos dados de medição. Tal adoção se torna bastante viável por diminuir os custos de um sistema de EEH.

O próximo item apresenta a formulação do problema de EEH, consistindo na determinação do estado da rede na freqüência fundamental, no ajuste dos fasores de componentes harmônicas de tensão e corrente para sincronização das medições e numa formulação matemática do modelo de EEH.

5.9.2 Formulação do problema de Estimação de Estado Harmônico

5.9.2.1 Introdução

O problema de estimação de estado harmônico (EEH) consiste na avaliação, para cada ordem harmônica de interesse, do estado da rede naquela freqüência harmônica, a partir de medições de tensões (e possivelmente correntes) em alguns locais da rede. O estado da rede é definido pelos valores de tensões obtidas em todas as barras da rede. Os locais da rede com medição de valores de tensão e corrente são normalmente disponibilizados por meio de um sistema de monitoramento de qualidade de energia. Como os medidores utilizados são de alto custo, é comum que sejam disponibilizadas medições em poucos locais.

Quando o algoritmo em questão é utilizado para todas as harmônicas relevantes na rede, a distorção harmônica total pode então ser estimada nas barras do sistema. O diagrama da Figura 5.18 ilustra a metodologia proposta. Os blocos principais desta figura são pormenorizados nos próximos sub-itens.

5.9.2.2 Estado da rede na freqüência fundamental

O estado da rede na freqüência fundamental, representado pelo bloco (i) do diagrama da Figura 5.18, pode ser obtido a partir de duas formas:

- Fluxo de potência, a partir do conhecimento das medições de potências ativa e reativa de cargas, do estado dos geradores e da configuração e dados da rede. O capítulo 3 abordou diferentes métodos para o tratamento de redes, com enfoque maior para sistemas de distribuição de energia elétrica. O item 3.5 mostra método específico para redes radiais, como é o caso da grande maioria de redes primárias (Média Tensão) aéreas. O item 3.6 apresenta métodos específicos para redes em malha.
- Estimador de estado convencional, no qual são conhecidas as medições de potência e tensão, em componentes da rede (barras e ligações), compondo um conjunto de medições redundantes (em número superior ao de variáveis de estado da rede), conforme detalhado no capítulo 3, item 3.7.

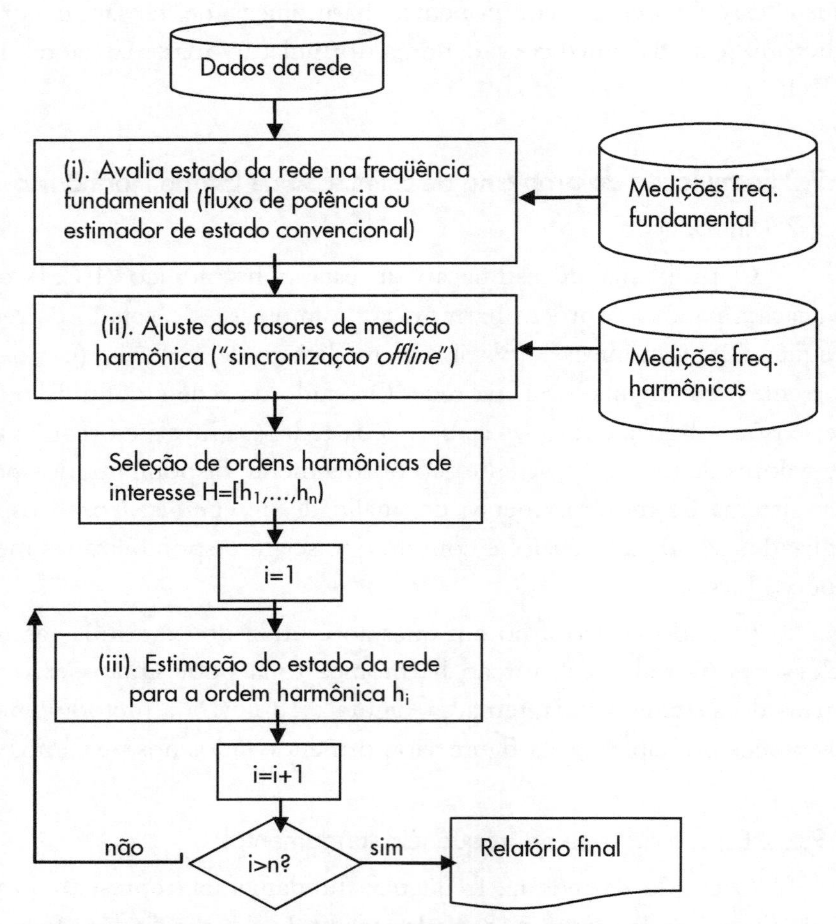

Fig. 5.18 – Fluxograma do método de estimação proposto

5.9.2.3 Ajuste dos fasores de grandezas em cada ordem harmônica

As medições de valores de grandezas, tensão ou corrente, em determinada ordem harmônica, num dado local da rede, são fornecidas em módulo e ângulo. Como os medidores dispõem também das grandezas medidas na freqüência fundamental, os ângulos das grandezas de determinada ordem harmônica podem ser referenciados às grandezas na freqüência fundamental.

A partir das defasagens na tensão fundamental entre as várias barras da rede, podem ser então sincronizados os ângulos dos fasores de todas as barras da rede em dada ordem harmônica, o que é representado pelo bloco (ii) da Figura 5.18. O item 5.8.6 deste capítulo abordou a forma desta sincronização para cargas não lineares.

5.9.2.4 Estimação de estado para cada ordem harmônica

Conforme a Figura 5.18, a seleção das ordens harmônicas de interesse no estudo é submetida a um algoritmo de estimação do estado da rede, EEH, correspondente ao bloco (iii) do diagrama. Esta seleção ou escolha pode ser realizada em função das ordens harmônicas mais significativas para estudo, ou todas as harmônicas existentes, provenientes dos dados de medidores ou mesmo selecionadas pelo analisador. As ordens harmônicas de interesse compõem um vetor $[h_1 \; . \; . \; . \; h_n]^t$. Um algoritmo de estimação de estado harmônico deve ser acionado para cada ordem harmônica neste vetor.

Assume-se que sejam monitoradas as tensões harmônicas em determinadas barras da rede e que as distorções harmônicas sejam originadas pelas injeções de correntes harmônicas em determinados consumidores da rede.

Desta forma, o problema que se coloca é o de determinar, para uma dada ordem harmônica, quais são as injeções de correntes harmônicas nas barras da rede. Uma vez avaliadas as injeções (mais prováveis) de correntes harmônicas, podem ser avaliadas as tensões harmônicas em quaisquer barras da rede. O problema de EEH pode ser formulado conforme a seguir:

Determinar as correntes harmônicas injetadas nas (n_c) barras de carga, $\dot{I}_h^j = I_h^j e^{j\delta_h^j}$, *$j=1,...,n_c$, de forma a minimizar a soma do erro quadrático entre valores medidos e calculados das tensões, dada por:*

$$min \sum_{k=1}^{n_{med}} \left| ee_h^k \right|^2 = \sum_{k=1}^{n_{med}} \left| \dot{V}_{hM}^k - \dot{V}_{hCalc}^k \right|^2 \tag{5.20}$$

sendo que as tensões calculadas nos medidores ($k=1,....,n_{med}$) são avaliadas por:

$$\dot{V}_{hCalc}^k = \sum_{j=1}^{n_c} \overline{Z}_h^{kj} . \dot{I}_h^j \tag{5.21}$$

onde:

ee_h^k : é o erro de estimação na barra *k*, ordem harmônica *h*;

$\dot{V}_{hCalc}^k$: é a tensão calculada para uma determinada barra *k*, a partir de um indivíduo que representa as correntes injetadas nas barras para a ordem harmônica em análise;

$\dot{V}_{hM}^k$: é a tensão harmônica medida na barra *k*;

Z_h^{kj} : é o elemento (*kj*) da matriz de impedâncias nodais na freqüência h, dada pela inversa da matriz de admitâncias: $[\mathbf{Z_h}]=[\mathbf{Y_h}]^{-1}$

O problema (5.20-5.21) pode ser resolvido por inúmeros algoritmos de busca. Num algoritmo de busca exaustiva, por exemplo, deveriam ser variados os valores de correntes harmônicas injetadas nas barras (módulo e fase) e ser avaliado o erro médio quadrático para cada combinação. Outra técnica utilizada para a estimação emprega o método estatístico de Monte Carlo, em que são simuladas, aleatoriamente, um grande número de possíveis soluções (valores de correntes injetadas), para então, utilizando um critério de avaliação adequado ao problema, optar pela(s) melhor(es) solução(ões) que atenda(m) o critério de avaliação.

Outra possibilidade é a utilização de estratégias evolutivas a fim de avaliar o conjunto de injeções de correntes que promove a mínima somatória dos erros quadráticos. Esta metodologia foi amplamente pesquisada em [7].

Independentemente do método de busca ou otimização utilizado, após avaliadas as injeções de correntes harmônicas, é possível estimar o estado da rede em qualquer barra da rede utilizando a Eq. (5.21), obtendo, desta forma, o estado da rede em qualquer ordem harmônica.

O valor de distorção harmônica total, para uma determinada barra k, pode ser definido após avaliadas as grandezas para todas as ordens harmônicas analisadas, conforme Eq. (5.4).

Nas estratégias evolutivas, uma possível solução do problema em estudo, denominado de indivíduo de uma população, deve representar um possível estado harmônico do sistema. Em [7], o indivíduo considerado consiste em porcentagem dos módulos e variação dos ângulos das correntes injetadas nas barras em relação às respectivas correntes na freqüência fundamental. Ou seja, para *n* barras com cargas não lineares consideradas, tem-se que a dimensão do indivíduo deve ser de *2n*, correspondendo às *n* porcentagens de módulo e às *n* variações de ângulos das correntes a serem estimadas.

Como exemplo, a representação de um indivíduo genérico para a rede elétrica apresentada na Figura 5.19, na qual se desejam estimar correntes harmônicas injetadas nas 3 barras da rede, pode ser realizada como segue:

$$\text{Indivíduo} = \left[k_h^1 \quad \phi_h^1 \quad k_h^2 \quad \phi_h^2 \quad k_h^3 \quad \phi_h^3 \right] \tag{5.22}$$

onde:

k^i_h representa a porcentagem do módulo de corrente fundamental da barra *i* para a ordem harmônica *h*.

ϕ^i_h representa a variação do ângulo de corrente fundamental da barra *i* para a ordem harmônica *h*.

I^i_1 e θ^i_1, apresentados na Fig. 5.19, representam os parâmetros corrente e ângulo de freqüência fundamental da barra *i*.

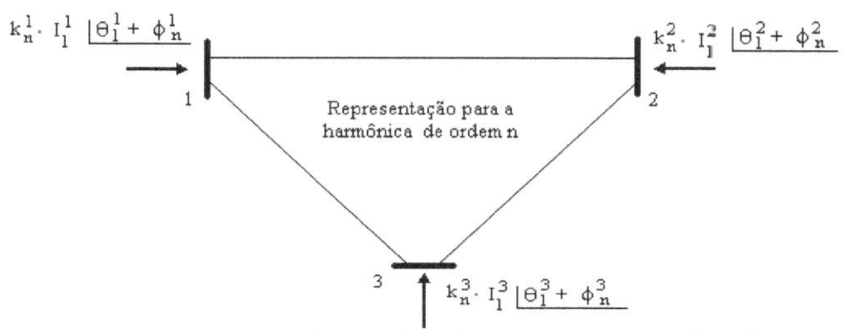

Fig. 5.19 – Representação dos indivíduos em uma ordem harmônica *n*.

O problema passa a ser determinar aquele indivíduo, ou seja, a solução do problema, com determinados valores dos parâmetros em cada posição de (5.22), de forma que a somatória dos erros médios quadráticos (cfr. Eq. 5.20) entre os valores medidos e os valores estimados pela Eq. (5.21) seja a mínima possível. As estratégias evolutivas trabalham sobre um conjunto de soluções alternativas, ou seja, que definem uma população de indivíduos. Através de operadores evolutivos [8], novos indivíduos são alterados e selecionados, em função de seu desempenho (erros médios quadráticos menores impõem desempenho menor) para criar uma nova população em uma geração seguinte. O algoritmo se desenvolve em um número de gerações definido, e o desempenho do melhor indivíduo e da média na população tende a ser melhorada ao longo das gerações, até que se observa uma saturação, quando o processo tende a uma convergência. A utilização deste tipo de algoritmo de busca tem se mostrado bastante promissora [7].

Exemplo 5.4 Seja a rede da Figura 5.20, que é derivada da rede da Figura 4.43, do Exemplo 4.5. Os medidores M1 e M2 registraram tensões de 5ª harmônica nas barras a5 e a9, que valem, respectivamente, 0,0157 pu e 0,0019 pu. Sabe-se que somente as barras a6 e a13 contam com injeção de correntes provenientes de cargas não lineares. Pede-se determinar:

(a) o valor mais provável das correntes injetadas nestas barras de forma a serem compatíveis com os valores medidos;

(b) as tensões de 5ª harmônica nas barras a2 e a7.

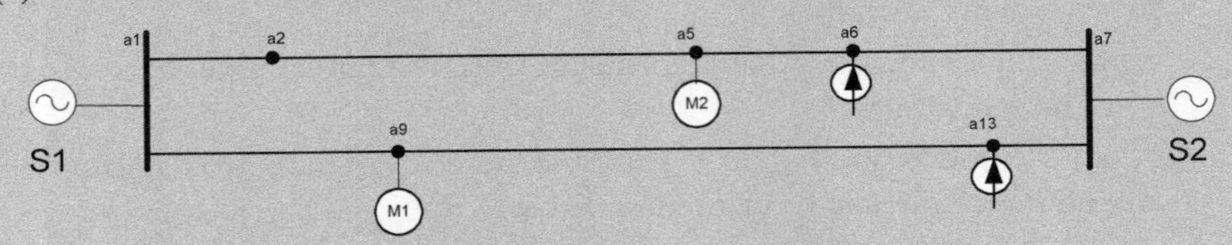

Figura 5.20 – Rede para o Exemplo 5.4

Solução:

(a) A matriz Y para a freqüência fundamental foi determinada no Exemplo 4.5. Neste caso, como só há reatâncias indutivas, a matriz Y de 5ª harmônica é facilmente obtida, simplesmente dividindo todos os elementos da matriz original por 5. A matriz de impedâncias nodais resulta:

$Z^{(5)} = j5 \cdot$

	a1	a2	a5	a6	a7	a9	a13
a1	0,0316	0,0275	0,0152	0,00967	0,00418	0,0234	0,00693
a2	0,0275	0,0578	0,0305	0,0184	0,00624	0,0211	0,00837
a5	0,0152	0,0305	0,0765	0,0445	0,0124	0,0143	0,0127
a6	0,00967	0,0184	0,0445	0,0561	0,0152	0,0113	0,0146
a7	0,00418	0,00624	0,0124	0,0152	0,0179	0,00830	0,0165
a9	0,0234	0,0211	0,0143	0,0113	0,00830	0,0740	0,0177
a13	0,00693	0,00837	0,0127	0,0146	0,0165	0,0177	0,0392

Por hipótese, assume-se que os módulos das correntes de 5ª harmônica injetadas pelas cargas não lineares são não superiores a 0,02pu, o que corresponde a 8,4A em 138kV. Como o interesse é na obtenção dos valores de módulo de tensões nas barras monitoradas (e não na obtenção dos seus ângulos de fase), assume-se que o ângulo na carga da barra a6 é a referência (nulo). Adota-se que o ângulo de fase da corrente injetada na barra a13 é não superior a 90°.

A avaliação das tensões nas barras monitoradas parte das seguintes equações:

$$\begin{aligned} V_5 &= I_6\angle\theta_6 \cdot jX_{5,6} + I_{13}\angle\theta_{13} \cdot jX_{5,13} \\ &= (I_6 \cos 0 + jI_6 \text{sen} 0) \cdot jX_{5,6} + (I_{13} \cos\theta_{13} + jI_{13}\text{sen}\theta_{13}) \cdot jX_{5,13} \\ &= -I_6 \text{sen} 0 \cdot X_{5,6} + jI_6 \cos 0 \cdot X_{5,6} - I_{13}\text{sen}\theta_{13} X_{5,13} + jI_{13}\cos\theta_{13} X_{5,13} \end{aligned}$$

$$|V_5| = \sqrt{(I_{13}\text{sen}\theta_{13}X_{5,13})^2 + (I_6 X_{5,6} + I_{13}\cos\theta_{13}X_{5,13})^2}$$

Analogamente obtém-se:

$$|V_9| = \sqrt{(I_{13}\text{sen}\theta_{13}X_{9,13})^2 + (I_6 X_{9,6} + I_{13}\cos\theta_{13}X_{9,13})^2}$$

O erro médio quadrático para determinação da solução será dado por:

$$\text{erro}_{\%} = \sqrt{\frac{\left(|V_5| - 0{,}0157\right)^2 + \left(|V_9| - 0{,}0019\right)^2}{2}} \cdot 100$$

Conforme a metodologia exposta anteriormente, a solução consiste em se determinar a combinação das variáveis I_6, I_{13}, θ_{13} tais que o $\text{erro}_{\%}$ seja mínimo. No caso deste exemplo, será adotado um método simples de busca exaustiva variando-se as três variáveis da seguinte forma:

- I_6 : variação de 0,002 a 0,02 pu com passo igual a 0,002 pu;
- I_{13} : variação de 0,002 a 0,02 pu com passo igual a 0,002 pu;
- θ_{13} : variação de 0 a 90° com passo igual a 10°.

Esta estratégia produz 10*10*10 = 1000 combinações possíveis. A Tabela 5.5 apresenta as 10 melhores e as 10 piores soluções.

Tabela 5.5 – Soluções para o problema de EEH

I_6 (pu)	I_{13} (pu)	θ_{13} (°)	V_5 (pu)	V_9 (pu)	$\text{erro}_{\%}$
0,010	0,016	30	0,015721	0,001792	0,00236
0,012	0,020	80	0,015721	0,000987	0,00767
0,010	0,014	0	0,015721	0,001804	0,01199
0,012	0,016	70	0,015721	0,001163	0,01240
0,010	0,014	10	0,015721	0,001786	0,01513
0,010	0,018	40	0,015721	0,001786	0,01926
0,010	0,016	20	0,015721	0,001896	0,02040
0,010	0,018	50	0,015721	0,001589	0,02093
0,012	0,018	80	0,015721	0,000956	0,02189
0,010	0,016	40	0,015721	0,001650	0,02424
...	...	...	...	...	...
0,002	0,002	20	0,002828	0,000279	0,91730
0,002	0,002	30	0,002791	0,000266	0,91994
0,002	0,004	80	0,002745	0,000175	0,92220
0,002	0,002	40	0,002740	0,000249	0,92358
0,002	0,002	50	0,002676	0,000227	0,92817
0,002	0,002	60	0,002600	0,000202	0,93363
0,002	0,004	90	0,002560	0,000113	0,93538
0,002	0,002	70	0,002512	0,000174	0,93986
0,002	0,002	80	0,002416	0,000144	0,94675
0,002	0,002	90	0,002312	0,000113	0,95416

(b) Tomando a solução da primeira linha da Tabela 5.5, que representa a melhor estimação pela discretização adotada, pode-se então estimar os valores das distorções harmônicas individuais (5ª harmônica) nas barras a2 e a7:

$$V_2 = I_6\angle\theta_6 \cdot jX_{2,6} + I_{13}\angle\theta_{13} \cdot jX_{2,13}$$

$$|V_2| = \sqrt{(I_{13}\text{sen}\theta_{13}X_{2,13})^2 + (I_6X_{2,6} + I_{13}\cos\theta_{13}X_{2,13})^2} =$$
$$= \sqrt{(0{,}016\cdot\text{sen}30°\cdot 5\cdot 0{,}00837)^2 + (0{,}01\cdot 5\cdot 0{,}0184 + 0{,}016\cdot\cos 30°\cdot 5\cdot 0{,}00837)^2}$$
$$= 0{,}00154\text{pu}$$

$$V_7 = I_6\angle\theta_6 \cdot jX_{7,6} + I_{13}\angle\theta_{13} \cdot jX_{7,13}$$

$$|V_7| = \sqrt{(I_{13}\text{sen}\theta_{13}X_{7,13})^2 + (I_6X_{7,6} + I_{13}\cos\theta_{13}X_{7,13})^2} =$$
$$= \sqrt{(0{,}016\cdot\text{sen}30°\cdot 5\cdot 0{,}0165)^2 + (0{,}01\cdot 5\cdot 0{,}0152 + 0{,}016\cdot\cos 30°\cdot 5\cdot 0{,}0165)^2}$$
$$= 0{,}00201\text{pu}$$

REFERÊNCIAS BIBLIOGRÁFICAS

[1] J. Arrillaga: *Power system harmonic analysis*, Chichester, New York: Wiley, 1997.

[2] L. Q. Orsini, D. Consonni: *Curso de circuitos elétricos*, 2ª edição. São Paulo, Brasil: Edgard Blücher, 2004, V. 2.

[3] ANEEL - Agência Nacional de Energia Elétrica: *Procedimentos de Distribuição de Energia Elétrica no Sistema Elétrico Nacional – PRODIST*. Módulo 8 – Qualidade da Energia Elétrica, 2008.

[4] R. C. Dugan, M. F. McGranaghan, S. Santoso, H. W. Beaty: *Electrical power systems quality*, 2nd edition, McGraw-Hill, 2003.

[5] N. Kagan, C. C. B. de Oliveira, E. J. Robba: *Introdução aos sistemas de distribuição de energia elétrica*. São Paulo, Brasil: Edgard Blücher, 2005, V. 1. 328p.

[6] G. T. Heydt, *Identification of Harmonic Sources by a State Estimation Technique*, IEEE Transactions on Power Delivery, vol. 4, p. 8, 1989.

[7] E. F. Arruda, *Estimação de estados de distorções harmônicas em sistemas elétricos de potência utilizando estratégias evolutivas*, Tese de Doutorado, Escola Politécnica da Universidade de São Paulo, 2008. Disponível em http://www.teses.usp.br/.

[8] D. B. Fogel, *Evolutionary computation: toward a new philosophy of machine intelligence*. Piscataway, NJ: IEEE Press, 1995.